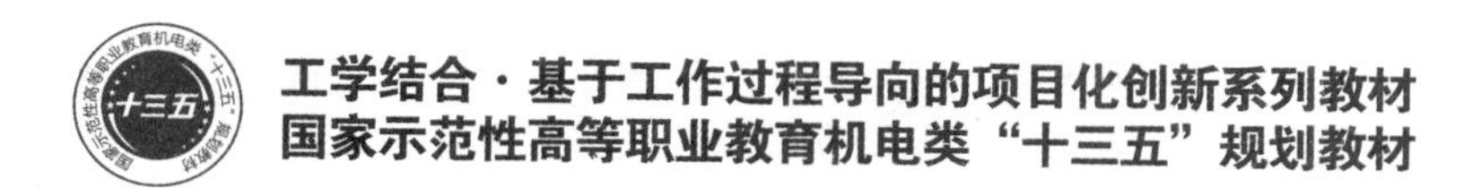

工学结合·基于工作过程导向的项目化创新系列教材

国家示范性高等职业教育机电类“十三五”规划教材

工程材料及热加工基础

主　编　王丽七　陈　云　蒋红云

副主编　袁　帅　曹国光

主　审　孟庆森　黄　祥

U0278613

華中科技大學出版社

http://www.hustp.com

中国·武汉

内容简介

本书是根据高职高专机械类大多数专业的培养目标中对工程材料热加工理论知识及应用能力的要求，结合高职高专教学改革的实践经验，以适应21世纪培养高等技术应用型人才的要求编写的，是高职高专机械类专业的通用教材。本书可同时应用于课堂教学、实训与实验等教学环节，也可供有关工程技术人员、企业管理人员参考。

全书主要讲解了工程材料的性能、金属与合金的结构与结晶、钢的热处理、常用工程材料、金属热加工工艺基础、机械零件材料及毛坯的选用。

为了方便教学，本书还配有电子课件等教学资源包，任课教师和学生可以登录“我们爱读书”网（www.ibook4us.com）免费注册并浏览，或者发邮件至 hustpeiit@163.com 索取。

图书在版编目(CIP)数据

工程材料及热加工基础/王丽七，陈云，蒋红云主编. —武汉：华中科技大学出版社，2018.8
国家示范性高等职业教育机电类“十三五”规划教材
ISBN 978-7-5680-4448-6

Ⅰ.①工… Ⅱ.①王… ②陈… ③蒋… Ⅲ.①工程材料-高等职业教育-教材 ②热加工-高等职业教育-教材
Ⅳ.①TB3 ②TG306

中国版本图书馆 CIP 数据核字(2018)第200149号

工程材料及热加工基础　　　　王丽七　陈　云　蒋红云　主编
Gongcheng Cailiao ji Rejiagong Jichu

策划编辑：康　序
责任编辑：狄宝珠
封面设计：孢　子
责任监印：朱　玢
出版发行：华中科技大学出版社(中国·武汉)　　电话：(027)81321913
　　　　　武汉市东湖新技术开发区华工科技园　　邮编：430223
录　　排：华中科技大学惠友文印中心
印　　刷：武汉科源印刷设计有限公司
开　　本：787mm×1092mm　1/16
印　　张：13.5
字　　数：360千字
版　　次：2018年8月第1版第1次印刷
定　　价：35.00元

本书若有印装质量问题，请向出版社营销中心调换
全国免费服务热线：400-6679-118　竭诚为您服务
版权所有　侵权必究

前言 QIANYAN

本书是根据高职高专机械类大多数专业的培养目标中对工程材料热加工理论知识及应用能力的要求，结合高职高专教学改革的实践经验，以适应21世纪培养高等技术应用型人才的要求编写的，是高职高专机械类专业的通用教材。本书可同时应用于课堂教学、实训与实验等教学环节，也可供有关工程技术人员、企业管理人员参考。

全书主要讲解了工程材料的性能、金属与合金的结构与结晶、钢的热处理、常用工程材料、金属热加工工艺基础、机械零件材料及毛坯的选用。

参加本教材编写的有：王丽七（模块四、六）、蒋红云（模块一、模块七、模块八的铸造成形），陈云（模块二、五、九），袁帅（模块三），曹国光（模块八的焊接成形）。本书由安徽国防科技职业学院王丽七、蒋红云、陈云担任主编，安徽国防科技职业学院袁帅、安徽博微长安电子有限公司曹国光担任副主编。

本书由太原理工大学孟庆森教授以及安徽国防科技职业学院黄祥教授主审。

本书的特色在于：①注重理论与实际的紧密结合，列举了大量的工程案例和图片；②本教材配套有电子教案、资源丰富的在线开放学习平台；③本教材邀请企业技术人员参与编写，符合工学结合的培养模式。

限于编者水平，本书难免存在缺点和不当之处，恳请读者批评指正，以便今后改进。

在本书编写过程中，得到了全国有关院校专家、教师的大力支持，并参考了大量文献资料，在此一并表示衷心的感谢。

为了方便教学，本书还配有电子课件等教学资源包，任课教师和学生可以登录“我们爱读书”网（www.ibook4us.com）免费注册并浏览，或者发邮件至 hustpeiit@163.com 索取。

编　者

2018年6月

目录 MULU

模块一
工程材料及热加工技术简论

1

我国古代在金属加工工艺方面的成就极其辉煌。在公元前16世纪—公元前11世纪的商朝已是青铜器的全盛时期，当时青铜冶铸技术相当精湛。在河南安阳武官村出土的司母戊大方鼎，鼎重875kg，其上花纹精致。公元前5世纪的春秋时期，制剑术已相当高明。1965年在湖北省江陵县出土的春秋越国勾践的宝剑，说明当时已掌握了锻造和热处理技术。1980年12月从秦始皇陵陪葬坑出土的大型彩绘铜车马，结构精致，形态逼真，由三千多个零部件组成，综合了铸造、焊接、研磨、抛光及各种连接工艺。明朝宋应星编著的《天工开物》一书论述了冶铁、铸钟、炼钢、锻造、焊接（锡焊和银焊）、淬火等金属成形与改性的工艺方法，它是世界上最早的有关金属工艺的科学著作之一。这充分反映了我国古代在金属成形工艺方面的科学技术都曾远远超过同时代的欧洲，在世界上占有领先的地位，对世界文明和人类进步做出过巨大贡献。但是，由于我国历史长期的封建统治，严重地束缚了科学技术的发展，逐渐造成了我国与先进国家之间很大的差距。

1.1 课程简述

1.1.1 课程的性质和作用

工程材料及热加工是在总结劳动人民长期实践的基础上发展起来的，是工科院校机械类及近机械类专业的一门必修技术基础课，它系统地介绍机械工程材料的组织结构、性能、应用，改进材料性能和材料成形工艺方法等方面的基础知识。这些基本知识是机械设计及各种工程制造与修理工艺的基础。

任何一台机械产品都是由若干个具有不同几何形状和尺寸的零件按照一定的方式装配而成的。根据零件的使用需求，不同机械零件需选用不同的材料及加工工艺。一般零件由图纸到成品需经历如图 1-1 所示的生产过程。

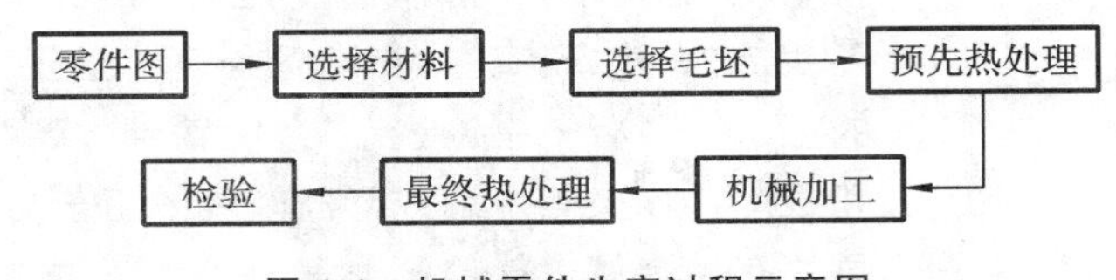

图 1-1 机械零件生产过程示意图

由上图可知，材料的选用与成形工艺是机械零件获得所需性能的重要保证。原材料本身的性质是机械零件使用性能达到设计要求的基础，因此对于不同服役条件下使用的零件应选择具有相应性质的材料。金属机械零件的成形工艺方法一般有：铸造、锻压、焊接、切削加工和特种加工等。此外，为了改善零件的某些性能，常需进行适当的热处理。选择加工工艺不仅要考虑到原材料性质的要求、零件的结构特点，还要考虑到加工方法引起的材料性质变化，以满足零件使用性能的要求。如铸铁件适合采用铸造工艺来生产，而铸件的性能除与合金成分有关外，还在很大程度上取决于铸造成形的工艺方法。材料经过塑性成形，内部组织得到改善，因此相同成分金属材料制成的锻件其综合力学性能与铸件相比显著提高。焊接成形会使焊缝和热影响区内的金属组织发生变化并影响到结构性能和承载能力。

机械工业是国民经济中十分重要的产业，其中的材料是决定机械的工作性能和寿命的关键。材料产业与能源产业、信息产业构成当今三大支柱产业，它是人类生产和生活的物质基础，也是人类社会的历史证明，生产技术的进步和生活水平的提高与新材料的应用息息相关。对材料的使用和加工伴随了人类历史的整个过程。新材料、新技术的应用正在改变着人们的生活方式，使人们的生活水平得到提高。科学技术发展到今天，工程材料及其加工技术不再仅仅是技术经济领域的范畴，它对发展循环经济、保护环境、创造人与自然的和谐起着重要的作用。从材料的设计、制备、加工、检测到器件的生产、装配、使用和回收再利用，已经发展成为一个巨大的社会循环，利用科学的方法研究开发高性能、环保型新材料及其相应的先进成形技术必将对解决资源短缺问题、改善人类生存环境、建设节约型社会产生积极的推动作用。

1.1.2 课程的目的和任务

本课程的目的和任务是：了解常用工程材料的性能、功能、成形技术及热处理工艺的基础知识，为学习其他相关课程和今后从事机械设计与制造方面的工作奠定必要的工艺基础。学完本课程，应达到以下基本要求：

(1) 熟悉常用工程材料的种类、组织结构、性能及其改性方法，掌握其典型应用和选择原则，具备正确选用常用工程材料和设计热处理工艺的基本能力；

(2) 掌握零件常用的毛坯成形方法及特点，具备初步选择毛坯及工艺的能力；

(3) 了解工程材料及热加工有关新工艺、新技术及其发展趋势。

1.1.3 课程内容和学习方法

主要研究内容包括：工程材料的基本知识，金属热处理基本知识，工程用钢、铸铁、有色金属、非金属材料，铸造成形技术、焊接成形技术、锻压成形技术的基础知识，零件的材料及毛坯的选用等。

本课程有两个显著的特点：一是课程内容的广泛性、综合性和工艺方法的多样性；二是具有很强的实践性。基于此，应采取理论教学和实践教学相结合的学习方法。学生在学习本课程时，必须注意理论与实践相结合，可通过实验、实习、设计及工厂调研来加深对课程内容的理解。同时，在学习时要把握好材料的成分、组织结构、热处理工艺与性能和使用之间的关系及变化规律这一主线，重视各种热处理工艺和热加工方法的应用。

1.2 工程材料及其发展简述

1.2.1 材料科学发展简史

材料是用来制作有用器件的物质，是人类生产和生活所必需的物质基础。从日常生活用的器具到高技术产品，从简单的手工工具到复杂的航天器、机器人，都是用各种材料制作而成或由其加工的零件组装而成。纵观人类历史，每当一种新材料出现并得以利用，都会给社会生产与人类生活带来巨大的变化。

中华民族在人类历史上为材料的发展和应用做出过重大贡献。早在公元前6000年至公元前5000年的新石器时代，中华民族的先人就能用黏土烧制陶器，到东汉时期又出现了瓷器，并流传海外。4000年前的夏朝时期，我们的祖先已经能够炼铜，到殷、商时期，我国的青铜冶炼和铸造技术已达到很高水平。从河南安阳晚商遗址出土的后母戊鼎质量达875 kg，且饰纹优美。从湖北江陵楚墓中发掘出的两把越王勾践的宝剑，至今锋利异常，是我国青铜器的杰作。我国从春秋战国时期便开始大量使用铁器，明朝科学家宋应星在其所著《天工开物》一书中就记载了古代的渗碳热处理工艺。这说明早在欧洲工业革命之前，我国在金属材料及热处理方面就已经有了较高的成就。中华人民共和国成立后，我国先后建起了鞍山、攀枝花、宝钢等大型钢铁基地，钢产量由1949年的15.8万吨上升到2005年的3.52亿吨，成为世界上钢产量大国之一。原子弹、氢弹的爆炸，卫星、火箭的上天等都说明了我国在材料的开发、研究及应用等方面有了飞跃性的发展，达到了一定的水平。

从简单地利用天然材料、冶铜炼铁到使用热处理工艺，人类对材料的认识是逐步深入的。18世纪欧洲工业革命后，人们对材料的质量和数量的要求越来越高，促进了材料科学的进一步发展。1863年，光学显微镜首次应用于金属研究，诞生了金相学，使人们步入了材料的微观世界，能够将材料的宏观性能与微观组织联系起来，标志着材料研究从经验走向科学。1912年发现了X射线对晶体的作用并在随后用于晶体衍射分析，使人们对固体材料微观结构的认识从最初的假想到科学的现实。19世纪末，晶体的230种空间群被确定，至此人们已经可以完全用数学的方法来描述晶体的几何特征。1932年发明了电子显微镜，把人们带到了微观世界的更深层次。1934年位错理论的提出，解决了晶体理论计算强度与实验测得的实际强度之间存在巨大差别的问题，对于人们认识材料的力学性能及设计高强度材料具有划时代的意义。

在人类社会的发展与进步过程中，材料是一个带有时代和文明标志的基础，材料的发展水平和利用程度已成为人类文明进步的标志，因此历史学家根据人类所使用的材料来划分时代。(见图1-2)20世纪70年代，人们把材料与能源、信息、生物并列，称为现代文明的四大支柱，而材料又是后三者的基础。

图1-2　材料的发展与人类社会进步简图

1.2.2　常用工程材料及其发展

按组成与结合键可将工程材料分为金属材料、高分子材料、陶瓷材料、复合材料四类。

1. 金属材料

金属材料是指由金属元素或以金属元素为主构成的具有金属特性的材料的统称，包括纯金属、合金、金属化合物和特种金属材料等。人类文明的发展和社会的进步同金属材料关系十分密切。继石器时代之后出现的铜器时代、铁器时代，均以金属材料的应用为其时代的显著标志。现代，种类繁多的金属材料已成为人类社会发展的重要物质基础。

金属材料的发展已从纯金属、纯合金中摆脱出来。随着材料设计、工艺技术及使用性能试验的进步，传统的金属材料得到了迅速发展，新的高性能金属材料不断开发出来。如快速冷凝非晶和微晶材料、高比强和高比模的铝锂合金、有序金属间化合物及机械合金化合金、氧化物弥散强化合金、定向凝固柱晶和单晶合金等高温结构材料、金属基复合材料以及形状记忆合金、钕铁硼永磁合金、贮氢合金等新型功能金属材料，已分别在航空航天、能源、机电等各个领域获得了应用，并产生了巨大的经济效益。

2. 高分子材料

通用高分子材料主要是指塑料、橡胶、纤维三大类合成高分子材料及涂料、黏合剂等精细高分子材料。高性能、多功能、低成本、低污染(环境友好)是通用合成高分子材料显著的发展趋势。在聚烯烃树脂研究方面，如通过新型聚合催化剂的研究开发、反应器内聚烯烃共聚合金技术的研究等来实现聚烯烃树脂的高性能、低成本化。高性能工程塑料的研究方向主要集中在研究开发高性能与加工性兼备的材料。合成橡胶方面，如通过研究合成方法、化学改性技术、共混改性技术、动态硫化技术与增容技术、互穿网络技术、链端改性技术等来实现橡胶的高性能化。在合成纤维方面，特种高性能纤维、功能性、差别化、感性化纤维的研究开发仍然是重要的方向。同时生物纤维、纳米纤维、新聚合物纤维的研究和开发也是纤维研究的重要领域。在涂料和黏合剂方面，环境友好及特殊条件下使用的高性能涂料和黏合剂是发展的两个主要方向。随着生产和科学技术的发展，高分子材料得到了快速发展。

3. 陶瓷材料

陶瓷材料是以抗压强度大、耐高温、刚度强、韧性好、耐磨损、硬度高、耐腐蚀、抗氧化性能好、疲劳强度大等力学性能为特征的材料，但是，陶瓷性脆，没有延展性，经不起碰撞和急冷急热。在现代工程材料中，陶瓷材料作为应用广泛的材料之一，在化工、电器、纺织、建筑等行业得到普遍应用，如化工中的容器、反应塔、管道；电器工业中的绝缘子；内燃机中的火活塞；轴承、切削材料的刀具等。总之，各种新型陶瓷具有广阔的应用前景。

4. 复合材料

复合材料，顾名思义是指由两种或两种以上的具有不同化学和物理性质的素材复合组成的一种材料。其力学特性有各向异性、纤维和基体的界面特性以及强度的分散性。按化学成分一般分为高分子基复合材料、金属基复合材料、陶瓷基复合材料。按合成机理，常用复合材料种类主要有纤维复合材料 、夹层复合材料、细粒复合材料、混杂复合材料。

当今复合材料的发展趋势是热塑性复合材料及解决热固性复合材料的回收利用问题，研究方向为纳米复合材料、智能复合材料、功能梯度复合材料和表面复合材料。

1.2.3 新材料及其发展

当今世界，新材料蓬勃发展，作为高新技术的基础和先导，应用范围及其广泛，它同信息技术、生物技术在一起成为21世纪最重要最具发展潜力的领域。新材料（或称先进材料）是指那些新近发展或正在发展之中的具有比传统材料的性能更为优异的一类材料。按应用领域和当今的研究热点把新材料分为以下的几个领域：高性能结构材料、新型功能材料、新能源材料、电子信息材料、纳米材料、先进复合材料、生态环境材料、生物医用材料、智能材料等。

1. 高性能结构材料

结构材料指以力学性能为主的工程材料，它是国民经济中应用最为广泛的材料，从日用品、建筑到汽车、飞机、卫星和火箭等，均以某种形式的结构框架获得其外形、大小和强度。钢铁、有色金属等传统材料都属于此类。高性能结构材料一般指具有更高的强度、硬度、塑性、韧性等力学性能，并适应特殊环境要求的结构材料，包括新型金属材料、高性能结构陶瓷材料和高分子材料等。当前的研究热点包括：高温合金、新型铝合金、镁合金、高温结构陶瓷材料和高分子合金等。

2. 新型功能材料

功能材料是指表现出力学性能以外的电、磁、光、生物、化学等特殊性质的材料。除前面介绍过的信息、能源、纳米、生物医用等材料外，新型功能材料主要还包括高温超导材料、磁性材料、金刚石薄膜、功能高分子材料等。当前的研究热点包括：纳米功能材料、纳米晶稀土永磁和稀土储氢合金材料、大块非晶材料、高温超导材料、磁性形状记忆合金材料、磁性高分子材料、金刚石薄膜的制备技术等。

3. 新能源材料

新能源和再生清洁能源技术是21世纪世界经济发展中最具有决定性影响的五个技术领域之一，新能源包括太阳能、生物质能、核能、风能、地热、海洋能等一次能源以及二次电源中的氢能等。新能源材料则是指实现新能源的转化和利用以及发展新能源技术中所要用到的关键材料。主要包括储氢电极合金材料为代表的镍氢电池材料、嵌锂碳负极和 LiCoO2 正极为代表的锂离子电池材料、燃料电池材料、Si 半导体材料为代表的太阳能电池材料以及铀、氘、氚为代表的反应堆核能材料等。

4. 电子信息材料

电子信息材料是指在微电子、光电子技术和新型元器件基础产品领域中所用的材料，主要包括单晶硅为代表的半导体微电子材料；激光晶体为代表的光电子材料；介质陶瓷和热敏陶瓷为代表的电子陶瓷材料；钕铁硼(NdFeB)永磁材料为代表的磁性材料；光纤通信材料；磁存储和光盘存储为主的数据存储材料；压电晶体与薄膜材料；贮氢材料和锂离子嵌入材料为代表的绿色电池材料等。这些基础材料及其产品支撑着通信、计算机、信息家电与网络技术等现代信息产业的发展。电子信息材料的总体发展趋势是向着大尺寸、高均匀性、高完整性以及薄膜化、多功能化和集成化方向发展。当前的研究热点和技术前沿包括柔性晶体管、光子晶体、SiC、GaN、ZnSe 等宽禁带半导体材料为代表的第三代半导体材料、有机显示材料以及各种纳米电子材料等。

5. 纳米材料

纳米材料是指由尺寸小于100 nm(0.1～100 nm)的超细颗粒构成的具有小尺寸效应的零维、一维、二维、三维材料的总称。纳米材料的概念形成于20世纪80年代中期，由于纳米材料会表现出特异的光、电、磁、热、力学等性能，使纳米技术迅速渗透到材料的各个领域，成为当前世界科学研究的热点。按物理形态分，纳米材料大致可分为纳米粉末、纳米纤维、纳米膜、纳米块体和纳米相分离液体等五类。尽管目前实现工业化生产的纳米材料主要是碳酸钙、白炭黑、氧化锌等纳米粉体材料，其他基本上还处于实验室的初级研究阶段，大规模应用预计要到5～10年以后，但毫无疑问，以纳米材料为代表的纳米科技必将对21世纪的经济和社会发展产生深刻的影响。当前的研究热点和技术前沿包括：以碳纳米管为代表的纳米组装材料；纳米陶瓷和纳米复合材料等高性能纳米结构材料；纳米涂层材料的设计与合成；单电子晶体管、纳米激光器和纳米开关等纳米电子器件的研制、C60超高密度信息存贮材料等。

6. 先进复合材料

复合材料是由两种或多种性质不同的材料通过物理和化学复合，组成具有两个或两个以上相态结构的材料。该类材料不仅性能优于组成中的任意一个单独的材料，而且还可具有组分单独不具有的独特性能。复合材料按用途主要可分为结构复合材料和功能复合材料两大类。结构复合材料主要作为承力结构使用的材料，由能承受载荷的增强体组元(如玻璃、陶瓷、碳素、高聚物、金属、天然纤维、织物、晶须、片材和颗粒等)与能联结增强体成为整体材料同时又起传力作用的基体组元(如树脂、金属、陶瓷、玻璃、碳和水泥等)构成。结构材料通常按基体的不同分为聚合物基复合材料、金属基复合材料、陶瓷基复合材料、碳基复合材料和水泥基复合材料等。功能材料是指除力学性能以外还提供其他物理、化学、生物等性能的复合材料。包括压电、导电、雷达隐身、永磁、光致变色、吸声、阻燃、生物自吸收等种类繁多的复合材料，具有广阔的发展前途。未来的功能复合材料比重将超过结构复合材料，成为复合材料发展的主流。未来复合材料的研究方向主要集中在纳米复合材料、仿生复合材料等领域。

7. 生态环境材料

生态环境材料是在人类认识到生态环境保护的重要战略意义和世界各国纷纷走可持续发展道路的背景下提出来的，是国内外材料科学与工程研究发展的必然趋势。一般认为生态环境材料是具有满意的使用性能同时又被赋予优异的环境协调性的材料。这类材料的特点是消耗的资源和能源少，对生态和环境污染小，再生利用率高，而且从材料制造、使用、废弃直到再生循环利用的整个寿命过程，都与生态环境相协调。主要包括：环境相容材料，如纯天然材料（木材、石材等）、仿生物材料（人工骨、人工器脏等）、绿色包装材料（绿色包装袋、包装容器）、生态建材（无毒装饰材料等）；环境降解材料（生物降解塑料等）；环境工程材料，如环境修复材料、环境净化材料（分子筛、离子筛材料）、环境替代材料（无磷洗衣粉助剂）等。生态环境材料研究热点和发展方向包括再生聚合物（塑料）的设计、材料环境协调性评价的理论体系，以及降低材料环境负荷的新工艺、新技术和新方法等。

8. 生物医用材料

生物医用材料是一类用于诊断、治疗或替换人体组织、器官或增进其功能的新型高技术材料，是材料科学技术中的一个正在发展的新领域，不仅技术含量和经济价值高，而且与患者生命和健康密切相关。近十多年以来，生物医用材料及制品的市场一直保持 20%左右的增长率。生物医用材料按材料组成和性质分为医用金属材料、医用高分子材料、生物陶瓷材料和生物医学复合材料等。金属、陶瓷、高分子及其复合材料是应用最广的生物医用材料。按应用生物医用材料又可分为可降解与吸收材料、组织工程材料与人工器官、控制释放材料、仿生智能材料等。

9. 智能材料

20 世纪 80 年代中期人们提出了智能材料（intelligent material）的概念，智能材料是模仿生命系统，能感知环境变化并能实时地改变自身的一种或多种性能参数，做出所期望的、能与变化后的环境相适应的复合材料或材料的复合。智能材料是一种集材料与结构、执行系统、控制系统和传感系统于一体的复杂的材料体系。它的设计与合成几乎横跨所有的高技术学科领域。构成智能材料的基本材料组元有压电材料、形状记忆材料、光导纤维、电（磁）流变液、磁致伸缩材料和智能高分子材料等。

环顾周围世界，材料是人们衣食住行的必备条件之一，是人类一切生活和生产活动的物质基础。新材料技术的发展赋予材料科学新的内涵和广阔的发展空间，是现代高技术发展的重要方向之一。目前，新材料技术正朝着研制生产更小、更智能、多功能、环保型以及可定制的产品、元件等方向发展。随着科学技术的进步，开拓了新材料的范围，推动了新材料向更高、更新方向发展。高性能结构材料的开发、应用，使一些化工机械、设备的大型化、高效化、高参数化、多功能化有了物质基础，可以满足化工生产高技术的要求，使一些化工工艺的实现成为可能。新材料的发展将使人类文明进入一个新的高度。

1.3 热加工技术及其发展简述

材料成形的狭义定义为：铸造、锻压、焊接等金属材料成形的技术，也就是我们通常所讲的几种典型的热加工技术。在零件生产过程中，所用热处理技术也是一种常用的热加工技术。

1.3.1 铸造技术及其发展简述

铸造成形是制造复杂零件最灵活的方法，是材料成形发展过程中最悠久的一种工艺，已有6000多年的历史。中国商朝的重875 kg的司母戊方鼎、战国时期的曾侯乙尊盘、西汉的透光镜，都是古代铸造的杰作。中国在公元前513年，铸出了世界上最早见于文字记载的铸铁件晋国铸型鼎，重约270 kg。欧洲在公元8世纪前后也开始生产铸铁件。铸铁件的出现，扩大了铸件的应用范围。例如在15—17世纪，德、法等国先后铺设了不少向居民供饮用水的铸铁管道。18世纪的工业革命以后，铸件进入为大工业服务的新时期，铸造技术开始有了大的发展。

进入20世纪，铸造的发展速度很快，其重要因素之一是产品技术的进步，要求铸件各种机械物理性能更好，同时仍具有良好的机械加工性能；另一个原因是机械工业本身和其他工业如化工、仪表等的发展，给铸造业创造了有利的物质条件。20世纪50年代以后，出现了湿砂高压造型，化学硬化砂造型和造芯，负压造型以及其他特种铸造、抛丸清理等新工艺，使铸件具有很高的形状、尺寸精度和良好的表面光洁度，铸造车间的劳动条件和环境卫生也大为改善。20世纪以来铸造业的重大进展中，灰铸铁的孕育处理和化学硬化砂造型这两项新工艺有着特殊的意义。这两项发明，冲破了延续几千年的传统方法，给铸造工艺开辟了新的领域，对提高铸件的竞争力产生了重大的影响。

世纪之交的各国铸造行业在不同程度上遇到来自行业内部和外部的巨大挑战，积极地将信息技术应用到铸造生产中是铸造厂使自己能在21世纪激烈的竞争中生存和发展的一个关键措施。与国外相比，我国在精密铸造工艺方面较落后，为了缩短新型武器的研制和生产周期、降低成本、提高可靠性，必须加强精密铸造工艺的研究。

1.3.2 锻压技术及其发展简述

锻压是锻造和冲压的合称，是利用锻压机械的锤头、砧块、冲头或通过模具对坯料施加压力，使之产生塑性变形，从而获得所需形状和尺寸的制件的成形加工方法。也称之为压力加工或金属的塑性成形。锻造在中国有着悠久的历史，它是以手工作坊的生产方式延续下来的，大概是在20世纪初，随着帝国主义列强的入侵和清朝政府洋务运动的开展，它才逐渐以机械工业化的生产方式出现在铁路、兵工、造船等行业中。

锻造可以改善金属的力学性能，还具有生产率高、节省材料等优点。因此，锻造在金属热加工中占有重要的地位，在机器制造业中有着不可替代的作用。一个国家的锻造水平，可反映出这个国家机器制造业的水平。随着科学技术的发展，工业化程度的日益提高，需求锻件的数量逐年增长。据预测，飞机上采用的锻压(包括板料成形)零件将占85%，汽车将占60%～70%，农机、拖拉机将占70%。

锻压生产虽然生产效率高，锻件综合性能高，节约原材料；但其生产周期较长，成本较高，处于不利的竞争地位。锻压生产要跟上当代科学技术的发展，需要不断改进技术，采用新工艺和新技术，进一步提高锻件的性能指标，同时缩短生产周期、降低成本。冲压设备广泛应用于汽车、航空、电子、家电等工业领域，其中，作为衡量一个国家工业水平的标志之一的汽车工业，被当今世界主要工业发达国家列为国民经济支柱产业，其发展主导了锻压技术及装备的发展，锻压技术的发展和进步基本围绕汽车工业的发展而进行。当前的世界锻压技术及装备向着锻压设备自动化、控制系统集成化、高速化复合化相结合、注重环境保护的方向发展。

1.3.3 焊接技术及其发展简述

焊接技术可以追溯到几千年前的青铜器时代，在人类早期工具制造中，无论是中国还是当时的埃及等文明地区，都能看到焊接技术的雏形。古代的焊接方法主要是铸焊、钎焊和锻焊。近代真正意义上的焊接技术起源于1880年左右电弧焊方法的问世。

在现代工业中，焊接技术已广泛用于航天、航空、船舶、压力锅炉及化工容器、机械制造等产品的建造。就船舶建造而言，焊接工时要占船体建造总工时的30%～40%，由此可见，焊接作为一种加工工艺方法在制造业中的重要作用。为了实现焊接产品或焊接结构生产的高效率、低成本、高质量，国内外都在大力开发创新的焊接技术，比如：电阻点焊、激光焊、等离子束焊、粉末等离子弧表面堆焊、机器人焊接、微连接技术等。

世界各工业发达国家都非常重视焊接技术的发展与创新。美国和德国专家在讨论21世纪焊接的作用和发展方向时，一致认为：焊接（到2020年）仍将是制造业的重要加工技术，它是一种精确、可靠、低成本，并且是采用高科技连接材料的方法，目前还没有其他方法能够比焊接更为广泛地应用于金属的连接，并对所焊产品增加更大的附加值；焊接技术（包括连接、切割、涂敷）现在以及将来，都有很大可能成为将各种材料加工成可投入市场的产品的首选加工方法。

1.3.4 热处理技术及其发展简述

金属热处理是利用固态金属相变规律，采用加热、保温、冷却的方法，改善并控制金属所需组织与性能（物理、化学及力学性能等）的技术。在从石器时代进展到铜器时代和铁器时代的过程中，热处理的作用逐渐为人们所认识。早在商代，就已经有了经过再结晶退火的金箔饰物。公元前770年—公元前222年，中国人在生产实践中就已发现，铜铁的性能会因温度和加压变形的影响而变化。白口铸铁的柔化处理就是制造农具的重要工艺。公元前6世纪，钢铁兵器逐渐被采用，为了提高钢的硬度，淬火工艺得到迅速发展。中国出土的西汉中山靖王墓中的宝剑，芯部含碳量为0.15%～0.4%，而表面含碳量却达0.6%以上，说明已应用了渗碳工艺。1863年，英国金相学家和地质学家展示了钢铁在显微镜下的六种不同金相组织，证明了钢在加热和冷却时，内部会发生组织改变，钢中高温时的相在急冷时转变为一种较硬的相。法国人奥斯蒙德确立的铁的同素异构理论，以及英国人奥斯汀最早制定的铁碳相图，为现代热处理工艺初步奠定了理论基础。

20世纪以来，金属物理的发展和其他新技术的移植应用，使金属热处理工艺得到更大发展。一个显著的进展是1901—1925年，在工业生产中应用转筒炉进行气体渗碳；20世纪30年代出现露点电位差计，使炉内气氛的碳势达到可控，以后又研究出用二氧化碳红外仪、氧探头等进一步控制炉内气氛碳势的方法；20世纪60年代，热处理技术运用了等离子场的作用，发展了离子渗氮、渗碳工艺；激光、电子束技术的应用，又使金属获得了新的表面热处理和化学热处理方法。

我国的热处理技术已得到了长足的发展，在热处理的基础理论和某些热处理新工艺、新技术研究方面已达到国际先进水平，但在热处理生产工艺和热处理设备方面还存在较大差距，主要表现在少无氧化热处理工艺应用少、产品质量不稳定、能耗大、污染严重、管理水平低、成本高。目前在我国工业生产上大量应用的还是常规热处理工艺，今后仍将占有重要的地位和相当大的比重，但正在日益改进和不断完善。要以少无氧化加热、节能、无污染和微电子技术在热处理中的应用为重点，大力发展先进的热处理成套技术，利用现代高新技术对常规热处理进行技术改造，实现热处理设备的更新换代，全面提高热处理的工艺水平、装备水平、管理水平和产品水平，这对于改变我国热处理技术的落后面貌，赶上工业发达国家的先进水平，将起到积极的促进作用。

模块二
工程材料的性能

材料的性能是指材料在给定外界条件下的行为，包括使用性能和工艺性能。使用性能是指材料在使用过程中所表现出来的性能，它包括物理性能（如密度、导电性、导热性）、化学性能（如耐蚀性、热稳定性）和力学性能（如强度、塑性、硬度）等；工艺性能是指材料对各种加工工艺适应的能力，它包括铸造性能、锻造性能、焊接性能、热处理工艺性能等。

金属材料是工业生产中最重要的材料，广泛应用于机械工程、电器工程、建筑工程、化工工程和日常生活各个领域。生产实践中，往往由于选材不当造成机械达不到使用要求或过早失效，因此了解和熟悉金属材料的性能成为合理选材、充分发挥工程材料内在性能潜力的重要依据。

在机械设计制造领域选用材料时，大多以力学性能（机械性能）为主要依据。因此必须首先了解金属材料的力学性能。所谓金属材料的力学性能，是指金属在各种载荷（外力）作用下抵抗变形或破坏的能力。力学性能主要包括：强度、塑性、硬度、韧性、疲劳极限等。

2.1 硬度

硬度是衡量金属材料软硬程度的一种性能指标，也是指金属材料抵抗局部变形和局部破坏的能力。硬度是各种零件和工具必须具备的性能指标。机械制造中所用的刀具、量具、磨具等，都应具备足够的硬度，才能保证使用性能和寿命。有些机械零件如齿轮等，也要求有一定的硬度，以保证足够的耐磨性和使用寿命。

硬度试验方法很多，一般可分为三类：压入法（如布氏硬度、洛氏硬度、维氏硬度）；划痕法（如莫氏硬度）；回跳法（如肖氏硬度）。目前机械制造生产中应用最广泛的硬度是布氏硬度和洛氏硬度。

2.1.1 布氏硬度

1. 试验原理

图 2-1 所示为布氏硬度试验原理图。它是用一定直径的淬火钢球或硬质合金钢做压头以相应试验力压入被测材料表面，经规定保持时间后卸载，以压痕单位面积上所受试验力的大小来确定被测材料的硬度值，用符号 HB 表示。

$$HB=F/S_{压}=0.102\times 2f/\pi D(D-\sqrt{D^2-d^2})$$

式中：F——试验力（N）；

$S_{压}$——压痕表面积（mm^2）；

D——球体直径（mm）；

d——压痕平均值（mm）。

从上式可看出，当外载荷（F）、压头球体直径（D）一定时，布氏硬度值仅与压痕直径（d）有关。d 越小，布氏硬度值越大，硬度越高；d 越大，布氏硬度值越小，硬度越低。

通常布氏硬度值不标出单位。在实际应用中，布氏硬度一般不用计算，而是用专用的刻度放大镜量出压痕直径（d），根据压痕直径的大小，再从专门的硬度表中查出相应的布氏硬度值。

2. 表示方法

表示布氏硬度值时应同时标出压头类型，当试验压头为淬硬钢球时，硬度符号为 HBS；当试验压头为硬质合金钢球时，硬度符号为 HBW。HBS 或 HBW 之前数字为硬度值，符号后面依次用相应数值注明压头直径（mm）、试验力（kgf）、试验力保持时间（s）（小于 15 s 不标注）。例如，170HBS10/1000/30 表示直径 10 mm 的钢球压头，在 9807 N（1000 kgf）的试验力作用下，保持时间 30 s 时测得的布氏硬度值为 170。

3. 应用范围及优缺点

布氏硬度计主要用来测量灰铸铁、有色金属以及经退火、正火和调质处理的钢材等低硬度材料。布氏硬度优点是具有很高的测量精度，压痕面积较大，能较真实地反映出材料的平均性能，而不受个别组成相和微小不均匀度的影响。另外，布氏硬度与抗拉强度之间存在一定的近似关系，因而在工程上得到广泛应用；布氏硬度的缺点是操作时间长，对不同材料需要更换压头和试验力，压痕测量也较费时间。由于球体本身变形会使测量结果不准确，因此 HBS 适于测量布氏硬度值小于 450 的材料，HBW 适于测量硬度值小于 650 的材料。因压痕较大，布氏硬度不适宜检验薄件或成品。

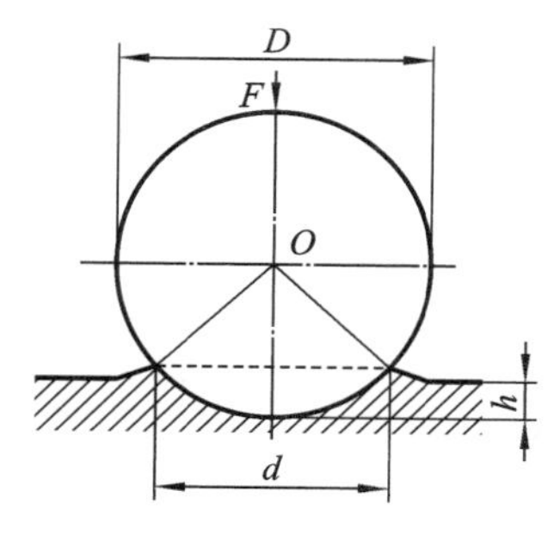

图 2-1　布氏硬度试验原理图

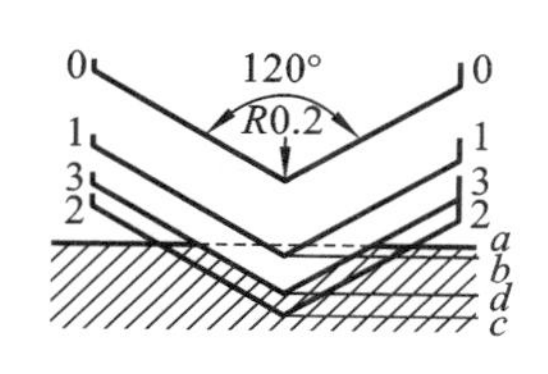

图 2-2　洛氏硬度试验原理图

2.1.2 洛氏硬度

1. 试验原理

洛氏硬度试验是用顶角为 120°的金刚石圆锥体或直径为 1.588mm 的淬火钢球作为压头，试验时先施加初载荷，目的是使压头与试样表面接触良好，保证测量结果准确，然后施加主载荷，保持规定时间后卸除主载荷，依据压痕深度确定硬度值。图 2-2 所示为洛氏硬度试验原理图。0-0 为 120°金刚石压头没有与试件表面接触时的位置；1-1 为加初载荷后压头压入深度 ab；2-2 为压头加主载荷后的位置，此时压头压入深度为 ac；卸除主载荷后，由于恢复弹性变形，压头位置提高到 3-3 位置。最后，压头受主载荷后实际压入表面的深度为 bd，洛氏硬度用 bd 的大小来衡量。

实际应用时洛氏硬度可直接从硬度计表盘中读出。压头端点每移动 0.002 mm，表盘上转过一小格，压头移动 bd 距离，指针应转 $bd/0.002$ 格，计算公式如下：

$$\mathrm{HR}=K-bd/0.002$$

式中：K——常数(金刚石作压头，$K=100$；钢球作压头，$K=130$)。

2. 常用洛氏硬度标尺及应用范围

为了用一台硬度计测定从软到硬不同金属材料的

硬度，可采用不同的压头和总试验力组成几种不同的洛氏硬度标尺，每种标尺用一个字母在洛氏硬度符号 HR 后面加以注明。常用的洛氏硬度标尺是 A、B、C 三种，其中 C 标尺应用最广。HRA 主要用于测量硬质合金、表面淬火钢等；HRB 主要用于测量软钢、退火钢、铜合金等；HRC 主要用于测量一般淬火钢件。

3. 优缺点

洛氏硬度试验法操作简单迅速，能直接从刻度盘上读出硬度值；测试的硬度值范围较大，既可测定较软的金属材料，也可测定很硬的金属材料；试样表面压痕较小，可直接测量成品或薄工件。但由于压痕小，对内部组织和硬度不均匀的材料，硬度波动较大，为提高测量精度，通常测定三个不同点取平均值。

2.2 强度和塑性

2.2.1 强度

金属材料在外力作用下抵抗变形和断裂的能力称为强度。按照载荷作用方式不同，强度可分为抗拉强度、抗压强度、抗弯强度、抗扭强度和抗剪强度等。工程上一般所说的强度是指抗拉强度，它是用静载拉伸试验方法测定的。

1. 拉伸试验与拉伸曲线

静载荷拉伸试验是工业上最常用的力学试验方法之一。在国家标准中(GB/T 228.1—2010)，对拉伸试样的形状、尺寸及加工要求均有明确的规定。通常采用圆柱形拉伸试样，如图2-3所示。把标准试样装夹在试验机上，然后对试样逐渐施加拉伸载荷的同时连续测量力和相应的伸长，直至把试样拉断为止，便得到拉伸曲线，依据拉伸曲线可求出相关的力学性能。

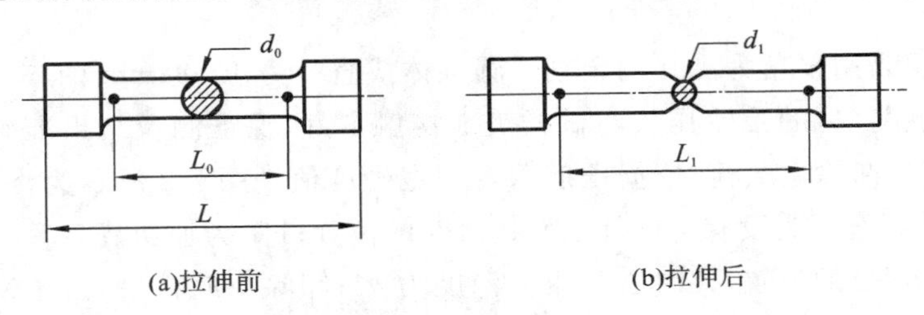

图 2-3 标准拉伸试样

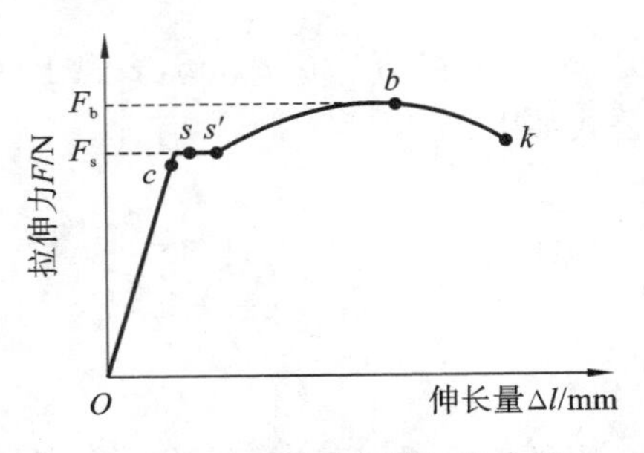

图 2-4 退火低碳钢的拉伸曲线

材料的性质不同，拉伸曲线形状也不尽相同。图2-4所示为退火低碳钢的拉伸曲线，图中纵坐标表示力 F，单位为 N；横坐标表示绝对伸长 Δl，单位为 mm。退火低碳钢拉伸曲线分为以下四个变形阶段。

1) Os——弹性变形阶段

此时若卸载，试样能完全恢复原来的形状和尺寸。其中，Oe 段为线弹性变形阶段，试样的伸长量与载荷成正比增加，es 段仍然主要发生弹性变形，此时试样伸长量与载荷不再成正比例变化。

2) ss'——屈服阶段

当载荷增加到 F_s时，曲线上出现平台，即载荷不增加，试样继续伸长，材料丧失了抵抗变形的能力，这种现象叫屈服。

3) sb——强化阶段

过了屈服阶段，继续增加载荷，试样才会继续伸长，随着试样塑性变形的增加，材料的变形抗力也逐渐增加，这种现象称为变形强化(或成为加工硬化)。F_b为试样拉伸试验的最大载荷。

4) bk——缩颈阶段

载荷达到最大值 F_b后，试样局部开始急剧缩小，出现“缩颈”现象。由于截面积减小，试样变形所需载荷也随之降低，到达 k 点时试样发生断裂。

2. 强度指标

常用的强度指标有屈服强度(屈服点)和抗拉强度(强度极限)。

1) 屈服强度

材料产生屈服时的最小应力,以 R_{eL}(对应旧国标中的 σ_s)表示,单位为 MPa。

$$R_{eL}=F_s/S_0$$

式中:F_s——屈服时的最小载荷(N);

S_0——试样原始截面积(mm^2)。

对于无明显屈服现象的金属材料(如铸铁、高碳钢等)测定 R_{eL} 很困难,通常规定产生 0.2% 塑性变形时的应力作为条件屈服点,用 $R_{r0.2}$(对应旧国标中的 $\sigma_{0.2}$)表示。

屈服强度表征金属发生明显塑性变形的抗力,机械零件在工作时如受力过大,会因过量变形而失效。当机械零件在工作时所受的应力,低于材料的屈服点,则不会产生过量的塑性变形。材料的屈服点越高,允许的工作应力也越高。因此它是大多数机械零件设计时的重要参数,也是评定金属材料优劣的重要指标。

2) 抗拉强度

材料在拉断前所承受的最大应力,以 R_m(对应旧国标中的 σ_b)表示,单位为 MPa。

$$R_m=F_b/S_0$$

式中:F_b——试样断裂前所承受的最大载荷(N)。

抗拉强度的物理意义在于它反映了材料最大均匀变形的抗力,表明了材料在拉伸条件下,单位面积上所能承受的最大应力。显然,机械零件工作时,所承受的拉应力不允许超过 R_m,否则就会断裂。所以,它也是机械设计与选材的主要依据。

2.2.2 塑性

金属材料在载荷作用下产生塑性变形而不断裂的能力称为塑性,塑性指标也是通过拉伸试验测定的。常用塑性指标是断后伸长率和断面收缩率。

1. 断后伸长率

拉伸试样拉断后,标距的相对伸长与原始标距的百分比称为断后伸长率,用符号 A(对应旧国标中的 δ)表示,即

$$A=(L_1-L_0)/L_0\times100\%$$

式中:L_0——试样原始标距长度(mm);

L_1——试样被拉断时的标距长度(mm)。

2. 断面收缩率

拉伸试样拉断后,缩颈处横截面积的最大缩减量与试样原始截面积的百分比称为断面收缩率,用符号 Z(对应旧国标中的 ψ)表示,即

$$Z=(S_0-S_1)/S_0\times100\%$$

式中:S_0——试样原始截面积(mm^2);

S_1——试样被拉断时缩颈处的最小横截面积(mm^2)。

断后伸长率 A 和断面收缩率 Z 数值越大,表明材料的塑性越好,良好的塑性对机械零件的加工和使用都具有重要意义。例如,塑性良好的材料易于进行压力加工(轧制、冲压、锻造等);如果过载,由于产生塑性变形而不致突然断裂,可以避免事故发生。

2.3 冲击韧度和疲劳强度

2.3.1 冲击韧度

许多机械零件是在冲击载荷下工作的，如锻锤的锤杆、冲床的冲头、火车挂钩、活塞等。冲击载荷比静载荷的破坏能力大，对于承受冲击载荷的材料，不仅要求具有高的强度和一定塑性，还必须具备足够的冲击韧度。金属材料抵抗冲击载荷作用而不破坏的能力称为冲击韧度，冲击韧度通常用一次摆锤冲击试验来测定。

摆锤冲击试验原理如图 2-5 所示。将标准试样安放在摆锤式试验机的支座上，试样缺口背向摆锤，将具有一定重力 G 的摆锤举至一定高度 H_1，使其获得一定势能 GH_1，然后由此高度落下将试样冲断，摆锤剩余势能为 GH_2。冲击吸收功（A_K）除以试样缺口处的截面积 S_0，即可得到材料的冲击韧度 a_κ，计算公式如下：

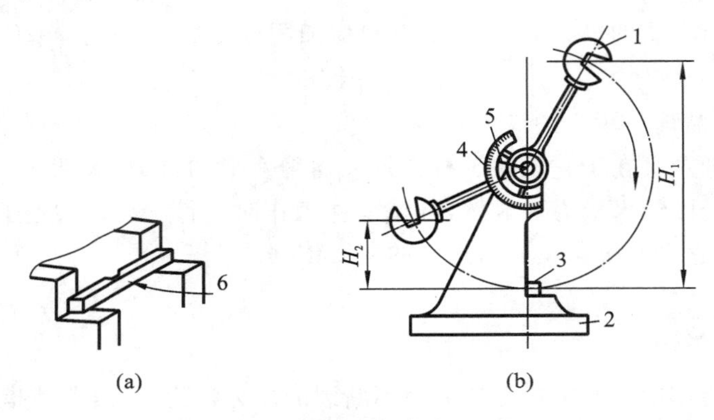

图 2-5 摆锤冲击试验原理图

1—摆锤；2—机架；3—试样；4—梯度盘；5—指针；6—冲击方向

$$a_\kappa = A_K / S_0 = G(H_1 - H_2) / S_0$$

式中：A_K——冲击吸收功(J)；

G——摆锤的重力(N)；

H_1——摆锤举起的高度(m)；

H_2——冲断试样后，摆锤的高度(m)；

a_κ——冲击韧度(J/cm^2)；

S_0——试样缺口处截面积(cm^2)。

对一般常用钢材来说，冲击韧度 a_κ 值越大，表明材料的韧性越好，受到冲击时不易断裂。a_κ 值的大小受很多因素影响，不仅与试样形状、表面粗糙度、内部组织有关，还与试验时的温度密切相关。因此冲击韧度值一般只作为选材时的参考，而不能作为计算依据。

2.3.2 疲劳强度

许多机械零件，例如轴、齿轮、轴承、弹簧等，在工作中承受的是交变载荷。在这种载荷作用下，虽然零件所受应力远低于材料的屈服点，但在长期使用中往往会突然发生断裂，这种破坏过程称为疲劳断裂。疲劳破坏是机械零件失效的主要原因之一。据统计，在机械零件失效中有80%以上属于疲劳破坏。而且疲劳破坏前没有明显的变形而突然断裂。所以，疲劳破坏经常造成重大事故。

工程上规定，材料经无数次重复交变载荷作用而不发生断裂的最大应力称为疲劳极限。图2-6是通过试验测定的材料交变应力 σ 和断裂前应力循环次数 N 之间的关系曲线(疲劳曲线)。该曲线表明，材料受到的交变应力越大，则断裂时应力循环次数(N)越少，反之，则 N 越大。当应力低于一定值时，试样经无限周次循环也不破坏，此应力值称为材料的疲劳极限，用 σ_r 表示；对称循环交变应力图如图2-7所示，疲劳极限用 σ_{-1} 表示。实际上，金属材料不可能作无限次交变载荷试验。对于黑色金属，一般规定循环周次为 10^7 而不破坏的最大应力为疲劳极限；对于有色金属和某些高强度钢，规定循环周次为 10^8。

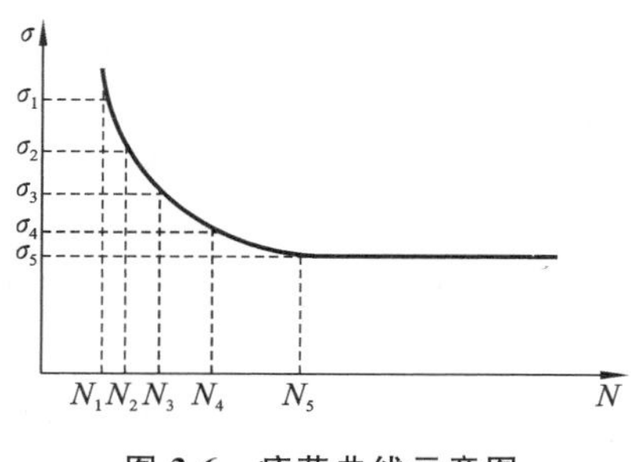

图2-6 疲劳曲线示意图

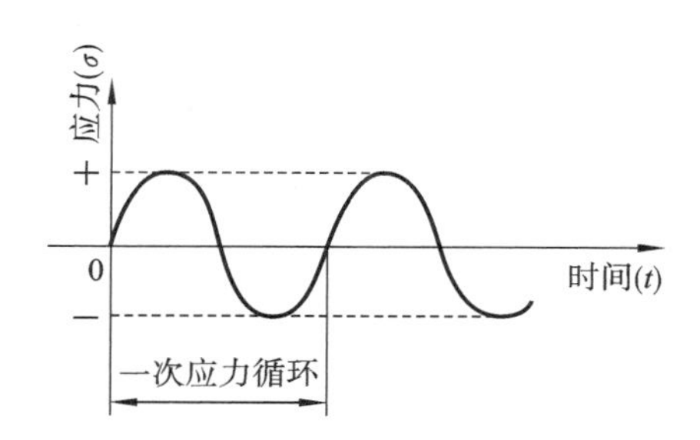

图2-7 对称循环交变应力图

疲劳断裂的位置，往往是在零件的表面，有时也可能在零件的内部某一薄弱部位产生裂纹，在交变应力作用下，裂纹不断扩展，使材料的有效承载面不断减小，最后发生突然断裂。针对上述原因，为了提高零件的疲劳强度，应改善结构设计避免应力集中；提高加工工艺水平减少内部组织缺陷；还可以通过降低零件表面粗糙度和采用表面强化方法(如表面淬火、表面滚压、喷丸处理等)来提高表面加工质量。

2.4 工艺性能

金属材料的工艺性能是指金属适应某种加工工艺的能力，主要是切削加工性能、材料的成形性能(铸造、锻造、焊接)和热处理性能(淬透性、变形、氧化和脱碳倾向等)。

1. 铸造性能(可铸性)

铸造性能指金属材料能用铸造方法获得合格铸件的性能。可铸性主要包括流动性、收缩性和偏析。流动性是指液态金属充满铸模的能力；收缩性是指铸件凝固时，体积收缩的程度；偏析是指金属在冷却凝固过程中，因结晶先后差异而造成金属内部化学成分和组织的不均匀性。

2. 锻造性能(可锻性)

锻造性能指金属材料在压力加工时，能改变现状而不产生裂纹的性能。锻造性能的好坏主要取决于金属的塑性和变形抗力。塑性越好，变形抗力越小，金属的锻造性能就越好，例如纯铜在室温下就有良好的锻造性能，碳钢在加热的状态下有较好的锻造性能，铸铁则不能进行锻造。

3. 焊接性能(可焊性)

焊接性能指金属材料对焊接加工的适应性能。主要是指在一定的焊接工艺条件下，获得优质焊接接头的难易程度。它包括两个方面的内容：一是结合性能，即在一定的焊接工艺条件下，一定的金属形成焊接缺陷的敏感性；二是使用性能，即在一定的焊接工艺条件下，一定的金属焊接接头对使用要求的适用性。

切削加工性能与热处理性能将在后续章节及相关课程里学习，本章节不做阐述。

练习与思考

一、选择题

1. 属于金属材料使用性能的是(　　)。

A. 强度　　B. 焊接性能　　C. 加工性能　　D. 热处理性能

2. 金属抵抗永久变形和断裂的能力称为(　　)。

A. 硬度　　B. 塑性　　C. 强度　　D. 韧性

3. 金属材料的(　　)越好，则其锻造性能越好。

A. 强度　　B. 塑性　　C. 硬度　　D. 脆性

4. 测定淬火钢件的硬度，一般选用(　　)试验。

A. 布氏硬度　　B. 洛氏硬度　　C. 维氏硬度　　D. 其他硬度

5. 做疲劳试验时，试样承受的载荷为(　　)。

A. 动载荷　　B. 冲击载荷　　C. 循环载荷　　D. 静载荷

6. 当应力超过材料的(　　)，零件会发生塑性变形。

A. 弹性极限　　B. 屈服点　　C. 抗拉极限　　D. 疲劳极限

二、简答题

1. 金属的力学性能包括哪些？

2. 什么是塑性？塑性好的材料有什么实用意义？

3. 下列各种工件采用何种硬度试验方法来测定？

(1) 钳工用手锤。

(2) 供应状态的各种碳钢钢材。

(3) 硬质合金刀片。

(4) 铸铁机床床身毛坯件。

模块三
工程材料的组织结构

化学成分不同的金属具有不同性能，例如，纯铁强度比纯铝高，但其导电性和导热性不如纯铝。但即使是成分相同的金属，当生产条件不同或在不同状态下，它们的性能也有很大的差别，例如两块含碳量均为 0.8% 的碳钢，其中一块是从冶金厂出厂的，硬度为 20HRC，另一块加工成刀具并进行热处理，硬度可达 60HRC 以上。造成上述性能差异的主要原因，是因为材料内部结构不同，因此掌握金属和合金的内部结构和结晶规律，对于合理选材，充分发挥材料的潜力具有重要意义。

3.1 金属的晶体结构

自然界的固态物质，根据原子在内部的排列特征可分为晶体与非晶体两大类。物质内部原子作有规则排列的固体物质，称为晶体，绝大多数金属和合金固态下都属于晶体。内部原子呈现无序堆积状况的固体物质，称为非晶体，例如，松香、玻璃、沥青等。晶体与非晶体，由于原子排列方式不同，它们的性能也有差异。晶体具有固定的熔点，其性能呈各向异性；非晶体没有固定的熔点，而且表现为各向同性。

3.1.1 晶体结构的基础知识

1. 晶格与晶胞

1）晶格

为了形象描述晶体内部原子排列的规律，将原子抽象为几何点，并用一些假想连线将几何点在三维方向连接起来，这样构成了一个空间格子[见图 3-1(a)]。这种抽象的、用于描述原子在晶体中排列规律的空间格子称为晶格。

2）晶胞

晶体中原子排列具有周期性变化的特点，通常从晶格中选取一个能够完整反映晶格特征的最小几何单元称为晶胞[见图 3-1(b)]。

3）晶胞表示方法

不同元素结构不同，晶胞的大小和形状也有差异。结晶学中规定，晶胞的大小以其各棱边尺寸 a、b、c 表示，称为晶格常数，以 Å(埃)为单位来度量($1Å=1\times10^{-8}$ cm)。晶胞各棱边之间的夹角分别以 α、β、γ 表示，当棱边 $a=b=c$，棱边夹角 $\alpha=\beta=\gamma=90°$时，这种晶胞称为简单立方晶胞[见图 3-1(c)]。

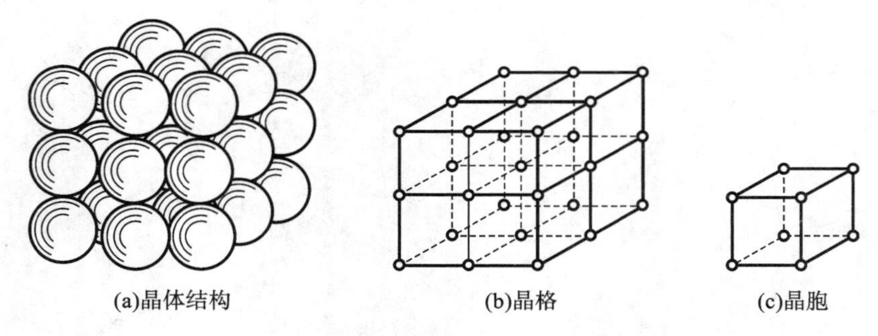

图 3-1 简单立方晶格与晶胞示意图

4）原子半径

金属晶体中最邻近的原子间距的一半，称为原子半径，它主要取决于晶格类型和晶格常数。

5）致密度

致密度指金属晶胞中原子本身所占有的体积百分数，它用来表示原子在晶格中排列的紧密程度。

2. 常见的金属晶格类型

常用金属材料中，金属的晶格类型很多，但大多数属于体心立方晶格、面心立方晶格及密排六方晶格这三种结构。

1）体心立方晶格

如图 3-2(a)所示，它的晶胞是一个立方体，原子位于立方体的八个顶角和立方体的中心。属于体心立方晶格类型的常见金属有铬(Cr)、钨(W)、钼(Mo)、钒(V)、铁(α-Fe)等，这类金属一般都具有相当高的强度和塑性。

2）面心立方晶格

如图 3-2(b)所示，它的晶胞也是一个立方体，原子位于立方体的八个顶角和立方体的六个面的中心。属于该晶格类型的常见金属有铝(Al)、铜(Cu)、铅(Pb)、金(Au)及铁(γ－Fe)等，这类金属的塑性都很好。

3）密排六方晶格

如图 3-2(c)所示，它的晶胞是一个正六方柱体，原子排列在柱体的每个顶角和上、下底面的中心，另外三个原子排列在柱体内。属于密排六方晶格类型的常见金属有镁(Mg)、锌(Zn)、铍(Be)、钛(α-Ti)等。

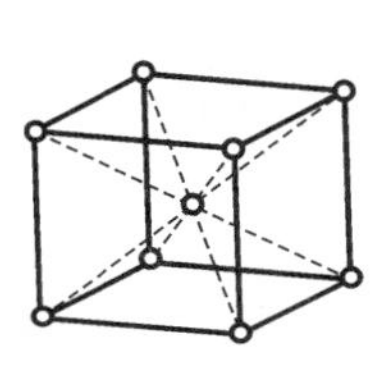

(a)体心立方晶胞

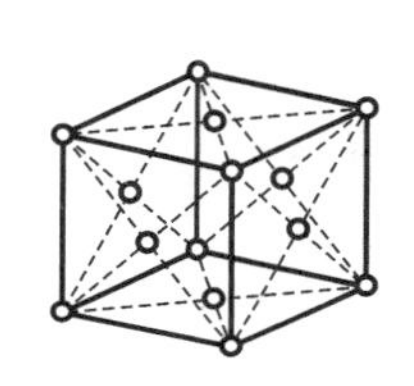

(b)面心立方晶胞

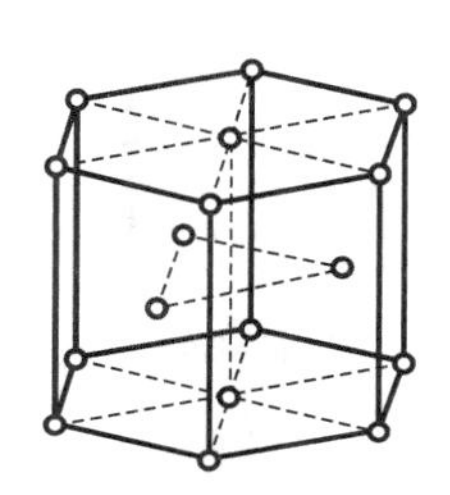

(c)密排六方晶胞

图 3-2 简单立方晶格与晶胞示意图

3.1.2 实际金属的晶体结构

1. 多晶体结构

前面研究金属晶体结构时，把晶体看成是原子按一定几何规律作周期性排列而成，即晶体内部的晶格位向是完全一致的，这种晶体称为单晶体。目前，只有采用特殊方法才能获得单晶体。实际使用的金属材料大都是多晶体结构，即它是由许多不同位向的小晶体组成，每个小晶体内部晶格位向基本上是一致的，而各小晶体之间位向却不相同，如图 3-3 所示。这种外形不规则，呈颗粒状的小晶体称为晶粒。晶粒与晶粒之间的界面称为晶界。由许多晶粒组成的晶体称为多晶体。

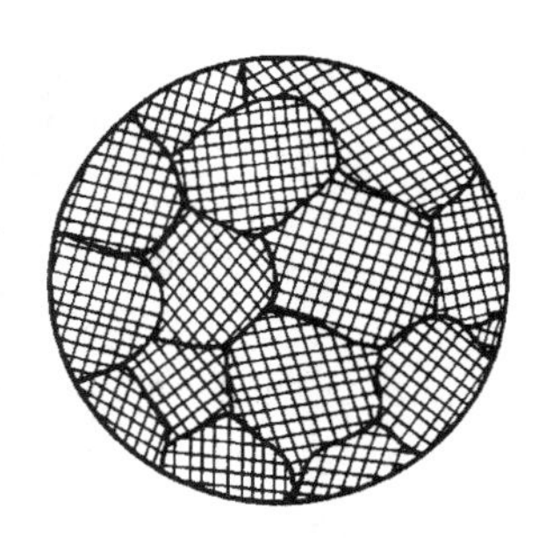

图 3-3 多晶体结构

2. 晶体缺陷

在金属晶体中，由于晶体形成条件、原子的热运动及其他各种因素影响，原子规则排列在局部区域受到破坏，呈现出不规则排列，通常把这种区域称为晶体缺陷。根据晶体缺陷的几何特征，可分为点缺陷、线缺陷和面缺陷三类。

1）点缺陷

最常见的点缺陷有空位、间隙原子和置换原子等，如图 3-4 所示。由于点缺陷的出现，使周围原子发生“撑开”或“靠拢”现象，这种现象称为晶格畸变。晶格畸变的存在，使金属产生内应力，晶体性能发生变化，如强度、硬度和电阻增加，体积发生变化，它也是强化金属的手段之一。

2）线缺陷

线缺陷主要指的是位错。最常见的位错形态是刃型位错，如图 3-5 所示。这种位错的表现形式是晶体的某一晶面上，多出一个半原子面，它如同刀刃一样插入晶体，故称刃型位错，在位错线附近一定范围内，晶格发生了畸变。位错的存在对金属力学性能有很大影响，例如金属材料处于退火状态时，位错密度较低，强度较差；经冷塑性变形后，材料的位错密度增加，故提高了强度。位错在晶体中易于移动，金属材料的塑性变形是通过位错运动来实现的。

3）面缺陷

面缺陷通常指的是晶界和亚晶界。实际金属材料都是多晶体结构，多晶体中两个相邻晶粒之间晶格位向是不同的，所以晶界处是不同位向晶粒原子无规则排列的过渡层，如图 3-6 所示。晶界原子处于不稳定状态，能量较高，因此晶界与晶粒内部有着一系列不同特性，例如，常温下晶界有较高的强度和硬度；晶界处原子扩散速度较快；晶界处容易被腐蚀、熔点低等。

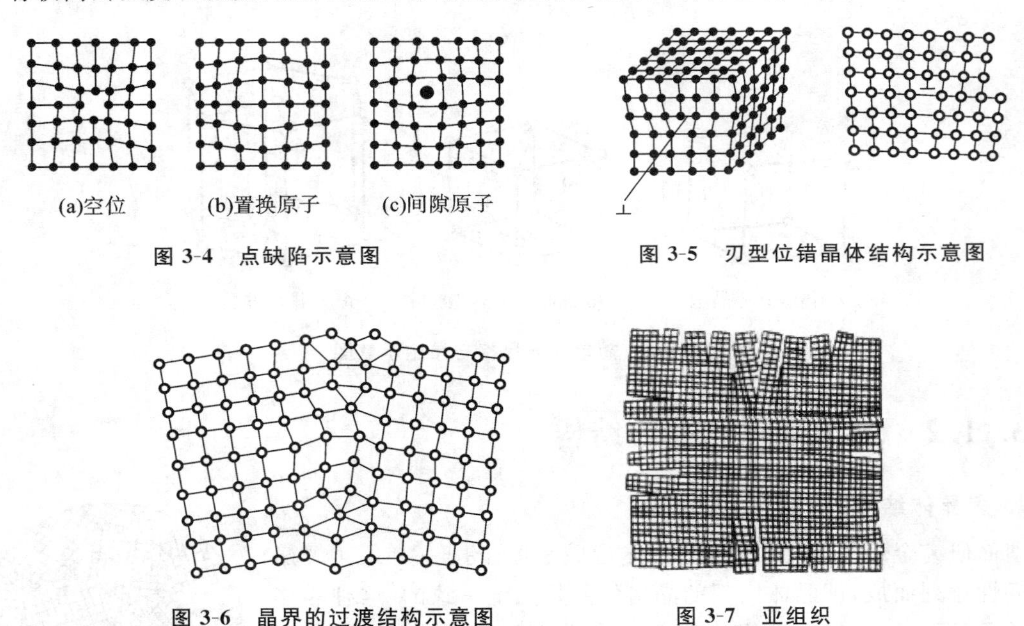

图 3-4　点缺陷示意图

图 3-5　刃型位错晶体结构示意图

图 3-6　晶界的过渡结构示意图

图 3-7　亚组织

试验证明，即使在一颗晶粒内部，其晶格位向也并不像理想晶体那样完全一致，而是分隔成许多尺寸很小、位向差也很小（只有几秒、几分，最多达 1°～2°）的小晶块，它们相互嵌镶成一颗晶粒，这些小晶块称为亚晶粒（或嵌镶块）。亚晶粒之间的界面称为亚晶界。晶粒中亚晶粒与亚晶界称为亚组织（如图 3-7 所示）。亚晶界处原子排列也是不规则的，其作用与晶界相似。

综上所述，晶体中由于存在了空位、间隙原子、置换原子、位错、晶界和亚晶界等结构缺陷，都会使晶格发生畸变，从而引起塑性变形抗力增大，使金属的强度提高。

3.2　金属的结晶

金属的组织与结晶过程关系密切，结晶后形成的组织对金属使用性能和工艺性能有直接影响，因此了解金属和合金的结晶规律非常必要。

3.2.1 纯金属的冷却曲线及过冷度

1. 结晶的概念

物质由液态转变为固态的过程称为凝固。如果凝固的固态物质是晶体，则这种凝固又称为结晶。一般金属固态下是晶体，所以金属的凝固过程可称为结晶。

2. 纯金属的冷却曲线

金属的结晶过程可通过热分析法进行研究。图 3-8 所示为热分析装置示意图，将纯金属加热熔化成液体，然后缓慢冷却下来，在冷却过程中，每隔一定时间测量一次温度，直到冷却至室温，将测量结果绘制在温度-时间坐标上，便得到纯金属的冷却曲线，即温度随时间而变化的曲线。图 3-9 所示为纯金属的冷却曲线的绘制过程。

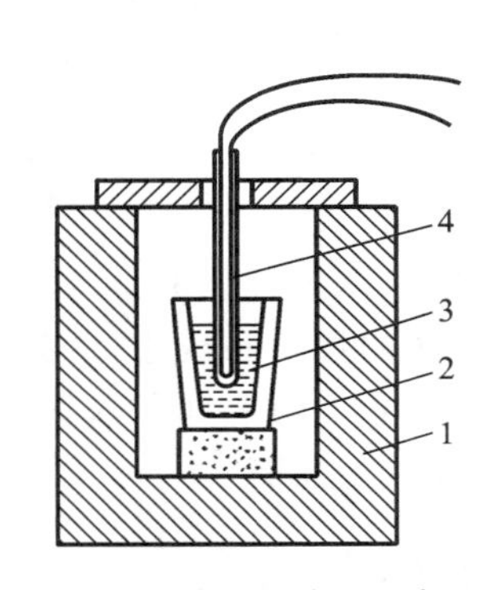

图 3-8 热分析装置示意图

1—电路；2—坩埚；3—金属液；4—热电偶

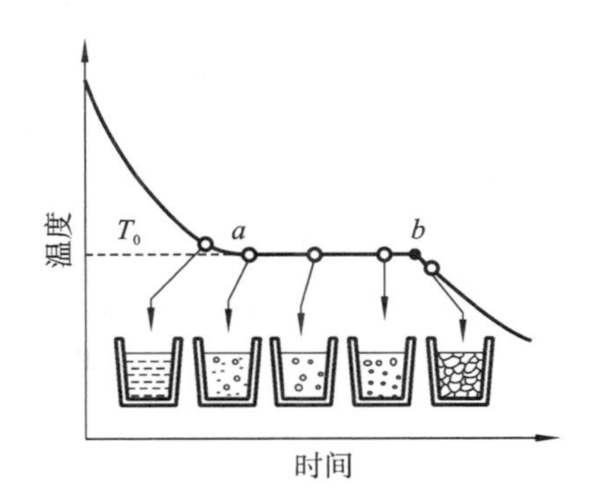

图 3-9 纯金属冷却曲线的绘制过程示意图

由冷却曲线可见，液态金属随着冷却时间的延长，它所含的热量不断散失，温度也不断下降，但是当冷却到某一温度时，温度随时间延长并不变化，在冷却曲线上出现了“平台”，“平台”对应的温度就是纯金属的结晶温度。出现“平台”的原因，是结晶时放出的潜热正好补偿了金属向外界散失的热量。结晶完成后，由于金属继续向环境散热，温度又重新下降。

需要指出的是，图中 T_0 为理论结晶温度，实际上液态金属总是冷却到理论结晶温度（T_0）以下才开始结晶，如图 3-10 所示。实际结晶温度（T_1）总是低于理论结晶温度（T_0）的现象，称为“过冷现象”；理论结晶温度和实际结晶温度之差称为过冷度，用 ΔT（$\Delta T = T_0 - T_1$）表示。金属结晶时过冷度的大小与冷却速度有关，冷却速度越快，金属的实际结晶温度越低，过冷度就越大。

3.2.2 纯金属的结晶过程

纯金属的结晶过程发生在冷却曲线上平台所经历的这段时间。液态金属结晶时，都是首先在液态中出现一些微小的晶体——晶核，它不断长大，同时新的晶核又不断产生并相继长大，直至液态金属全部消失为止，如图 3-11 所示。因此金属的结晶包括晶核的形成和晶核的长大两个基本过程，并且这两个过程是既先后又同时进行的。

1. 晶核的形成

由图 3-11 可见，当液态金属冷至结晶温度以下时，某些类似晶体原子排列的小集团便成为结晶核心，这种由液态金属内部自发形成结晶核心的过程称为自发形核。而在实际金属中常有

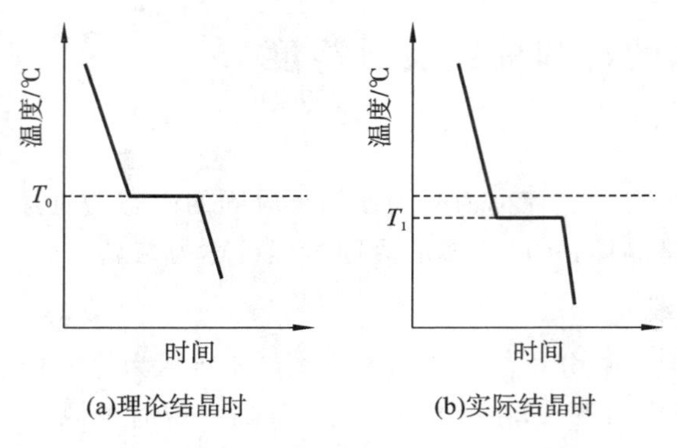

(a)理论结晶时　(b)实际结晶时

图 3-10　纯金属结晶时的冷却曲线

杂质的存在，这种依附于杂质或型壁而形成的晶核，晶核形成时具有择优取向，这种形核方式称为非自发形核。自发形核和非自发形核在金属结晶时是同时进行的，但非自发形核常起优先和主导作用。

2. 晶核的长大

晶核形成后，当过冷度较大或金属中存在杂质时，金属晶体常以树枝状的形式长大。在晶核形成初期，外形一般比较规则，但随着晶核的长大，形成了晶体的顶角和棱边，此处散热条件优于其他部位，因此在顶角和棱边处以较大成长速度形成枝干。同理，在枝干的长大过程中，又会不断生出分支，最后填满枝干的空间，结果形成树枝状晶体，简称枝晶。

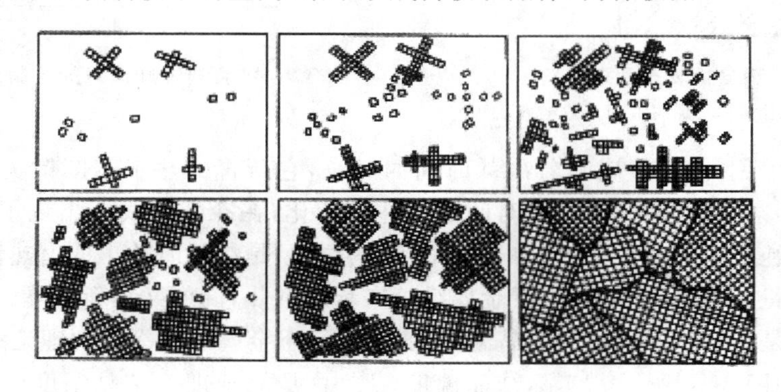

图 3-11　纯金属结晶过程示意图

3.2.3　金属结晶后的晶粒大小

金属结晶后晶粒大小对金属的力学性能有重大影响，一般来说，细晶粒金属具有较高的强度和韧性。为了提高金属的力学性能，希望得到细晶粒组织，因此必须了解影响晶粒大小的因素及控制方法。

结晶后的晶粒大小主要取决于形核率 N（单位时间、单位体积内所形成的晶核数目）与晶核的长大速率 G（单位时间内晶核向周围长大的平均线速度）。显然，凡能促进形核率 N、抑制长大速率 G 的因素，均能细化晶粒。

工业生产中，为了细化晶粒，改善其性能，常采用以下方法。

1. 增加过冷度

形核率和长大速率都随过冷度增大而增大，但在很大范围内形核率比晶核长大速率增长得更快。故过冷度越大，单位体积中晶粒数目越多，晶粒越细化。实际生产中，通过加快冷却速度来增大过冷度，这对于大型零件显然不易办到，因此这种方法只适用于中、小型铸件。

2. 变质处理

在液态金属结晶前加入一些细小变质剂，使结晶时形核率 N 增加，而长大速率 G 降低，这种细化晶粒的方法称为变质处理。例如，向钢液中加入铝、钒、硼等；向铸铁中加入硅铁、硅钙等；向铝合金中加入钠盐等。

3. 振动处理

采用机械振动、超声波振动和电磁振动等，增加结晶动力，使枝晶破碎，也间接增加形核核心，同样可细化晶粒。

3.3 合金的晶体结构

纯金属虽然具有优良的导电、导热等性能，但它的力学性能较差，并且价格昂贵，因此在使用上受到很大限制。合金与纯金属比较，具有一系列优越性：通过调整成分，可在相当大范围内改善材料的使用性能和工艺性能，从而满足各种不同的需求；改变成分可获得具有特定物理性能和化学性能的材料，即功能材料；多数情况下，合金价格比纯金属价格低，如碳钢和铸铁比工业纯铁便宜等。机械制造领域中广泛使用的金属材料是合金，如钢和铸铁等。

3.3.1 合金的基本概念

1. 合金

合金是由两种或两种以上的金属元素，或金属与非金属元素组成的具有金属特性的物质。例如碳钢就是铁和碳组成的合金。

2. 组元

组成合金的最基本的独立物质称为组元，简称元。组元可以是金属元素或非金属元素，也可以是稳定化合物。由二个组元组成的合金称为二元合金，三个组元组成合金称为三元合金。

3. 合金系

由两个或两个以上组元按不同比例配制成一系列不同成分的合金，称为合金系。例如，铜和镍组成的一系列不同成分的合金，称为铜-镍合金系。

4. 相

合金中具有同一聚集状态、同一结构和性质的均匀组成部分称为相。例如，液态物质称为液相；固态物质称为固相；同样是固相，有时物质是单相的，有时是多相的。

5. 组织

组织是指用肉眼或借助显微镜观察到材料具有独特微观形貌特征的部分。组织反映材料的相组成、相形态、大小和分布状况，因此组织是决定材料最终性能的关键。在研究合金时通常用金相方法对组织加以鉴别。

3.3.2 合金的组织

多数合金组元液态时都能互相溶解，形成均匀液溶体。固态时由于各组分之间相互作用不同，形成不同的组织。通常固态时合金中形成固溶体、金属间化合物和机械混合物三类组织。

1. 固溶体

合金由液态结晶为固态时，一组元溶解其他组元，或组元之间相互溶解而形成的一种均匀相称为固溶体。占主要地位的元素是溶剂，而被溶解的元素是溶质。固溶体的晶格类型保持着溶剂的晶格类型。

根据溶质原子在溶剂中所占位置的不同，固溶体可分为置换固溶体和间隙固溶体两种。

1）置换固溶体

溶剂结点上的部分原子被溶质原子所替代而形成的固溶体，称为置换固溶体，如图 3-12(a)所示。

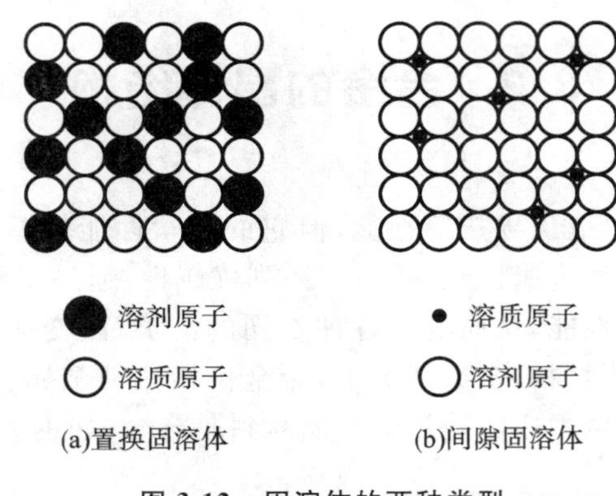

图 3-12　固溶体的两种类型

溶质原子溶于固溶体中的量称为固溶体的溶解度，通常用质量百分数或原子百分数来表示。按固溶体溶解度不同，置换固溶体可分为有限固溶体和无限固溶体两类。例如，在铜镍合金中，铜与镍组成的为无限固溶体；而锌溶解在铜中所形成的固溶体为有限固溶体，当 ω_{Zn} 大于39％时，组织中除了固溶体外，还出现了铜与锌的化合物。

置换固溶体中溶质在溶剂中的溶解度主要取决于两组元的晶格类型、原子半径和原子结构特点。通常两组元原子半径差别较小，晶格类型相同，原子结构相似，固溶体溶解度较大。事实上，大多数合金都为有限固溶体，并且溶解度随温度升高而增大。

2）间隙固溶体

溶质原子溶入溶剂晶格之中而形成的固溶体，称为间隙固溶体，如图 3-12(b)所示。由于溶剂晶格的间隙有限，通常形成间隙固溶体的溶质原子都是原子半径较小的非金属元素，例如，碳、氮、氢等非金属元素溶入铁中形成的均为间隙固溶体。间隙固溶体的溶解度都是有限的。

无论是置换固溶体还是间隙固溶体，溶质原子的溶入，都会使点阵发生畸变，同时晶体的晶格常数也要发生变化，原子尺寸相差越大，畸变也越大。畸变的存在使位错运动阻力增加，从而提高了合金的强度和硬度，而塑性下降，这种现象称为固溶强化。固溶强化是提高金属材料力学性能的重要途径之一。

2. 金属间化合物

合金组元间发生相互作用而形成一种具有金属特性的物质称为金属间化合物，它的晶格类型和性能完全不同于任一组元，一般可用化学分子式表示，如 Fe_3C、TiC、CuZn 等。金属间化合物具有熔点高、硬度高、脆性大的特点，在合金中主要作为强化相，可以提高材料的强度、硬度和耐磨性，但塑性和韧性有所降低。金属间化合物是许多合金的重要组成相。

3. 机械混合物

两种或两种以上的相按一定质量百分数组合成的物质称为机械混合物。混合物中各组成相仍保持自己的晶格，彼此无交互作用，其性能主要取决于各组成相的性能以及相的分布状态。

工程上使用的大多数合金组织都是固溶体与少量金属化合物组成的机械混合物。通过调整固溶体中溶质含量和金属化合物的数量、大小、形态和分布状况，可以使合金的力学性能在较大范围内变化，从而满足工程上的多种需求。

3.4 合金的结晶

合金的结晶也是在过冷条件下形成晶核与晶核长大的过程，但由于合金成分中会有两个以上的组元，使其结晶过程比纯金属要复杂得多。为了掌握合金的成分、组织、性能之间的关系，必须了解合金的结晶过程，合金中各组织的形成和变化规律。相图就是研究这些问题的重要工具。

3.4.1 二元合金相图的建立

合金相图是表明在平衡条件下，合金的组成相和温度、成分之间关系的简明图解，又称为合金状态图或合金平衡图。应用合金相图，可清晰了解合金在缓慢加热或冷却过程中的组织转变规律。所以，相图是进行金相分析及制定铸造、锻压、焊接、热处理等热加工工艺的重要依据。

相图大多是通过实验方法建立起来的，目前测绘相图的方法很多，但最常用的是热分析法。现以 Cu-Ni 合金为例，说明使用热分析法测绘二元合金相图的基本步骤。

（1）配制若干组不同成分的 Cu-Ni 合金，见表 3-1。

表 3-1 Cu-Ni 合金的成分和临界点

合金序号		Ⅰ	Ⅱ	Ⅲ	Ⅳ	Ⅴ	Ⅶ
合金成分（质量分数百分比）	Ni	0	20	40	60	80	100
	Cu	100	80	60	40	20	0
结晶开始温度/ ℃		1083	1175	1260	1340	1410	1455
结晶终止温度/ ℃		1083	1130	1195	1270	1360	1455

（2）用热分析法分别测出各组合金的冷却曲线，见图 3-13(a)。

（3）找出各冷却曲线上的临界点。

（4）将找出的临界点分别标注在温度-成分坐标图中相应的成分曲线上。

（5）将相同意义的临界点用平滑曲线连接起来，即获得了 Cu-Ni 合金相图，见图 3-13(b)。

应该指出，如配制的合金数目越多，所用的金属纯度越高，热分析时冷却速度越缓慢，所测定的合金相图就越精确。

3.4.2 二元合金相图的结晶

下面仅以 Cu-Ni 二元合金相图（匀晶相图）为例，说明合金结晶过程的基本特点。

图 3-13(b)为 Cu-Ni 合金相图，图中 A 点（1083 ℃）是合金Ⅰ（纯铜）的熔点，B 点（1452 ℃）是合金Ⅵ（纯镍）的熔点，相图上方的曲线是合金开始结晶的温度线，称为液相线，相图下方的曲

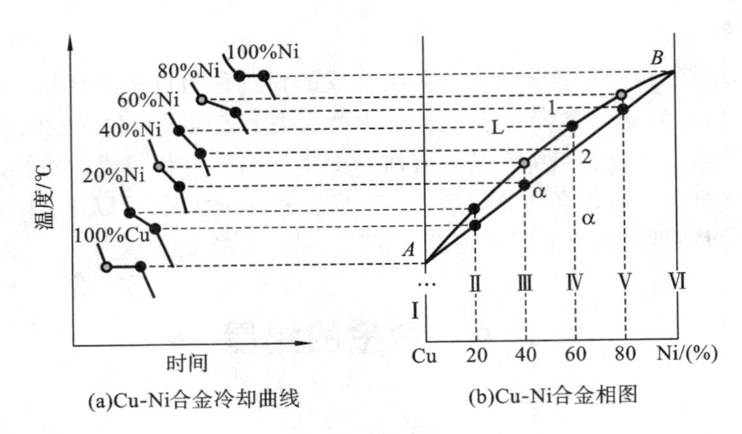

(a)Cu-Ni合金冷却曲线　　(b)Cu-Ni合金相图

图 3-13　Cu-Ni 合金相图绘制

线是合金结晶终了的温度线，称为固相线。

液相线与固相线把整个相图分为三个相区，液相线以上为单一液相区，以“L”表示；固相线以下是单一固相区，为 Cu 与 Ni 组成的无限固溶体，以“α”表示；液相线与固相线之间为液相和固相两相共存区，以“L＋α”表示。凡两组元在液态和固态下均能无限互溶的合金，例如 Cu-Ni、Fe-Cr、Au-Ag 等都构成匀晶相图。

由图 3-13(b)中合金Ⅳ的冷却过程可知：该合金的合金线与液相线和固相线分别相交于 1 点和 2 点。当合金自高温液态缓慢冷却到 1 点温度时，开始从液相中结晶出 α 固溶体，随着温度的降低，α 固溶体的量不断增多，剩余液相的量不断减少；当温度降低到 2 点温度时，合金结晶终了，获得了 Cu 和 Ni 组成的单相 α 固溶体组织。即该合金在 1 点所对应的温度开始结晶，在 2 点所对应的温度结晶终了，在这个结晶过程中液相和固相的化学成分分别沿着液相线和固相线不断地变化。

由此可见，固溶体合金的结晶过程与纯金属不同。纯金属是在恒温下进行结晶的，结晶过程中液固两相的成分不变，只是液固两相的相对量随温度降低而改变。固溶体合金是在一个温度范围内进行结晶的，结晶过程中随温度降低，在液固两相相对量发生改变的同时，液相的成分沿液相线变化，固相的成分沿固相线变化。固溶体合金和纯金属结晶后的显微组织相似，都是由许多晶粒组成的。

由不同组元组成的二元合金，其相图形式也将不同，常见合金相图除了上述简单的匀晶相图，还有共晶相图(Pb-Sb 合金相图)、共析相图(如 F-C 合金相图)等，此处不展开介绍，后面章节再加以阐述。

练习与思考

一、选择题

1. 属于晶体的是(　　)。

A. 铁　　B. 玻璃　　C. 沥青　　D. 松香

2. 金属的晶粒越细，则(　　)。

A. 强度越高，塑性越差　　B. 强度越低，塑性越好

C. 强度越低，塑性越差　　D. 强度越高，塑性越好

3. 金属结晶时，冷却速度越快，其实际结晶温度将(　　)。

A. 越高　　B. 越低　　C. 越接近理论结晶温度

4. 晶体中的间隙原子属于(　　)。

A. 面缺陷　　B. 体缺陷　　C. 线缺陷　　D. 点缺陷

二、简答题

1. 晶体和非晶体的主要区别是什么？
2. 简述晶体缺陷对材料力学性能的影响。
3. 什么叫过冷度？过冷度与冷却速度有何关系？为什么金属结晶时必须过冷？
4. 何谓合金？为什么合金比纯金属应用广泛？
5. 什么是合金相图？简述二元合金相图的建立方法。

模块四
铁碳合金相图及应用

铁碳合金是以铁和碳为基本组元组成的合金，即钢铁材料，具有较高的强度和硬度，可以铸造和锻压，也可以进行切削加工和焊接，尤其是通过适当的热处理，可以显著提高各种性能，是现代工业应用最为广泛的合金。要熟悉并合理地选择铁碳合金，就必须借助铁碳合金相图了解铁碳合金的成分、组织和性能之间的关系。

4.1 铁碳合金相图基础知识

4.1.1 铁碳合金相图的建立

铁碳合金相图是表示在平衡条件(十分缓慢的加热或冷却条件)下,铁碳合金的状态与温度和成分之间关系的图形,可通过试验的方法测得。它是选择材料和制定有关热加工工艺时的重要依据。

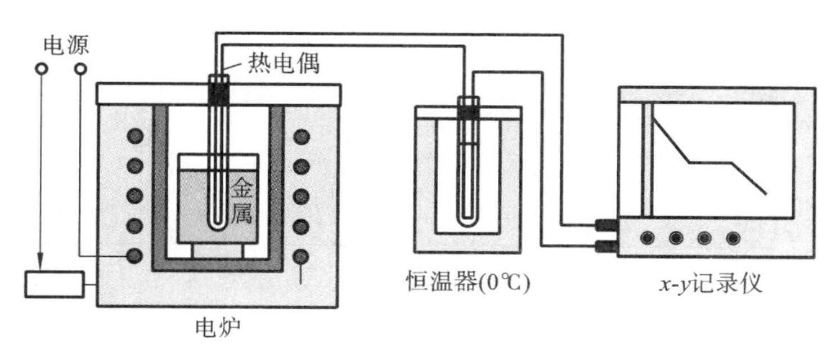

图 4-1 热分析法

铁碳合金相图建立基本步骤如下:

(1) 配制不同成分的 Fe-C 合金;

(2) 采用热分析法(见图 4-1)测出所配制各合金的冷却曲线;

(3) 找出各冷却曲线中的相变点;

(4) 将各合金相变点分别标注在温度-成分坐标图中相应成分的位置上;

(5) 连接各相同意义的相变点。

铁和碳可以形成 Fe_3C、Fe_2C、FeC 等一系列化合物,如图 4-2 所示。由于碳的质量分数超过 6.69%的铁碳合金太脆,已无实用价值,因此,实际上主要研究 Fe-Fe_3C 相图,如图 4-3 所示。

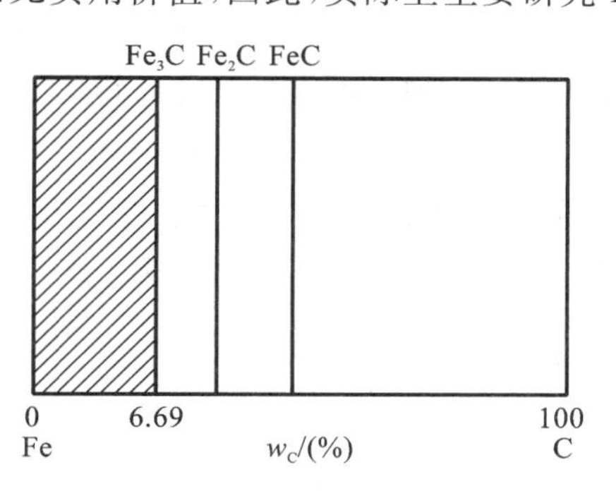

图 4-2 Fe-C 合金各种化合物

4.1.2 纯铁的同素异构转变

自然界中大多数金属结晶后晶格类型都不再变化,但少数金属,如铁、锰、钛等,结晶成固态后继续冷却时,还会发生晶格的变化。金属这种在固态下晶格类型随温度(或压力)发生变化的现象称为同素异构转变。以不同晶格形式存在的同一金属元素的晶体称为该金属的同素异晶体。

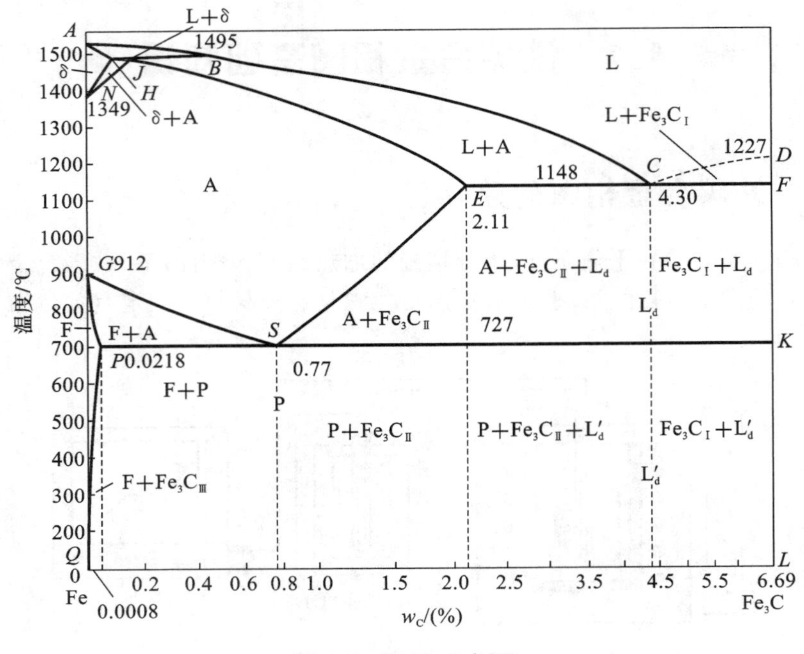

图 4-3　Fe-Fe_3C 相图

同一金属的同素异晶体按其稳定存在的温度，由高温到低温依次用希腊字母 α、β、γ、δ 等表示。

图 4-4 所示为纯铁的冷却曲线，由图可见，液态纯铁在 1538 ℃进行结晶，得到具有体心立方晶格的 δ-Fe，继续冷却到 1394 ℃时发生同素异构转变，δ-Fe 转变为面心立方晶格的 γ-Fe，在冷却到 912 ℃时又发生同素异构转变，转变为体心立方晶格的 α-Fe。如再冷却到室温，晶格不再发生变化。纯铁的同素异构转变可用下式表示：

$$\underset{(\text{体心立方晶格})}{\delta\text{-Fe}} \xrightleftharpoons{1394\ ℃} \underset{(\text{面心立面晶格})}{\gamma\text{-Fe}} \xrightleftharpoons{912\ ℃} \underset{(\text{体心立方晶格})}{\alpha\text{-Fe}}$$

金属的同素异构转变与液态金属结晶过程有许多相似之处：有一定的转变温度；转变时有过冷现象；放出和吸收潜热；转变过程也是一个形核和晶核长大的过程。

但同素异构转变属于固态相变，转变时又具有本身的特点，例如：转变需要较大的过冷度；晶格的改变伴随着体积的变化；转变时会产生较大的内应力。例如 γ-Fe 转变为 α-Fe 时，铁的体积会膨胀约 1%，这是钢在淬火时产生内应力，导致工件变形和开裂的主要原因。纯铁具有同素异构转变的特性，也是钢铁材料能够通过热处理改善性能的重要依据。

4.1.3　铁碳合金的基本组织

铁碳合金中的碳元素既可以与铁作用形成金属间化合物，也可以溶解在铁中形成间隙固溶体，或形成化合物与固溶体的机械混合物，可形成下列五种基本组织。

1. 铁素体

碳溶于 α-Fe 中所形成的间隙固溶体称为铁素体，用符号 F 表示。铁素体保持了 α-Fe 的体心立方晶格结构。因其晶格间隙较小，所以溶碳能力很差，在 727 ℃时最大 w_C 仅为 0.0218%，室温时降至 0.0008%。铁素体由于溶碳量小，所以在力学性能上铁素体与纯铁相似，即塑性和冲击韧度较好，而强度、硬度较低。

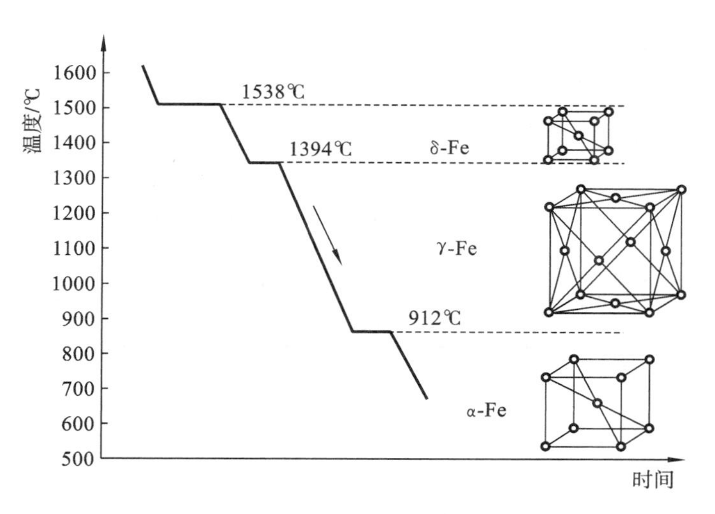

图 4-4 纯铁的冷却曲线

2. 奥氏体

碳溶于 γ-Fe 中所形成的间隙固溶体称为奥氏体,用符号 A 表示,它保持 γ-Fe 的面心立方晶格结构。由于其晶格间隙较大,所以溶碳能力比铁素体强,在 727 ℃时 w_C 为 0.77%,1148 ℃时 w_C 达到 2.11%。奥氏体的强度、硬度不高,但具有良好塑性,是绝大多数钢在高温条件下进行压力加工的理想组织。

3. 渗碳体

渗碳体是铁和碳组成的具有复杂斜方结构的间隙化合物,用化学式 Fe_3C 表示。渗碳体中的碳的质量分数为 6.69%,硬度很高(800HBW),塑性和韧性几乎为零。主要作为铁碳合金中的强化相存在。

4. 珠光体

珠光体是铁素体和渗碳体组成的机械混合物,用符号 P 表示。在缓慢冷却条件下,珠光体中 w_C 为 0.77%,力学性能介于铁素体和渗碳体之间,即强度较高,硬度适中,具有一定的塑性。

5. 莱氏体

莱氏体是 w_C 为 4.3%的合金,缓慢冷却到 1148 ℃时从液相中同时结晶出奥氏体和渗碳体的共晶组织,用符号 L_d 表示。冷却到 727 ℃温度时,奥氏体将转变为珠光体,所以室温下莱氏体由珠光体和渗碳体组成,称为低温莱氏体,用符号 L'_d 表示。莱氏体中由于有大量渗碳体存在,其性能与渗碳体相似,即硬度高、塑性差。

4.2 铁碳合金相图

由于 w_C>6.69%的铁碳合金脆性极大,在工业生产中没有使用价值,所以我们只研究 w_C 小于 6.69%的部分。w_C=6.69%对应的正好全部是渗碳体,把它看作一个组元,实际上我们研究的铁碳相图是 Fe-Fe_3C 相图,如图 4-3 所示。图中纵坐标为温度,横坐标为含碳量的质量分数。为了便于掌握和分析 Fe-Fe_3C 相图,将其实用意义不大的左上角部分以及左下角 *GPQ* 线左边部分予以省略，经简化后的 $Fe\text{-}Fe_3C$ 相图如图 4-5 所示。

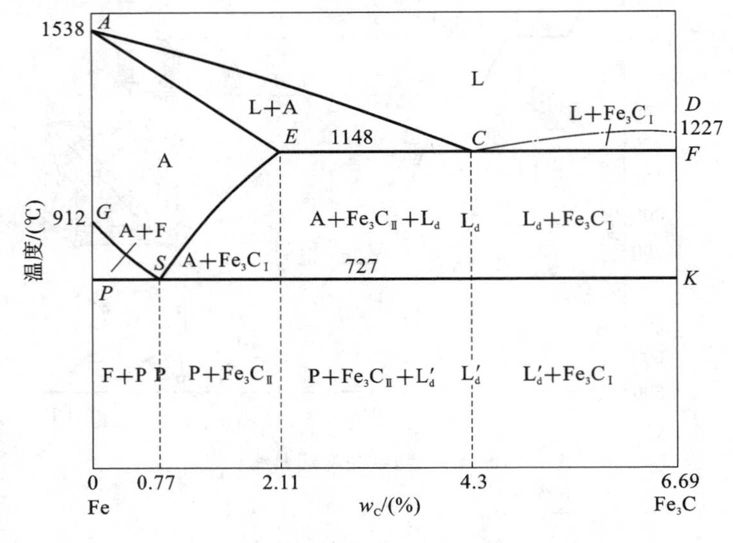

图 4-5 简化后的 $Fe\text{-}Fe_3C$ 相图

4.2.1 相图分析

简化的 $Fe\text{-}Fe_3C$ 相图纵坐标为温度，横坐标为碳的质量分数，其中包含共晶和共析两种典型转变。

1. 两种典型转变

1）共析反应

铁碳合金中碳的质量分数为 0.77%的奥氏体，在缓慢冷却至 *PSK* 线（727 ℃）时，在恒温下将同时析出铁素体和渗碳体的共析混合物，即：

$$A_{w_C=0.77\%} \xrightarrow{727\ ℃} F_{w_C=0.02\%} + Fe_3C_{w_C=6.69\%}$$

这种反应称为共析反应，*PSK* 线称为共析反应线，*S* 点称为共析点，反应产物称为共析体。铁元素与渗碳体组成的共析体称为珠光体，一般用 P 表示。珠光体是由强度低、塑性好的铁素体和硬度高、脆性大的渗碳体混合而成的，其性能介于铁素体与渗碳体之间，即强度较高，又有相当好的塑性、韧度和硬度，因此，其具有较好的综合力学性能。

2）共晶转变

碳的质量分数为 4.3%的液态铁碳合金（相图中 *C* 点），冷却时会同时结晶出奥氏体和渗碳体两相混合物，即：

$$L_{w_C=4.3\%} \xrightarrow{1\ 148\ ℃} A_{w_C=2.11\%} + Fe_3C_{w_C=6.69\%}$$

这种反应称为共晶反应，*ECF* 线称为共晶反应线，*C* 点称为共晶点，反应产物称为共晶体。由奥氏体与渗碳体组成的共晶体称为莱氏体，一般用 L_d 表示。

2. $Fe\text{-}Fe_3C$ 相图中典型点的含义（见表 4-1）

应当指出，$Fe\text{-}Fe_3C$ 相图中各特性的数据随着被测试材料纯度的提高和测试技术的进步而趋于精确，因此不同资料中的数据会有所出入。

表 4-1 $Fe\text{-}Fe_3C$ 相图中的几个特性点

点的符号	温度/℃	含碳量/(%)	含　义
A	1538	0	纯铁的熔点
C	1148	4.3	共晶点，$L_c \rightleftharpoons A+Fe_3C$
D	1227	6.69	渗碳体的熔点
E	1148	2.11	碳在 γ-Fe 中最大溶解度
G	912	0	纯铁的同素异构转变点(A_3)$\alpha\text{-Fe} \rightleftharpoons \gamma\text{-Fe}$
S	727	0.77	共析点(A_1)且 $A_s \rightleftharpoons F+Fe_3C$

3. $Fe\text{-}Fe_3C$ 相图中特性线的意义

简化后的 $Fe\text{-}Fe_3C$ 相图中各特性线的符号、名称、意义均列于表 4-2 中。

表 4-2 $Fe\text{-}Fe_3C$ 相图中的特性线

特性线	含　义
ACD	液相线
AECF	固相线
GS	常称 A_3 线。冷却时，不同含碳量的奥氏体中结晶出铁素体的开始线
ES	常称 A_{cm} 线。碳在 γ-Fe 中的溶解度曲线
ECF	共晶转变线，$L_c \rightleftharpoons A+Fe_3C$
PSK	共析转变线，常称 A_1 线。$A_s \rightleftharpoons F+Fe_3C$

4. $Fe\text{-}Fe_3C$ 相图相区分析

依据特性点和线的分析，简化后的 $Fe\text{-}Fe_3C$ 相图主要有四个单相区即 L、A、F、Fe_3C；相图上其他区域的组织如图 4-5 所示。

4.2.2 典型铁碳合金结晶过程分析

铁碳合金由于成分不同，室温下得到不同的组织。根据含碳量和室温组织特点，铁碳合金可分为工业纯铁、钢、白口铸铁三类。

(1) 工业纯铁：$w_C<0.0218\%$。

(2) 钢：$0.0218\%<w_C<2.11\%$。根据其室温组织特点不同，又可分为三种：

亚共析钢 $0.0218\%<w_C<0.77\%$，组织为 F+P；

共析钢 $w_C=0.77\%$，组织为 P；

过共析钢 $0.77\%<w_C<2.11\%$，组织为 $P+Fe_3C_{II}$。

(3) 白口铸铁(简称白口铁)：$2.11\%<w_C<6.69\%$。按白口铁室温组织特点，也可分为三种：

亚共晶白口铁 $2.11\%<w_C<4.3\%$，组织为 $P+Fe_3C_{II}+L'_d$；

共晶白口铁 $w_C=4.3\%$，组织为 L'_d；

过共晶白口铁 $4.3\%<w_C<6.69\%$，组织为 $Fe_3C+L'_d$。

典型铁碳合金结晶过程分析依据成分垂线与相线相交情况，分析几种典型 Fe-C 合金结晶过程中组织转变规律。铁碳合金在 $Fe\text{-}Fe_3C$ 相图中的位置可参见图 4-6。

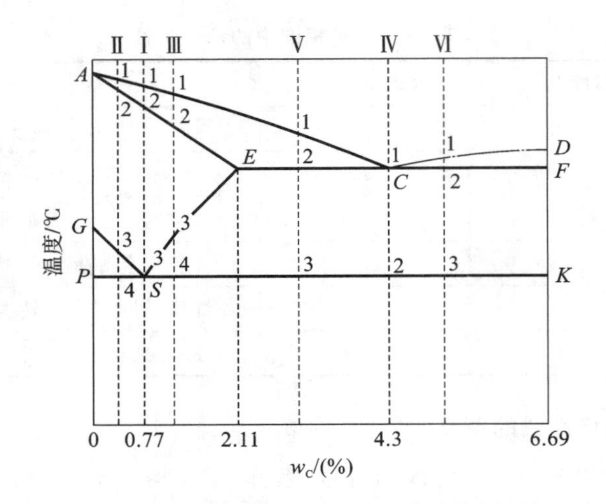

图 4-6　典型铁碳合金在 $Fe-Fe_3C$ 相图中的位置

1．共析钢

图 4-6 中合金Ⅰ(w_C＝0.77%)为共析钢。当合金冷却到 1 点时,开始从液相中析出奥氏体,降至 2 点时全部液体都转变为奥氏体,合金冷却到 3 点 727 ℃时,奥氏体将发生共析转变。温度再继续下降,珠光体不再发生变化。共析钢结晶过程如图 4-7 所示,其室温组织是珠光体。珠光体的典型组织是铁素体和渗碳体呈片状叠加而成,见图 4-8。

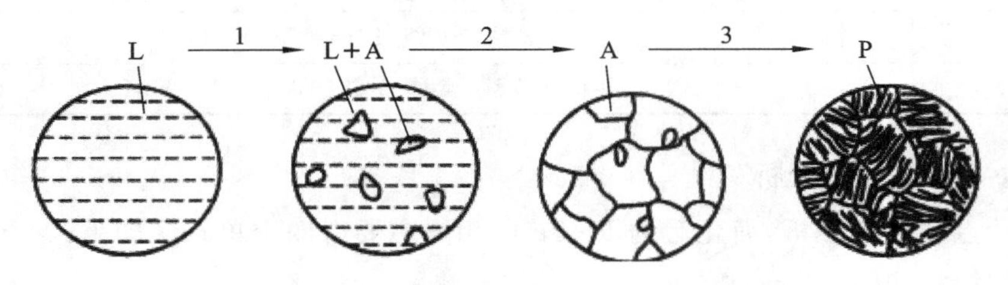

图 4-7　共析钢结晶过程示意图

图 4-8　共析钢的显微组织

2．亚共析钢

图 4-6 中合金Ⅱ(w_C＝0.4%)为亚共析钢。合金在 3 点以上冷却过程同合金Ⅰ相似,缓冷至 3 点(与 GS 线相交于 3 点)时,从奥氏体中开始析出铁素体。随着温度降低,铁素体量不断增多,奥氏体量不断减少,并且成分分别沿 GP、GS 线变化。温度降到 PSK 温度,剩余奥氏体

含碳量达到共析成分(w_C=0.77%),即发生共析反应,转变成珠光体。4点以下冷却过程中,组织不再发生变化。因此亚共析钢冷却到室温的显微组织是铁素体和珠光体,其冷却过程组织转变如图4-9所示。

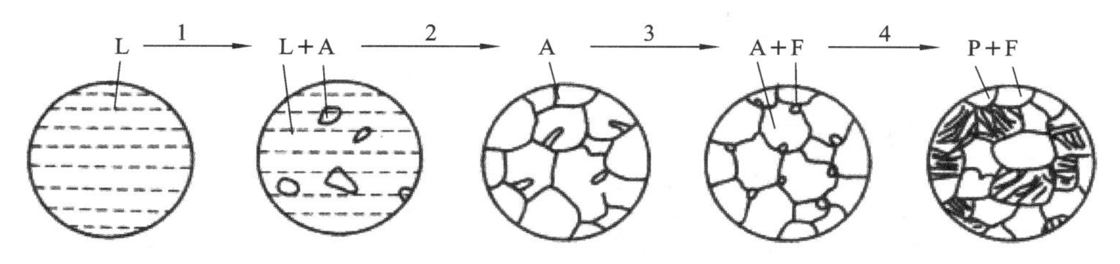

图4-9 亚共析钢组织转变示意图

凡是亚共析钢结晶过程均与合金Ⅱ相似,只是由于含碳量不同,组织中铁素体和珠光体的相对量也不同。随着含碳量的增加,珠光体量增多,而铁素体量减少。亚共析钢的显微组织如图4-10所示。

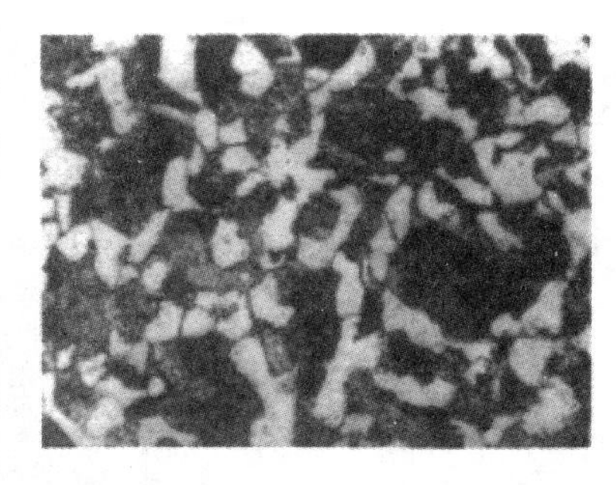

图4-10 亚共析钢的显微组织

3. 过共析钢

图4-6中合金Ⅲ(w_C=1.20%)为过共析钢。合金Ⅲ在3点以上冷却过程与合金Ⅰ相似,当合金冷却到3点(与*ES*线相交于3点)时,奥氏体中碳含量达到饱和,继续冷却,奥氏体成分沿*ES*线变化,从奥氏体中析出二次渗碳体,它沿奥氏体晶界呈网状分布。温度降至*PSK*线时,奥氏体w_C达到0.77%即发生共析反应,转变成珠光体。4点以下至室温,组织不再发生变化。过共析钢的组织转变过程见图4-11,其室温下的显微组织是珠光体和网状二次渗碳体。

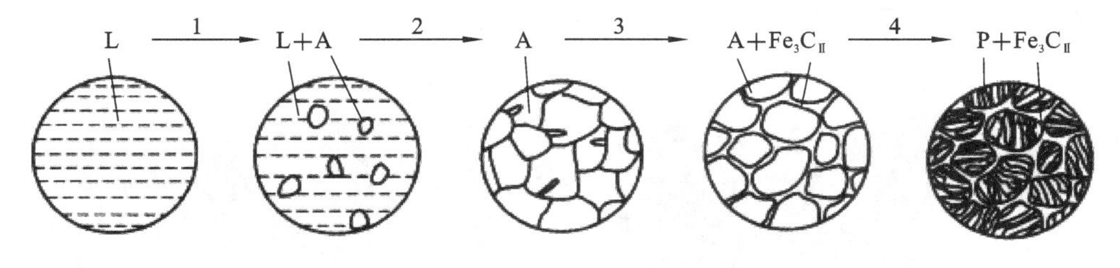

图4-11 过共析钢组织转变示意图

过共析钢的结晶过程均与合金Ⅲ相似,只是随着含碳量不同,最后组织中珠光体和渗碳体的相对量也不同。图4-12所示是过共析钢在室温时的显微组织。

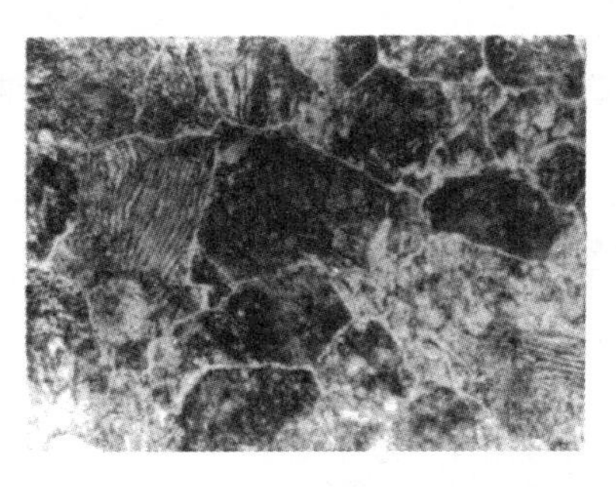

图4-12 过共析钢在室温时的显微组织

4. 共晶白口铁

图 4-6 中合金Ⅳ(w_C=4.3%)为共晶白口铁。合金Ⅳ在 1 点以上为单一液相,当温度降至与 *ECF* 线相交时,液态合金发生共晶反应,共晶反应的产物为莱氏体。随着温度继续下降,奥氏体成分沿 *ES* 线变化,从中析出二次渗碳体。当温度降至 2 点时,奥氏体发生共析转变,形成珠光体。故共晶白口铁室温组织是由珠光体、二次渗碳体和共晶渗碳体组成的混合物,称之为低温莱氏体,其结晶过程见图 4-13。

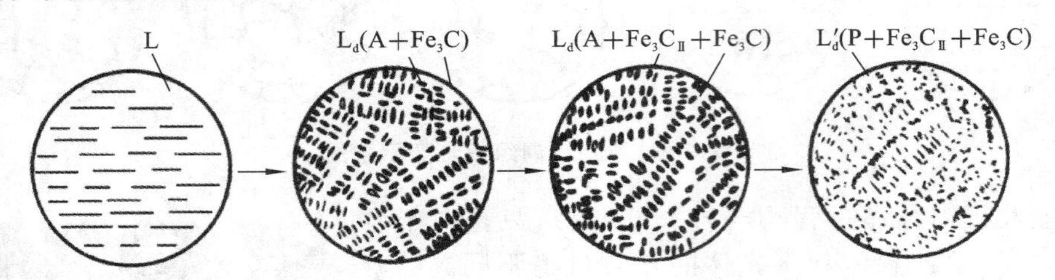

图 4-13　共晶白口铁组织转变示意图

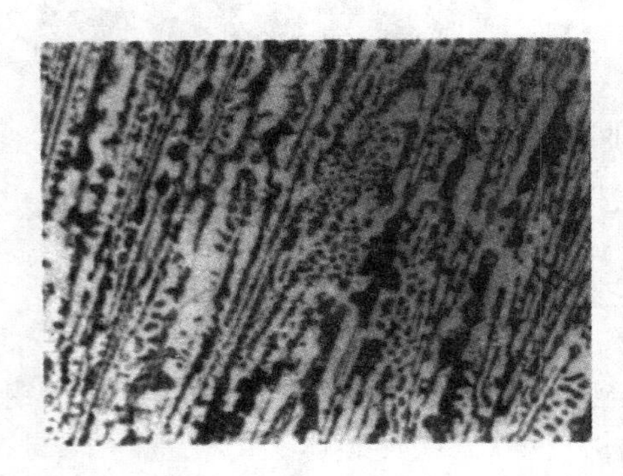

图 4-14　共晶白口铁的显微组织

室温下共晶白口铁显微组织如图 4-14 所示。图中黑色部分为珠光体,白色基体为渗碳体。

亚共晶白口铁(2.11%<w_C<4.3%)结晶过程同合金Ⅳ基本相同,区别是共晶转变之前有先析相 A 形成,因此其室温组织为 $P+Fe_3C+L'_d$,如图 4-15 所示。图中黑色点状、树枝状为珠光体,黑白相间的基体为低温莱氏体,二次渗碳体与共晶渗碳体连在一起,难以分辨。

过共晶白口铁(4.3%<w_C<6.69%)结晶过程也与合金Ⅳ相似,只是在共晶转变前先从液体中析出一次渗碳体,其室温组织为 $Fe_3C+L'_d$,见图 4-16。图中白色板条状为一次渗碳体,基体为低温莱氏体。

图 4-15　亚共晶白口铁的显微组织

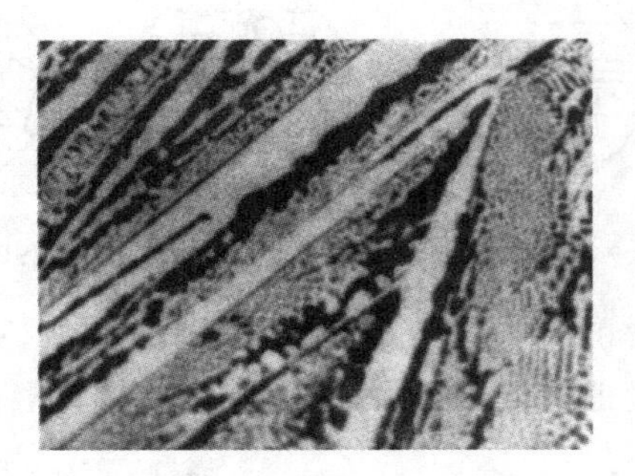

图 4-16　过共晶白口铁的显微组织

4.3　碳含量对铁碳合金组织和性能的影响

4.3.1　含碳量对平衡组织的影响

综上所述,铁碳合金在室温下的平衡组织都是由铁素体和渗碳体两相组成,随着含碳量增加，铁素体不断减少，而渗碳体逐渐增加，如图 4-17(c)所示。室温下随着含碳量增加，铁碳合金平衡组织变化规律如下[见图 4-17(b)]：

$$F \rightarrow F+P \rightarrow P \rightarrow P+Fe_3C_{II} \rightarrow P+Fe_3C_{II}+L'_d \rightarrow L'_d \rightarrow Fe_3C_{I}+L'_d$$

4.3.2 含碳量对力学性能的影响

图 4-18 所示为含碳量对碳钢的力学性能的影响。由图可见，随着钢中含碳量增加，钢的强度、硬度升高，而塑性和韧性下降，这是由于组织中渗碳体量不断增多，铁素体量不断减少的缘故。但当 $w_C=0.9\%$时，由于网状二次渗碳体的存在，钢的强度明显下降，所以工业上使用的钢 w_C一般不超过 1.3%。而 w_C超过 2.11%的白口铸铁，组织中大量渗碳体的存在，使其变得硬而脆，难以切削加工，一般以铸态使用。

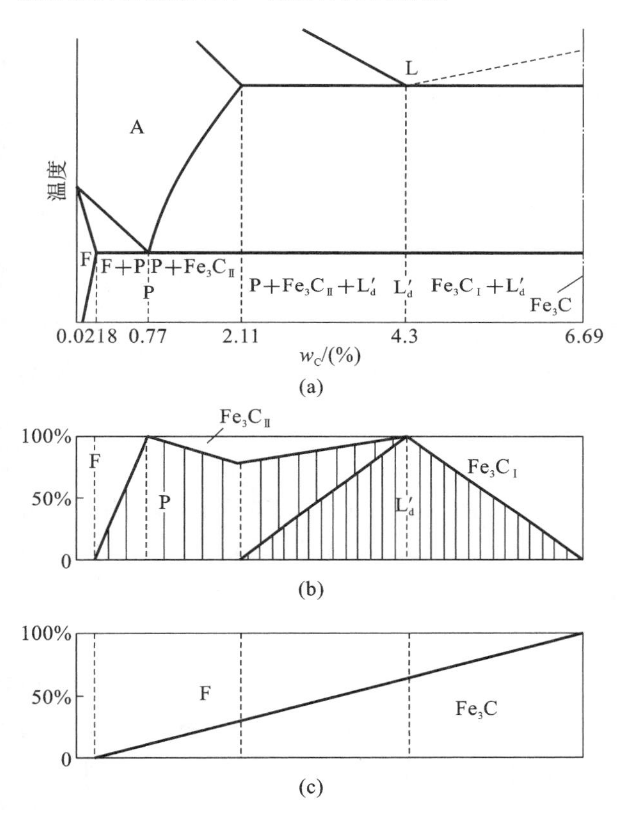

图 4-17　铁碳合金的成分与组织的对应关系

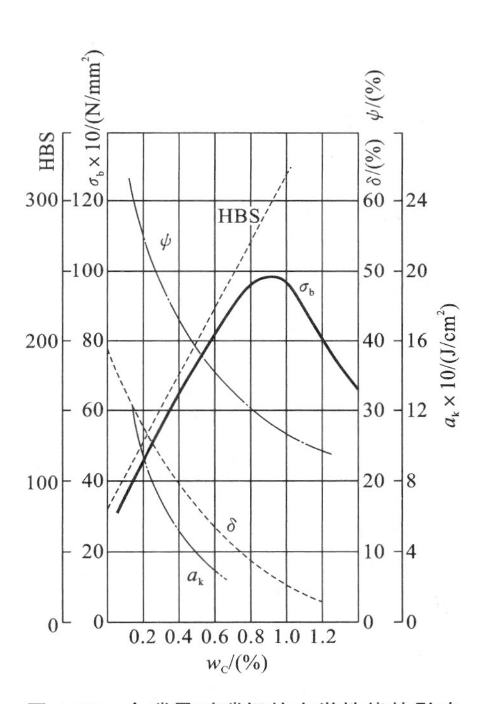

图 4-18　含碳量对碳钢的力学性能的影响

4.4 铁碳合金相图的应用

4.4.1 相图的实际应用

铁碳相图反映了钢铁材料的成分、组织与性能的变化规律，是分析钢铁材料平衡组织和制定钢铁材料各种热加工工艺的基础性资料，在生产实践中具有重大的现实意义。

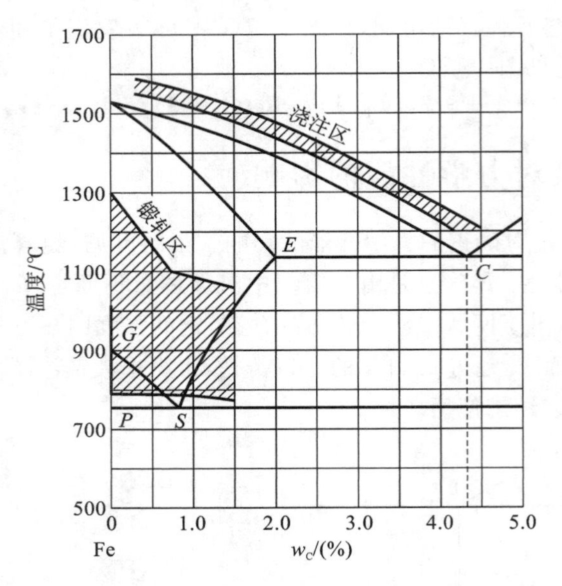

图 4-19 Fe-Fe_3C 相图与铸、锻工艺的关系

1. 在选材方面的应用

由铁碳合金相图可知，不同成分的合金，室温平衡组织不同，力学性能也不同，从而为正确选材提供了可靠依据。例如，要求塑性、韧性好，焊接性能良好的金属构件，应选低碳钢；对于承受交变载荷的弹簧，要求具有较高的弹性和韧性，则需选用中高碳钢；而对于要求硬度高、耐磨性好的各种工具钢，应选用含碳量较高的钢。

2. 在铸造方面的应用

铸造生产中，由相图可估算钢铁材料的浇注温度，一般在液相线以上 50～100 ℃；由相图可知共晶成分的合金结晶温度最低，结晶区间最小，流动性好，体积收缩小，易获得组织致密的铸件，所以通常选择共晶成分的合金作为铸造合金。

3. 在锻造方面的应用

相图可作为确定钢的锻造温度范围的依据。通常把钢加热到奥氏体单相区，此区域内钢的塑性好、变形抗力小，易于成形。一般始锻温度控制在固相线以下 100～200 ℃范围内，而终缎温度亚共析钢控制在 *GS* 线以上，过共析钢应在稍高于 *PSK* 线以上。

4. 在焊接方面的应用

在焊接工艺上，焊缝及周围热影响区受到不同程度的加热和冷却，组织和性能会发生变化，相图可作为研究变化规律的理论依据。铁碳合金的焊接性与碳的质量分数有关，随着碳的质量分数的增加，钢的脆性增加，塑性下降，导致钢的冷裂倾向增加，焊接性变差，故焊接用钢主要是低碳钢或低碳合金钢。

5. 在热处理方面的应用

相图是制定各种热处理工艺加热温度的重要依据，这一问题在后续章节中会专门讨论。

4.4.2 注意事项

相图尽管应用广泛，但仍有一些局限性，主要表现在以下几方面。

(1) 相图只是反映了平衡条件下的组织转变规律(缓慢加热或缓慢冷却),它没有体现出时间的作用,因此在实际生产过程中,冷却速度较快时不能用此相图分析问题。

(2) 相图只反映出了二元合金中相平衡的关系,若钢中有其他合金元素,其平衡关系会发生变化。

(3) 相图不能反映实际组织状态,它只给出了相的成分和相对量的信息,不能给出形状、大小、分布等特征。

练习与思考

一、选择题

1. 铁素体为(　　)晶格,奥氏体为(　　)晶格,渗碳体为(　　)晶格。

A. 体心立方　　B. 面心立方　　C. 复杂斜方

2. 铁碳相图上的 PSK 线是(　　),ES 线是(　　),GS 线是(　　)。

A. A_1　　B. A_3　　C. A_{cm}

3. 下面所列组织中,脆性最大的是(　　),塑性最好的是(　　)。

A. F　　B. P　　C. Fe_3C

4. 奥氏体是(　　)。

A. 碳在 γ-Fe 中的间隙固溶体　　B. 碳在 α-Fe 中的间隙固溶体

C. 碳在 β-Fe 中的有限固溶体　　D. 以上均不是

5. 珠光体是一种(　　)。

A. 单相固溶体　　B. 两相混合物　　C. Fe 与 C 的化合物

二、简答题

1. 何谓金属的同素异构转变?写出纯铁的同素异构转变关系式。

2. 画出简化 $Fe\text{-}Fe_3C$ 相图,填出各相区的组织;说明各特性点、特性线的含义。

完成下列内容:

(1) 用组织组成物填写相图;

(2) 标出 P、S、E、C 四点的温度和含碳量;

(3) 根据铁碳相图,完成下列表格。

碳的质量分数 w_C/(%)	温度/℃	组织	温度/℃	组织	温度/℃	组织
0.20	750		950		20	
0.77	650		750		20	
1.20	700		750		20	

3. 试述含碳量对钢的组织和性能的影响。

4. 平衡条件下,试比较 45、T8、T12 钢的硬度、强度和塑性有何不同。

模块五
钢的热处理及工艺设计

热处理是一种重要的加工工艺，机械制造业中大多数的机器零件都要经过热处理，以提高产品的质量和使用寿命。如在机床制造中，60%～70%的零件需要进行热处理。在汽车、拖拉机制造中，需要经过热处理的零件占70%～80%。至于刀具、模具、量具和滚动轴承等，则要100%进行热处理。随着工业和科学技术的发展，热处理在改善和强化金属材料、提高产品质量、节省材料和提高经济效益等方面将发挥更大的作用。

5.1 热处理基础知识

钢的热处理是指将钢在固态下进行加热、保温和冷却，以改变其内部组织，从而获得所需要性能的一种工艺方法。根据加热与冷却方式不同，金属材料热处理主要有钢的普通热处理和钢的表面热处理两大类。根据热处理在零件生产过程中的位置和作用的不同，热处理工艺可分为预备热处理和最终热处理。钢的热处理方法虽多，但任何一种热处理都是由加热、保温和冷却三个阶段组成的，因此可以用"温度-时间"曲线图表示（见图 5-1）。

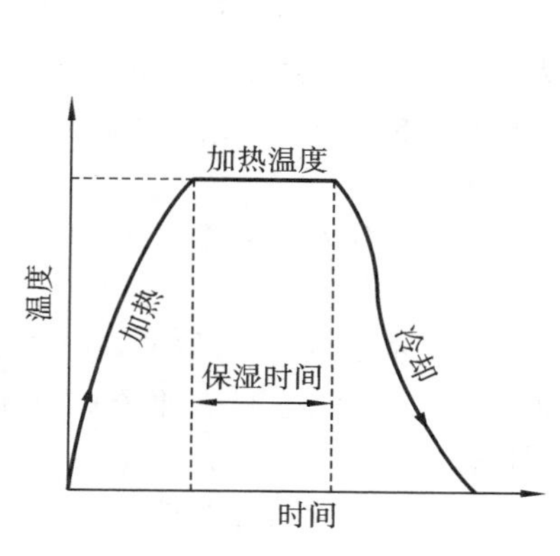

图 5-1 钢的热处理工艺曲线

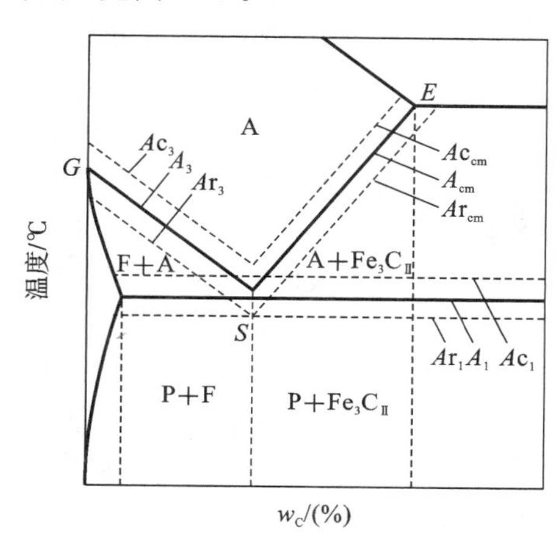

图 5-2 加热或冷却时的相变温度

5.1.1 钢在加热和冷却时的转变温度

为了使钢件在热处理后获得所需要的性能，对于大多数热处理工艺，都要将钢加热到相变温度以上，使其组织发生变化，对于碳素钢在缓慢加热和冷却过程中，相变温度可以根据 Fe-Fe_3C 相图来确定，然而由于 Fe-Fe_3C 相图中的平衡相变温度 A_1、A_3、A_{cm} 是在极其缓慢的加热和冷却条件下测定的，与实际热处理的相变温度有一些差异，加热时相变温度因有过热现象而偏高，冷却时因有过冷现象而偏低，随着加热和冷却速度的增加，这一偏离现象愈加严重，因此，常将实际加热时的相变温度用 Ac_1、Ac_3、Ac_{cm} 表示，将实际冷却时的相变温度用 Ar_1、Ar_3、Ar_{cm} 表示，如图 5-2 所示。

5.1.2 钢在加热时的组织转变

钢的热处理一般需要先将其加热较变为奥氏体，然后以不同的冷却方式使奥氏体转变为不同的室温组织，获得所需力学性能。现以共析碳钢为例讨论钢的奥氏体化过程。

1. 奥氏体的形成

根据 Fe-Fe_3C 相图，共析碳钢的室温组织为珠光体，其奥氏体化的温度应在 A_1 线以上。因此，奥氏体的形成必须经过原来晶格（铁素体和渗碳体）的改组和铁、碳原子的扩散来实现。从室温组织珠光体向高温组织奥氏体的转变，也遵循"形核与核长大"这一相变的基本规律。其奥氏体形成的全过程应包括下面四个连续的阶段，如图 5-3 所示。

第一阶段为奥氏体形核。钢在加热到 Ac_1 时，奥氏体晶核优先在铁素体与渗碳体的相界面

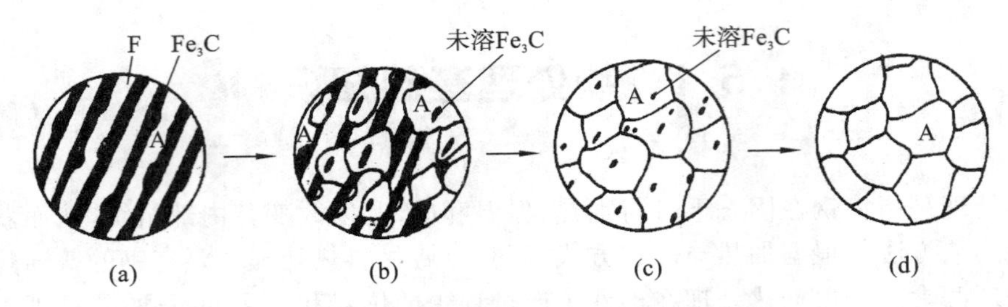

图 5-3 共析碳钢的奥氏体形成过程示意图

上形成，这是因为相界面的原子是以铁素体与渗碳体两种晶格的过渡结构排列的，原子偏离平衡位置处于畸变状态，具有较高能量；再者，与晶体内部比较，晶界处碳的分布是不均匀的，这些都为形成奥氏体晶核在成分、结构和能量上提供了有利条件。

第二阶段为奥氏体晶核长大。奥氏体形核后的长大，是新相奥氏体的相界面向着铁素体和渗碳体这两个方向同时推移的过程。通过原子扩散，铁素体晶格先逐渐改组为奥氏体晶格，随后通过渗碳体的连续不断分解和铁原子扩散而使奥氏体晶核不断长大。

第三阶段是残余渗碳体的溶解。铁素体先行消失后，还残留着未溶的渗碳体。所以仍需一定的时间，以使渗碳体全部溶于奥氏体中。

第四阶段是奥氏体成分均匀化。奥氏体转变刚结束时，其成分是不均匀的，在原来铁素体处含碳量较低，在原来渗碳体处含碳量较高，只有继续延长保温时间，通过碳原子扩散才能得到成分均匀的奥氏体组织，以便在冷却后得到良好组织与性能。

亚共析钢和过共析钢的奥氏体化过程与共析钢基本相同，但分别需要加热到 Ac_3 和 Ac_{cm} 以上保温足够时间，才能获得单相奥氏体。

2. 奥氏体晶粒的长大及控制

由于珠光体向奥氏体转变是在铁素体与渗碳体相界面上生核的，一个晶核可生成一个晶粒，而珠光体中这种相界面很多，能生成很多晶核，所以，当珠光体向奥氏体转变刚结束时，一个珠光体晶粒可以生成许多奥氏体晶粒，也就是说，刚开始转变成奥氏体的晶粒，总是细小的，但随着温度的升高或保温时间的延长，奥氏体晶粒会长大。

钢在某一具体加热条件下获得的奥氏体晶粒称为奥氏体的实际晶粒，它的大小对冷却转变后钢的性能有明显影响。奥氏体晶粒粗大，冷却后钢的机械性能差，特别是冲击韧度明显降低，因此，钢在加热时，为了得到细小而均匀的奥氏体晶粒，必须严格控制加热温度和保温时间。

5.1.3 钢在冷却时的转变

热处理中对钢进行加热和保温主要是为了使钢获得细小而均匀的奥氏体晶粒。钢在加热转变为奥氏体后，以什么方式和速度进行冷却，将对钢的组织和性能起决定性的作用，因为冷却的方式和速度不同，所得到的组织和性能就大不相同。因此应掌握奥氏体在什么冷却条件下向什么组织进行转变，以便正确地选择合适的冷却方法来控制钢的组织和性能。热处理的生产实践告诉我们，即使是相同成分的钢，加热到高温奥氏体状态后，由于冷却方式不同，反映在最终的机械性能上也有明显差异。这是由于冷却速度不同，得到不同的组织所引起的。这便是各种热处理操作的主要理论依据。

实际生产中，钢进行热处理时常用的冷却方式有两种。一是等温冷却（图 5-4 中曲线 1 所示），即使奥氏体化的钢先以较快的冷却速度冷却到相变点（A_1 线）以下一定的温度，这时奥氏体尚未转变，但成为过冷奥氏体。然后进行保温，使过冷奥氏体在等温下发生组织转变，转变完成后再冷却到室温。例如等温退火、等温淬火等均属于等温冷却方式。二是连续冷却(图 5-4 中曲线 2 所示),即对奥氏体化的钢,使其在温度连续下降的过程中发生组织转变。例如在热处理生产中经常使用的水中、油中或空气中冷却等都是连续冷却方式。

下面以共析钢为例,说明冷却方式对钢组织及性能的影响。

1. 过冷奥氏体的等温冷却转变

1) 等温转变图(C 曲线)

以共析碳钢为例,将奥氏体化的共析碳钢以不同的冷却速度急冷至 A_1 线以下不同温度保温,使过冷奥氏体在等温条件下发生相变。测出不同温度下过冷奥氏体发生相变的开始时间和终了时间。并分别画在温度-时间坐标上,然后将转变开始时间和转变终了时间分别连接起来,即得共析碳钢的过冷奥氏体等温转变曲线,如图 5-5 所示。过冷奥氏体等温转变曲线类似"C"字,故简称 C 曲线,又称为 TTT 曲线(英文时间、温度、转变三词首字母)。图中 A_1、M_s 两条温度线划分出上中下三个区域:A_1 线以上是稳定奥氏体区;M_s 线以下是马氏体转变区;A_1 和 M_s 线之间的区域是过冷奥氏体等温转变区。

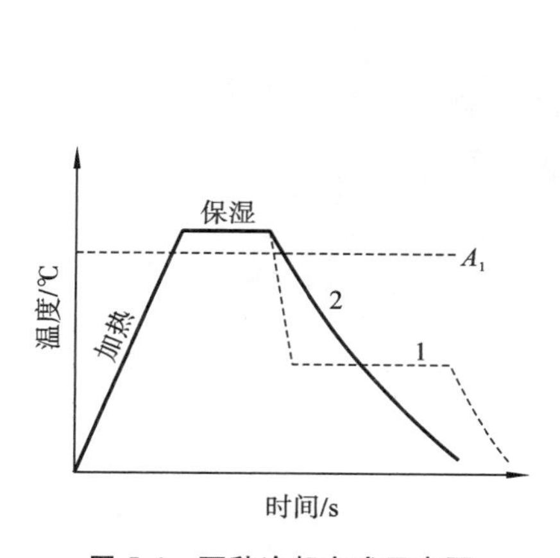

图 5-4 两种冷却方式示意图

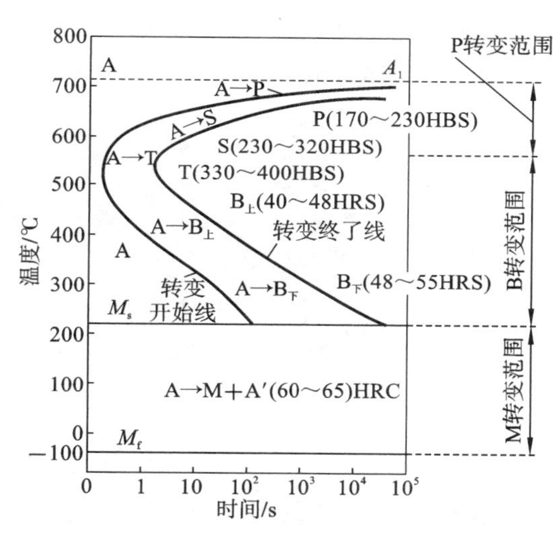

图 5-5 共析钢过冷奥氏体的等温转变曲线

2) 过冷奥氏体等温转变产物的组织和性能

(1) 珠光体型转变。A_1～550 ℃范围内,原子的扩散能力较强,容易在奥氏体晶界上产生高碳的渗碳体晶核和低碳的铁素体晶核,容易实现晶格重构,属于扩散型转变,也可称作高温转变,转变产物为铁素体与渗碳体层片相间的珠光体型组织,其基本形态如图 5-6 所示,层片相间具有大体相同位向。

过冷度不同,层片间距和层片厚薄也不同。在 A_1～650 ℃范围内等温转变过冷度小,形成粗片状珠光体组织(P),层片间距大于 0.4 μm[见图 5-6(a)],在 200 倍金相显微镜下可显示其组织特征,布氏硬度达 170～230 HB;在 600～650 ℃范围内等温转变过冷度稍大,形核多,奥氏体转变快,形成细片状珠光体组织[见图 5-6(b)],称为索氏体(S),其层片间距为 0.2～0.4 μm,在 800～1000 倍金相显微镜下可分辨其组织特征,布氏硬度达 230～320 HB;在 550～600 ℃范围内等温转变过冷度更大,奥氏体转变更快,形成极细片状珠光体组织[见图 5-6(c)],称为托氏体(T),其层片间距小于 0.2 μm,在高倍光学显微镜下也分辨不清其组织特征,层片形态呈黑色团状,其布氏硬度达 330～400 HB。由此可知,珠光体组织的力学性能主要取决于片层厚度,片

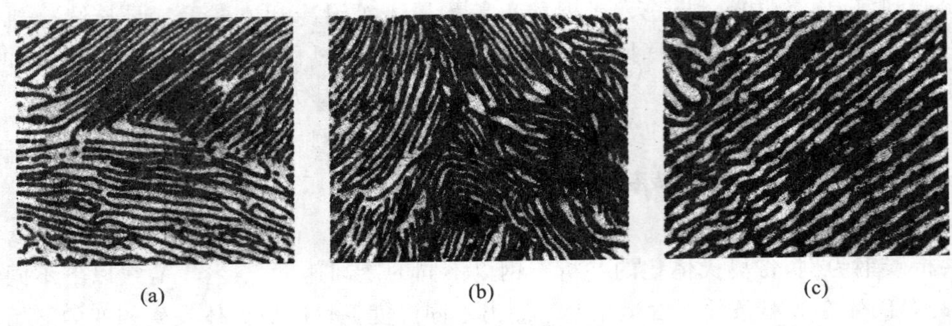
(a) (b) (c)

图 5-6 珠光体型组织

层越薄，塑性变形抗力越大，强度和硬度就越高，同时塑性和韧度也有所提高。

(2) 贝氏体型转变。550 ℃～M_s(230 ℃)范围内，过冷度较大，铁原子难以扩散，仅有碳原子扩散，过冷奥氏体转变速度下降，孕育期逐渐延长，主要通过相变驱动力来改变晶格结构，通过碳原子扩散形成碳化物，属于半扩散型转变，也称作中温转变，其转变产物为含过饱和碳的铁素体和碳化物组成的机械混合物，称为贝氏体，用“B”表示。其基本形态如图 5-7 所示，主要特征是组织呈羽毛状或呈针状。

(a)上贝氏体

(b)下贝氏体

图 5-7 贝氏体显微组织

过冷度不同，贝氏体的组织形态也不同。在 350～550 ℃范围内，碳原子有一定的扩散能力，在铁素体片的晶界上析出不连续短杆状的渗碳体，这种组织称为上贝氏体[$B_上$，见图 5-7(a)]，呈羽毛状。上贝氏体强度、硬度较高(40～48 HRC)，塑性较低，脆性较大，生产中很少采用。在 350 ℃～M_s范围内，碳原子的扩散能力更弱，难以扩散到片状铁素体的晶界上，只能沿与晶轴呈 55°～60°夹角的晶面上析出断续条状渗碳体[见图 5-7(b)]，这种组织称为下贝氏体($B_下$)，其形态在光学显微镜下呈黑色针状。下贝氏体具有较高的强度和硬度(48～55HRC)及良好的塑性和韧性，综合机械性能好，生产中常采用等温转变获得下贝氏体组织。

2. 过冷奥氏体的连续冷却转变

1) 连续冷却转变曲线

在热处理生产中，钢经奥氏体化后，多采用连续冷却的方式。在不同冷速的连续冷却条件下，过冷奥氏体转变时，转变开始及转变终止的时间与转变温度之间的关系曲线如图 5-8 所示，称为连续冷却曲线或 CCT 曲线。与 TTT 曲线相比，CCT 曲线较 TTT 曲线稍靠右下一些，并且只有 TTT 曲线的上半部分，亦即共析钢在连续冷却时，只发生珠光体和马氏体转变，不发生贝氏体转变，未转变的过冷奥氏体一直保留到 M_s线以下转变为马氏体。

2) 连续冷却转变产物分析

由于共析钢在连续冷却时的转变测定较困难，生产中常利用 TTT 曲线分析连续冷却转变的结果，即按 CCT 曲线与 TTT 曲线相交的大致位置，估计连续冷却后得到的组织。例如图 5-9 即是在共析碳钢等温冷却转变曲线上估计连续冷却时的转变情况。v_1相当于随炉冷却速度（退火），与 CCT 曲线相交于 670～700 ℃，过冷奥氏体转变为珠光体，硬度为 170～230 HB。v_2相当于空气中冷却速度（正火），与 CCT 曲线相交于 600～650 ℃，过冷奥氏体转变为索氏体，硬度为 230～320HB。v_3相当于油中淬火时的冷却速度，与 CCT 曲线相割于转变开始线，且割于 450～600 ℃，后又与 M_s相交，过冷奥氏体转变为托氏体、马氏体、残留奥氏体的混合组织，硬度为 45～55 HRC。尽管 v_3也穿过了贝氏体区，但在共析钢 CCT 曲线中无贝氏体转变区，所以共析钢在连续冷却时不会得到贝氏体。v_4相当于水中冷却速度（淬火），与 CCT 曲线不相交而直接与 M_s相交，过冷奥氏体在 A_1～M_s之间来不及分解，在 M_s 线以下转变为马氏体和残留奥氏体。v_K为临界冷却速度，与 C 曲线相切于鼻部，过冷奥氏体转变为马氏体和残留奥氏体。上述方法对正确判定热处理工艺、分析钢的组织与性能、合理选材有极大帮助。

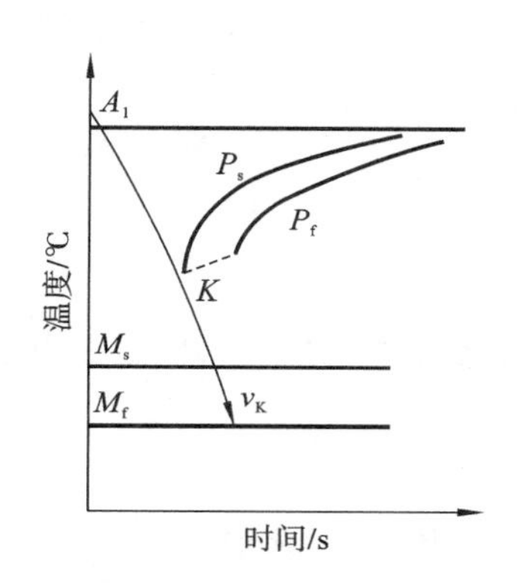

图 5-8 共析钢 CCT 曲线图

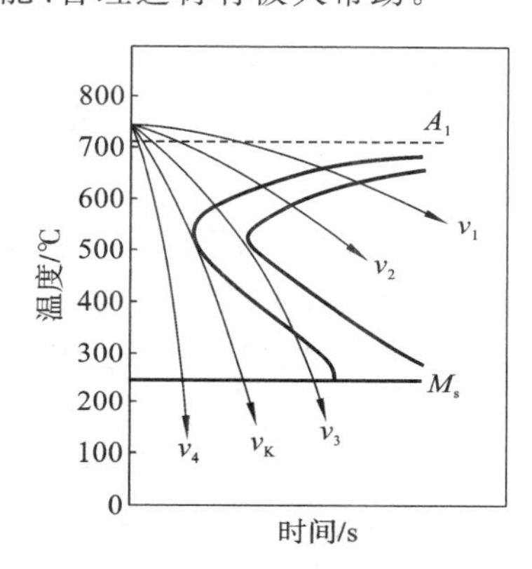

图 5-9 共析钢等温转变曲线与连续冷却曲线

3. 过冷奥氏体的马氏体转变

马氏体是碳在 α-Fe 中的过饱和固溶体，是过冷奥氏体快速冷却到 M_s以下连续冷却过程中的产物。图 5-5 中，M_s为马氏体转变开始温度，M_f为马氏体转变终了温度。马氏体转变至环境温度下仍会保留一定数量的奥氏体，称为残留奥氏体，以 A′或 $A_{残}$表示。马氏体的组织形态主要取决于过冷奥氏体的碳含量，当奥氏体碳含量小于 0.2%时，钢淬火后几乎全部形成板条马氏体[见图 5-10(a)]，也称低碳马氏体，其立体形态呈平行成束分布的板条状，板条马氏体硬度在 50HRC 左右，具有较高的强韧性；当奥氏体碳含量大于 1.0%时，钢淬火后几乎全部形成片状马氏体[见图 5-10(b)]，也称高碳马氏体，其立体形态呈双凸透镜状。片状马氏体硬度随马氏体中碳含量增加而增加，马氏体硬度高达 60～65 HRC，但马氏体的韧性低，脆性大。

5.2 钢的普通热处理及其工艺设计

5.2.1 退火与正火

退火与正火是零件生产过程中的最基本的热处理工艺，通常作为预备热处理工艺，对于性能要求不高的零件，也可作为最终热处理工艺。退火与正火工序一般安排在毛坯生产后、切削加工之前。

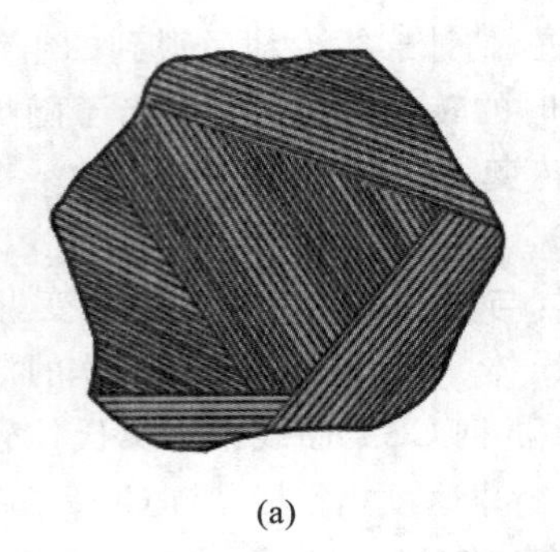

(a)

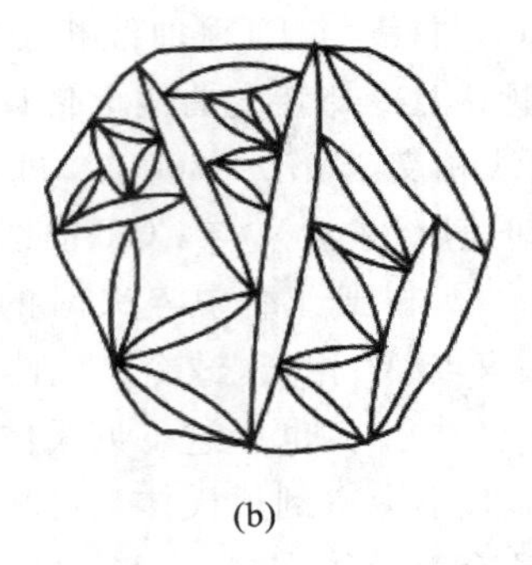

(b)

图 5-10　马氏体型组织

1. 退火

退火是将钢件加热到高于或低于钢的相变点适当温度，保温一定时间，随后在炉中或埋入导热性较差的介质中缓慢冷却，以获得接近平衡状态组织的一种热处理工艺。

1）目的

(1) 消除残余应力，稳定工件尺寸，防止变形与开裂。

(2) 降低硬度，改善切削加工性。

(3) 消除前一道工序（铸、锻、焊）所造成的组织缺陷，细化晶粒，改善组织，提高力学性能，为最终热处理作准备。

2）类别

根据钢的化学成分和退火目的不同，退火方法可分为完全退火、球化退火、均匀化退火、去应力退火等。

(1) 完全退火。完全退火是指将亚共析钢加热到 Ac_3 以上 30～50 ℃，保温一定时间后随炉缓慢冷却的热处理工艺方法，如图 5-11 所示。其目的是使铸造、锻造或焊接所产生的粗大组织细化，调整硬度，以利切削。完全退火主要用于处理亚共析组织的碳钢和合金钢的铸件、锻件、热轧型材和焊接结构，也可作为一些不重要件的最终热处理工艺。

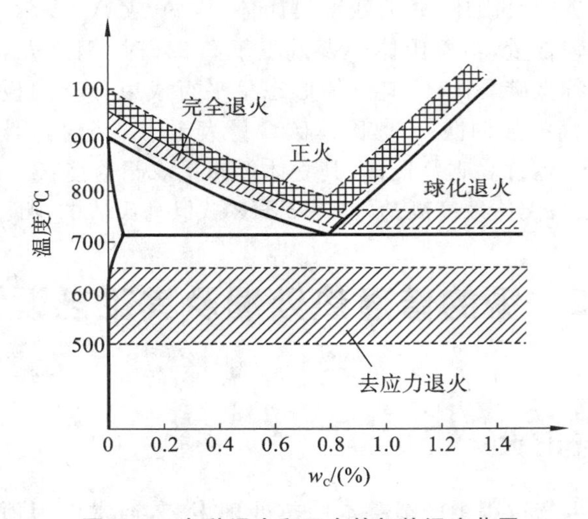

图 5-11　各种退火和正火的加热温度范围

(2) 球化退火。球化退火是指将共析或过共析钢加热至 Ac_1 以上 20～30 ℃，保温一定时间后缓慢冷却，使钢中碳化物球状化的退火工艺。球化退火主要用于消除过共析碳钢及合金工具钢中的网状二次渗碳体及珠光体中的片状渗碳体。由于过共析钢的层片状珠光体较硬，再加上网状渗碳体的存在，不仅给切削加工带来困难，使刀具磨损增加，切削加工性变差，而且还容易引起淬火变形和开裂。为了克服这一缺点，可在热加工之后安排一道球化退火工序，使珠光体中的网状二次渗碳体和片状渗碳体都球化，以降低硬度，改善切削加工性，并为淬火作组织准备。

(3) 均匀化退火。把铸锭或铸件加热到 Ac_3 以上 150～200 ℃，保温 10～15 h 后随炉冷却。其目的是消除铸造结晶过程中产生的枝晶偏析，使成分和组织均匀化。

(4) 去应力退火。将钢件加热至 A_1 以下的某一温度(一般为 500～650 ℃)，保温一定时间后，随炉缓慢冷却至 300 ℃以下再出炉空冷。其目的是去除残余应力，稳定工件尺寸并防止其变形与开裂。

2. 正火

正火是将钢件加热到 Ac_3(亚共析钢)或 Ac_{cm}(过共析钢)以上 30～50 ℃，保温一定时间后在空气中冷却的热处理工艺方法。正火的目的与退火基本相同，正火与退火的主要区别是：正火冷却速度较快，所获得的组织较细，强度和硬度较高。

正火的主要应用如下。

(1) 对于机械性能要求不高的普通结构零件，正火可细化晶粒、提高机械性能。因此可作为最终热处理工艺。

(2) 对于低、中碳结构钢，正火作为预先热处理工艺，可获得合适的硬度，有利于切削加工。

(3) 对于过共析钢，用于消除网状二次渗碳体，为球化退火作组织准备。

(4) 正火比退火生产周期短，节省能源，所以低碳钢多采用正火而不采用退火。

5.2.2 淬火与回火

淬火与回火配合使用，可使工件达到最终的力学性能要求，通常作为最终热处理工艺。

1. 淬火

淬火是将钢加热到 Ac_3(亚共析钢)或 Ac_1(共析或过共析钢)以上 30～50 ℃，保温一定时间使其奥氏体化，然后在冷却介质中迅速冷却的热处理工艺。其主要目的是获得马氏体，提高工件的硬度和耐磨性。如各种工具、模具、量具、滚动轴承等都需要通过淬火来提高硬度和耐磨性。

1) 淬火加热温度的选择

碳钢的淬火加热温度可利用铁碳相图来选择。对于亚共析碳钢，适宜的淬火温度为 Ac_3 以上 30～50 ℃(见图 5-12)，淬火后获得均匀细小的马氏体组织，如果加热温度过低(小于 Ac_3)，则在淬火组织中将出现大块未熔铁素体，使淬火组织出现软点，造成淬火硬度不足。

对于共析碳钢和过共析碳钢，适宜的淬火温度为 Ac_1 以上 30～50 ℃，淬火后的组织为马氏体和粒状二次渗碳体，可提高钢的耐磨性。如果加热温度超过 Acm，不仅会得到粗片状马氏体组织，脆性极大，而且由于奥氏体碳含量过高，使淬火钢中残留奥氏体量增加，会降低钢的硬度和耐磨性。

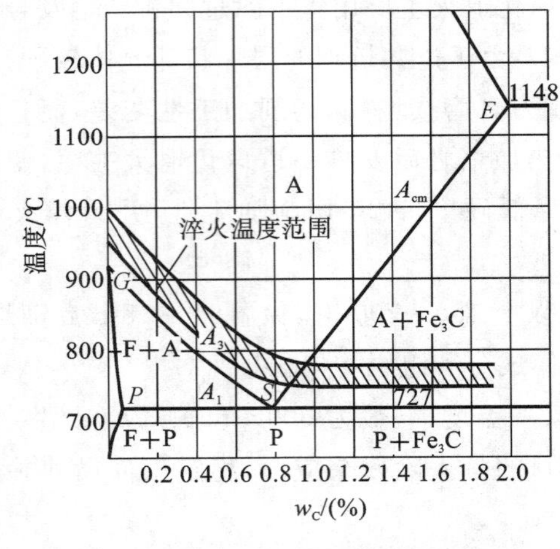

图 5-12 淬火加热温度的选择示意图

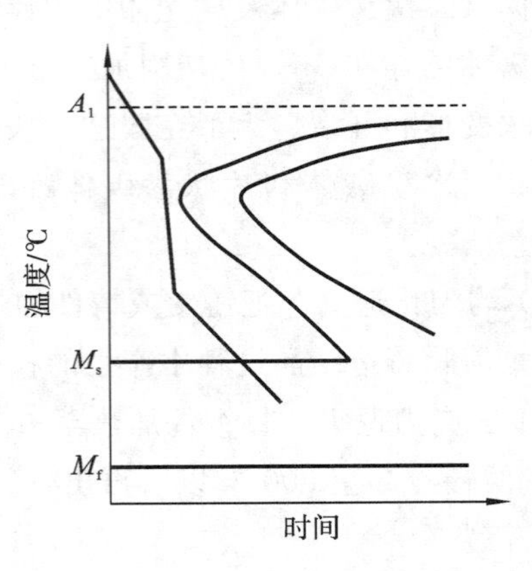

图 5-13 理想淬火冷却速度

2）淬火冷却介质的选择

淬火时要得到马氏体，淬火的冷却速度必须大于临界冷却速度。但根据碳钢的奥氏体等温转变曲线可知，要获得马氏体组织，并不需要在整个冷却过程中都进行快速冷却，关键是在过冷奥氏体最不稳定的C曲线鼻尖附近，即在400～650 ℃的温度范围内要尽快冷却，650 ℃以上及400 ℃以下，并不需要快速冷却，300 ℃以下发生马氏体转变时，尤其不应该快速冷却，否则会因工件截面内外温差引起的热应力及组织转变应力共同作用，使工件产生变形和裂纹，因此，理想的淬火冷却速度应如图5-13所示。

在生产中，常用的冷却介质是水、油、碱或盐类水溶液等。水在400～650 ℃范围内具有很大的冷却能力（大于600 ℃/s），这对奥氏体稳定性较差的碳钢的淬硬非常有利，特别是用浓度（质量分数）为10%～15%的盐水淬火，更能增加碳钢在400～650 ℃范围内的冷却能力，但因盐水和清水一样，在200～300 ℃的范围内冷速仍然很大，会产生很大的组织应力而造成工件严重变形或开裂。所以让工件在水中停留一定时间后应立即转入油中继续冷却，使马氏体相变在冷却能力比较弱的油中进行。在盐水中停留的时间一般以4～6 mm/s计算。盐水适用于形状简单、硬度要求高、表面要求光洁、变形要求不严格的碳钢零件，如螺钉、销钉等。

淬火用油几乎全部为矿物油（如机油、变压器油、柴油等），油在200～300 ℃范围内冷却速度远小于水，这对减小淬火工件的变形和开裂很有利，但在400～650 ℃范围内冷却速度比水小得多，因此多用于过冷奥氏体稳定性较好的合金钢的淬火。

3）淬火方法的选择

（1）单液淬火。单液淬火是将奥氏体化后的工件放入一种淬火介质中连续冷却到室温的淬火方法，如图5-14中曲线1所示。这种方法虽然有使工件容易变形、开裂的缺点，但它的操作简单，容易实现机械化、自动化，适用于形状简单的工件，故应用广泛。

（2）双液淬火。将奥氏体化后的工件先在水中淬火，待冷到300～400 ℃时取出放入冷却能力较弱的油中冷却，这种淬火方法称为双液淬火（见图5-14中曲线2）。这个方法的优点是高温冷却快，使奥氏体不转变为珠光体；在低温冷却较慢，减小了马氏体转变的应力。但在第一种冷却介质中停留的时间不易掌握，对操作者技术要求较高。对于形状复杂的碳钢件，为了防止开裂和减小变形，适宜采用双液淬火。

（3）分级淬火。分级淬火是把奥氏体化后的工件放入稍高或稍低于M_s点的盐槽或碱槽中

(150～260 ℃)，保温一定时间，使表面和芯部的温度均匀，大大减少温差应力，然后取出空冷(见图5-14中曲线3)。保温时要避免奥氏体分解。这种方法的优点是应力小，变形轻微；但由于盐浴或碱浴冷却能力不够大，因此只适用于形状复杂的小零件。

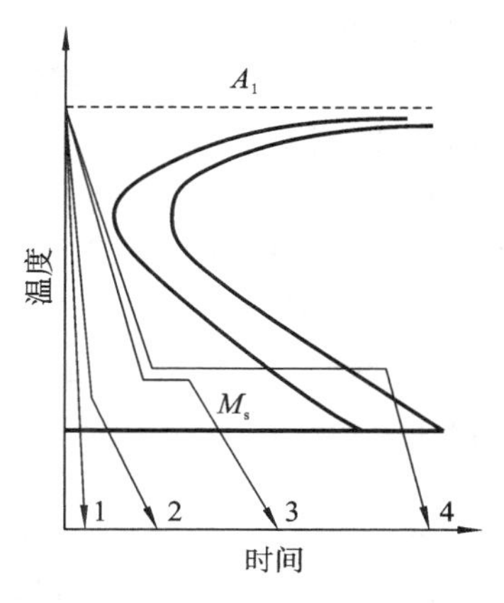

图5-14 常用淬火方法示意图

(4) 等温淬火。对一些形状复杂而又要求较高硬度或强度与韧性相结合的工具、模具或机器零件，可进行等温淬火以得到下贝氏体组织。其方法是将奥氏体化后的工件放入温度高于M_s点(260～400C°)的盐槽或碱槽中，保温使其发生下贝氏体转变后在空气中冷却(见图5-14中曲线4)。这种方法主要应用于尺寸要求精确、形状复杂且要求有较高的韧性的小型工件和工模具。例如，螺丝刀(T7钢制造)，原用单液淬火＋低温回火工艺，其硬度高于55HRC，因韧性不够，使用时扭到10°左右就脆断了。后来采用等温淬火，硬度仍达55～58HRC，但由于强韧性和塑性都较好，故扭到90°也不会断裂。

4) 钢的淬透性

淬透性是指钢在规定条件下淬火时获得马氏体的能力或获得淬硬层深度的能力，它是钢的主要热处理工艺性能之一。淬火时，同一工件表面和芯部的冷却速度不同。表面冷却速度最快，越靠芯部冷却速度越慢，如图5-15(a)所示。冷却速度大于v_K的表层将获得马氏体组织，而心部则得到非马氏体组织，如图5-15(b)所示，这时工件未被淬透。若工件截面较小，工件表层和心部均可获得马氏体组织，则整个工件已被淬透。

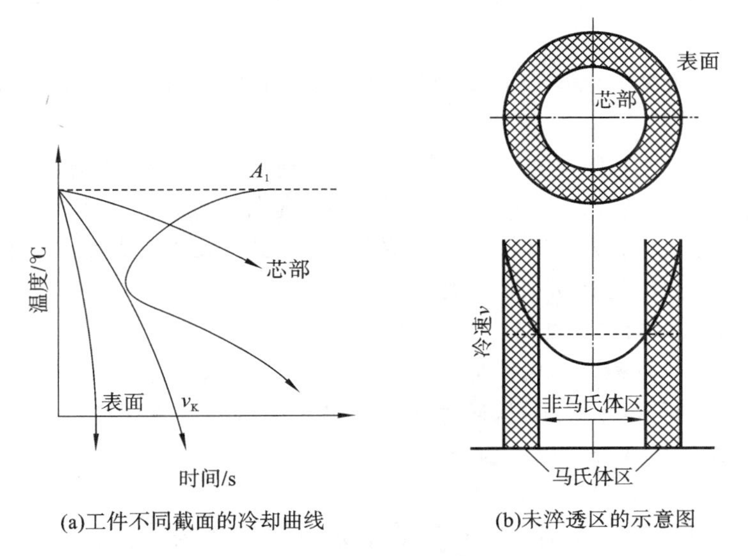

(a)工件不同截面的冷却曲线 (b)未淬透区的示意图

图5-15 工件淬透层深度与冷速的关系示意图

通常将淬火工件表面至半马氏体区(马氏体与非马氏体组织各占一半的区域)的距离作为淬透层深度，如果工件的中心在淬火后获得了50%以上的马氏体，则它可被认为已淬透。钢的淬透性主要取决于钢的临界冷却速度，C曲线位置越偏右，临界冷却速度越小，过冷奥氏体越稳定，淬透性也就越好。因此，除Co以外，大多数合金元素都能显著提高钢的淬透性。

对需要热处理的钢件，其机械性能沿截面的分布受淬透性影响很大。对大截面低淬透性工件，因其心部未淬透，机械性能很差，尤其是屈服强度和冲击韧度降低很多。因此在选材时应注意钢的淬透性，对于承受交变应力及冲击载荷等截面大且复杂的重要件，例如连杆、模具和板簧等零件，若要求淬透，应选用淬透性好的材料。而对于承受交变弯曲、扭转、冲击载荷或局部磨损的轴类、齿轮类、活塞销、转向节等零件，若要求表面淬硬且耐磨，而内部韧性好，就应选用淬透性稍低的材料。但焊接结构件则应选用不易淬透的材料，以防止热影响区出现马氏体组织，造成焊接件变形或开裂。

5）钢的淬硬性

淬硬性是指钢在淬火时的硬化能力，常用淬火后马氏体所能达到的最高硬度表示，它主要取决于马氏体中的碳含量，碳含量越高则相应的马氏体越硬，完全淬火状态钢件的硬度也就越高。

需要注意的是淬透性和淬硬性是两个不同的概念，它们之间没有相关性。淬透性好的材料淬硬性不一定好，相反，淬硬性好的材料淬透性也不一定好。

2. 回火

回火是将淬火工件重新加热至 A_1 点以下的某一温度，保温一定时间，然后以一定速度冷却到室温的热处理工艺。工件经淬火后，一般都要立即进行回火，这是因为淬火后得到的马氏体很脆，并存在很大的内应力，如不及时回火，时间久了有可能使工件发生变形或开裂。再者淬火组织中的马氏体和残余奥氏体都是不稳定的组织，如不回火会在日后使用中发生组织转变而引起工件尺寸变化，因此，回火是钢淬火后不可缺少的一道重要工序。

1）目的

(1) 消除或降低内应力，降低零件脆性。淬火获得的马氏体组织脆且内应力大，如果在室温放置，由于内应力的重新分布常导致零件变形、开裂。因此，零件淬火后一般都要进行回火消除应力，提高韧性。

(2) 获得所要求的机械性能。通过调整回火温度，可获得不同硬度、强度和韧性，以满足所要求的机械性能。

(3) 稳定尺寸。淬火马氏体和残余奥氏体都是不稳定组织，会自发地向稳定的铁素体和渗碳体转变，从而引起尺寸变化。回火可使组织稳定，使零件在使用过程中不再发生尺寸变化。

(4) 改善加工性。对退火难以软化的某些合金钢，在淬火或正火后采用高温回火，使钢中碳化物聚集，降低硬度，以提高切削加工性。

2）淬火钢在回火时的组织转变

淬火钢中的马氏体及残余奥氏体都是不稳定的组织，具有向稳定组织转变的自发倾向。但在室温下，这种转变进行得十分缓慢，通过回火加热和保温将促使这种转变发生。按回火温度的不同，回火时的组织转变分为以下四个阶段。

第一阶段：马氏体分解（100～250 ℃）

在温度 100 ℃以下回火时，淬火钢组织没有发生明显的转变，此时只发生马氏体中的过饱和碳原子在小范围内的偏聚，而没有开始分解。当温度升高到 100～200 ℃时，原子活动能力加强，马氏体中的过饱和碳原子沉淀析出非常细小、高度分散的 ε 碳化物，马氏体中碳的过饱和程度降低，晶格畸变减弱，正方度减少，内应力有所下降。析出的 ε 碳化物不是一个平衡相，而是向 Fe_3C 转变前的一个过渡相。这种由过饱和程度较低的马氏体和极细的 ε 碳化物所组成的组织，称为回火马氏体。因它较淬火马氏体易腐蚀，故显微组织为暗黑色。马氏体这一分解过程一直进行到约 350 ℃。

对于低碳钢板条马氏体，在这一阶段不析出 ε 碳化物，只发生原子在位错附近偏聚，原因是发生碳原子偏聚的能量低于析出 ε 碳化物的能量。

第二阶段：残余奥氏体的转变(200～300 ℃)

当温度超过 200 ℃时，马氏体继续分解，同时，残余奥氏体也开始分解，转变为下贝氏体(过饱和的 α 固溶体＋ε 碳化物)，其组织与同温度下马氏体的分解产物一样，即为回火马氏体。到 300 ℃，残余奥氏体的分解基本结束。

第三阶段：渗碳体形成(250～400 ℃)

当温度超过 250 ℃时，从过饱和固溶体中析出的亚稳定的 ε 碳化物逐渐转变为微细条状的渗碳体(Fe_3C)。α 固溶体中的过饱和的碳继续析出，到 400 ℃时，α 固溶体中碳化物接近平衡成分，即基本上恢复到体心立方晶格的铁素体，淬火的内应力也进一步消除。但其显微组织仍然保持马氏体的形态(针片状)，即这时钢的组织为针片状的铁素体和高度弥散的细条状的渗碳体的混合物，这种组织称为回火屈氏体。回火屈氏体具有较高的弹性极限。

第四阶段：渗碳体的聚集长大和 α 相的恢复与再结晶(大于 400 ℃)

当温度高于 400 ℃时，微细条状的 Fe_3C 逐渐聚集长大，变为细小的粒状的 Fe_3C。铁素体也逐渐恢复，位错密度显著下降。当温度升高到 600 ℃以上时，铁素体发生再结晶，由针片状逐渐消失变为等轴晶粒，钢的淬火内应力完全消除，强度下降，韧性上升。这时钢的组织为等轴状铁素体和均匀分布的粒状渗碳体的混合物，称为回火索氏体(多边形铁素体和粗粒状渗碳体的机械混合物)。

综上所述，淬火钢随着回火温度的升高，马氏体的碳化物、残余奥氏体量、内应力

及渗碳体尺寸都会发生变化。

3) 淬火钢在回火时的性能变化

淬火钢回火时的组织变化，必然导致其性能的变化。从图 5-16 可见，各种碳钢在 200 ℃以下回火时，硬度变化不大，仍保持淬火马氏体的高硬度。但共析钢、过共析钢的硬度略有升高，这是因为它们析出的 ε 碳化物数量较多，弥散强化效果较大的缘故。200～300 ℃回火时，一方面由于马氏体的分解造成硬度降低，另一方面由于残余奥氏体转变为下贝氏体，造成硬度的增加，两者共同作用下使硬度降低不大。当回火温度继续升高时，钢的硬度很快下降。碳钢通常回火温度每升高 100 ℃，硬度约下降 10HRC。40 钢的机械性能随回火温度变化的规律如图 5-17所示。由图 5-17 可以看出，回火温度高于 250 ℃以后，σ_b、$\sigma_{0.2}$ 随着回火温度的升高而降低，但塑性增加，约到 600 ℃时，塑性达到最大值。而淬火钢在 250～350 ℃回火时，冲击韧度明显下降，出现脆性，这种现象称为低温回火脆性。为防止低温回火脆性，一般不在该温度范围内回火。

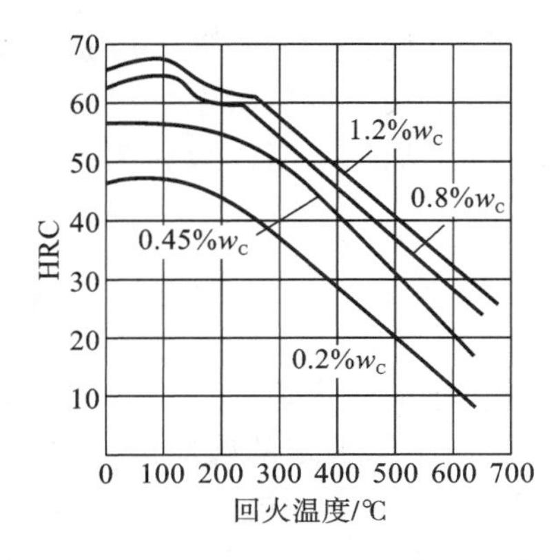

图 5-16 淬火钢回火时的硬度变化

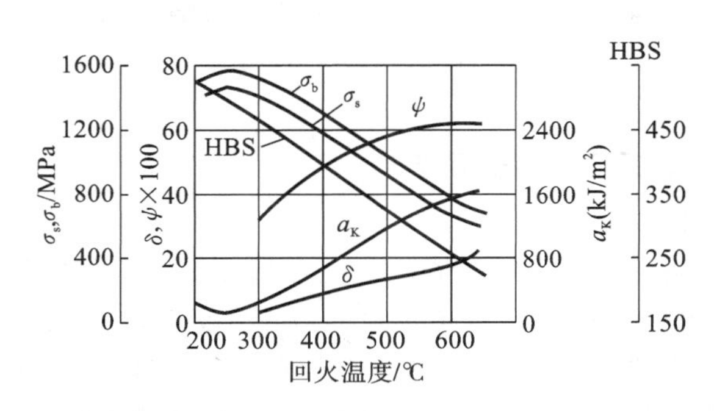

图 5-17 淬火 40 钢回火时机械性能的变化

4）回火方法及说明

根据工件的不同性能要求，按其回火温度的范围，可将回火大致分为以下三种。

（1）低温回火（150～250 ℃）。这种回火主要是为了降低淬火钢的内应力和脆性，保持淬火马氏体的高硬度和高耐磨性。常用于中高碳钢工具、冷作模具、滚动轴承、渗碳或表面淬火零件。低温回火后的组织为回火马氏体。当马氏体中的碳化物含量大于1.0%时，回火马氏体形态为片状；硬度可达58～64 HRC。而碳化物含量小于0.2%时，回火马氏体保持板条状；碳化物含量等于0.2%～1.0%时，回火马氏体为板条状或片条状。

（2）中温回火（350～500 ℃）。中温回火所得到的组织为回火屈氏体（或托氏体），硬度为35～45 HRC。中温回火后具有较高的弹性极限和屈服强度，同时有较好的韧性，故主要用于弹簧、弹簧夹头及某些强度要求较高的零件，如枪械击针、刃杆、销钉、扳手、螺丝刀等。

（3）高温回火（500～600 ℃）。高温回火所得的组织为回火索氏体，它的渗碳体颗粒比回火屈氏体粗。高温回火的钢件具有强度、塑性、韧性都较好的综合机械性能。

生产中常把"淬火＋高温回火"称为调质处理。调质处理后得到的回火索氏体组织，它的机械性能（强度、韧性）比相同硬度的正火索氏体组织好，这是因为前者的渗碳体呈颗粒状，后者为片状。调质处理后的硬度与高温回火的温度、钢的回火稳定性及工件截面尺寸有关，一般为25～35 HRC。主要用于各种重要的结构零件，特别是在交变载荷下工作的连杆、连接螺栓、齿轮及轴类零件。调质处理还可作为某些精密零件（如精密量具、模具等）的预先热处理工艺，以减少最终热处理（淬火）时的变形。

调质工序一般安排在粗加工后，精加工或半精加工前，其工艺路线为：

下料→锻造→正火（退火）→粗加工（留余量）→调质→半精加工（精加工）

淬火后要立即进行回火，未经淬火的工件回火无意义，淬火件加工路线为：

下料→锻造→正火（退火）→粗加工、半精加工（留磨量）→淬火、回火（低、中温）→磨削

5.3 钢的表面热处理及其工艺设计

有些承受交变载荷的零件工作表面要求具有高的硬度和耐磨性，而心部又要求有足够的韧性和塑性，如汽车、拖拉机的传动齿轮、凸轮轴和曲轴等，多需要采用表面热处理工艺。

5.3.1 钢的表面淬火

表面淬火是将钢件表层快速加热至奥氏体化温度，就立即予以快速冷却，使表层获得硬而耐磨的马氏体组织，而心部仍保持原来塑性和韧性较好的退火、正火或调质状态组织的一种局部淬火工艺。按其加热方式不同，可分为感应加热表面淬火、火焰加热表面淬火和激光加热表面淬火等。

1. 感应加热表面淬火

1）原理

当工件放入感应器（用空心铜管绕成，管内通入冷却水）内，感应器内通入的中频或高频电流（频率一般为50～300000 Hz）产生交变磁场，于是工件中就产生同频率的感应电流，这种感应电流的特点是，在工件截面上分布不均匀，心部的电流几乎为零，而表面电流密度极大，这种现象称为集肤效应。频率越高，电流密度越大的表面层越薄。由于钢本身具有电阻，因而集中于工件表面的电流可使表层迅速被加热，在几秒钟内即可使温度上升至800～1000 ℃，而心部

温度仍接近室温。图 5-18 表示工件与感应器的工作位置及工件截面上电流密度的分布。一旦表层温度上升至淬火加热温度，便立即喷水冷却（合金钢浸油淬火），使工件表层淬硬。

2）分类及应用特点

按照电源频率不同，可将感应加热表面淬火分为高频淬火、中频淬火和工频淬火。高频淬火的频率为 200～300 kHz，淬硬层深度为 0.5～2 mm，适用于要求淬硬层较薄的中、小型轴类及齿轮类等零件的表面淬火；中频淬火的频率为 2500～8000 Hz，淬硬层深度为 2～10 mm，适用于直径较大的轴和大、中模数齿轮等的处理；工频淬火的频率为 50 Hz，淬硬层深度可达 10～20 mm，适用于大型工件如轧辊或车轮等表面淬火。

3）应用范围

感应加热表面淬火适用于碳含量为 0.4%～0.5%的中碳结构钢或中碳低合金结构钢，如 40 钢、45 钢、40Cr、40MnB 等，也可用于高碳工具钢和铸铁件等。一般零件的淬硬层深度为半径的 1/10 左右时，可得到强度、耐疲劳性和韧性的最好配合。对于小直径（10～20 mm）零件的淬硬层深度可达半径的 1/5，而截面较大的零件则可取较浅的淬硬层深度，即小于半径的 1/10。

感应加热表面淬火件合理的工艺路线是正火（或调质）—表面淬火—低温回火，以保证表层具有较高的硬度、较小的淬火应力和脆性而其心部具有高的强韧性。

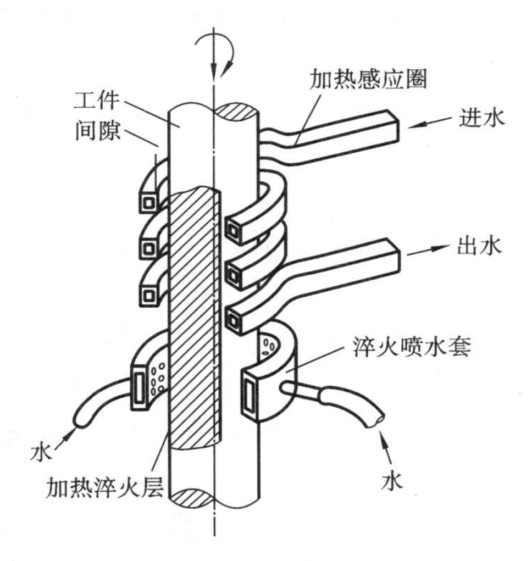

图 5-18 感应加热表面淬火示意图

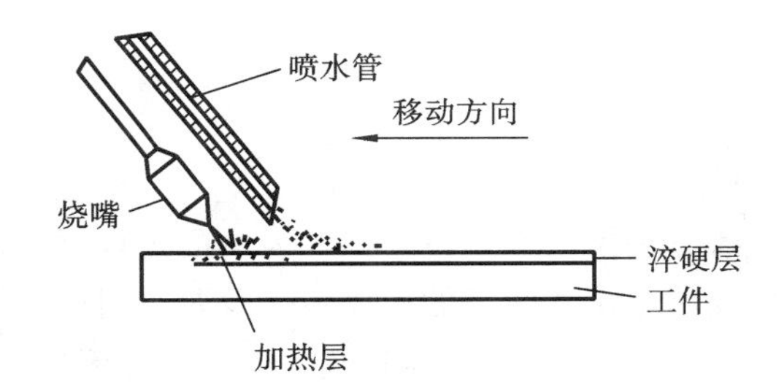

图 5-19 火焰加热表面淬火示意图

2. 火焰加热表面淬火

火焰加热表面淬火是指利用乙炔-氧火焰（最高温度 3200 ℃）或煤气-氧火焰（最高温度 2000 ℃）对工件表面进行快速加热，并随即喷水冷却的表面淬火方法，如图 5-19 所示。其淬硬层深度一般为 2～6 mm。适用于单件小批量及大型轴类、大模数齿轮等的表面淬火。火焰加热表面淬火使用设备简单、成本低、灵活性大，但温度不易控制，工件表面易过热，淬火质量不够稳定。

3. 激光加热表面淬火

激光加热表面淬火是指利用激光束扫描工件表面，使工件表面迅速加热到钢的临界点以上，当激光束离开工件表面时，由于基体金属大量吸热，使表面获得急速冷却而硬化，无须冷却介质的表面淬火方法。其淬硬层深度为 0.3～0.5 mm，淬火后可获得极细的马氏体组织，硬度高且耐磨性好。其耐磨性比普通淬火加低温回火提高 50%，能对复杂形状的工件拐角、沟槽、盲孔底部或深孔侧壁等进行硬化处理。

表面淬火工件一般的加工路线为：

下料→锻造→正火（退火）→粗加工（留余量）→调质→半精加工（留磨量）→表面淬火、低温回火→磨削

5.3.2 钢的化学热处理

化学热处理是将工件置于特定介质中加热和保温，使介质中的活性原子渗入工件表层，以改变表层化学成分和组织，从而达到使工件表层具有某些特殊机械性能或物理化学性能的一种热处理工艺。与表面淬火相比，化学热处理的主要特点是：表面层不仅有化学成分的变化，而且还有组织的变化。按照渗入元素的不同，化学热处理有渗碳、渗氮、碳氮共渗、渗硼、渗硫、渗金属等。目前，在机器制造业中最常见的化学热处理是渗碳、渗氮、碳氮共渗。

1. 渗碳

渗碳是向低碳钢或低合金钢表面渗入碳原子的过程，可以在气体介质、固体介质或液体介质中进行，渗后再进行淬火和低温回火。此热处理工艺使工件表面具有较高的硬度和耐磨性，多用于碳的质量分数一般为0.1%～0.25%，承受较大冲击载荷和严重磨损条件下工作的低碳钢和低合金工件的表面处理。

按照使用的渗剂不同，渗碳法可分为气体渗碳、固体渗碳、液体渗碳等，常用的是前两种，尤其是气体渗碳。

一般渗碳件的工艺路线为：

锻造→正火→切削加工→渗碳→淬火→低温回火→精加工

去碳切削加工→淬火+低温回火

2. 渗氮

渗氮是把氮原子渗入钢件表面的过程，俗称氮化，主要用于耐磨性和精度要求很高的精密零件或承受交变载荷的重要零件及要求耐热、耐蚀、耐磨的零件。渗氮后可显著提高零件表面硬度和耐磨性，并能提高其抗疲劳强度和耐蚀性，渗氮前需调质及精加工，为减小零件在渗氮处理中的变形，精加工后需进行消除应力的高温回火。按使用设备不同渗氮可分为气体渗氮和离子渗氮。

渗氮零件的工艺路线为：

锻造→退火→粗加工→调质处理→精加工→除应力→粗磨→渗氮→精磨或研磨

3. 碳氮共渗

气体碳氮共渗又称氰化，是碳、氮原子同时渗入工件表面的一种化学热处理工艺。它兼有渗碳和渗氮的双重作用。目前应用较广的是中温气体碳氮共渗法和低温气体氮碳共渗法。前者以渗碳为主，后者以渗氮为主。

练习与思考

一、选择题

1. 为了改善低碳钢的切削加工性，其热处理工艺一般采用（   ）。

A. 退火　　B. 淬火　　C. 正火　　D. 回火

2. 调质处理就是(　　)的热处理工艺。

A. 淬火+高温回火　　B. 淬火+中温回火

C. 淬火+低温回火　　D. 高温回火

3. 亚共析钢的淬火温度一般都在(　　)。

A. A_{c_3}+(30~50) ℃　　B. A_{c_1}+(20~50) ℃

C. $A_{c_{cm}}$+(30~50) ℃　　D. A_1+(30~50) ℃

4. 40Cr 钢的外表层进行渗氮,增加其耐磨性,在渗氮前应进行(　　)。

A. 正火　　B. 退火　　C. 调质　　D. 淬火

5. 过共析钢因过热而析出网状渗碳体组织时,可用下列哪种工艺消除(　　)。

A. 完全退火　　B. 等温退火　　C. 球化退火　　D. 正火

6. 低碳钢经渗碳后,必须进行(　　)后使用。

A. 淬火+低温回火　　B. 淬火+中温回火

C. 淬火+高温回火　　D. 等温淬火

二、简答题

1. 简述钢在加热时奥氏体化的基本过程。

2. 什么是调质处理? 调质的主要目的是什么? 钢在调质后是什么组织?

3. 何为表面淬火?

4. 用 T10 钢制造形状简单的车刀,其加工路线为:锻造→预备热处理→切削加工→最终热处理→磨加工。试写出各热处理工艺名称及作用。

模块六
金属材料

金属是指具有良好的导电性和导热性，有一定的强度和塑性，并具有表面光泽的物质，如铁、铝和铜等。金属材料是由金属元素或以金属元素为主要材料组成的并具有金属特性的工程材料，它包括纯金属和合金。

金属通常分为黑色金属和有色金属两大类。黑色金属：以铁、锰、铬或以它们为主而形成的具有金属特性的物质，它包括钢和铁；有色金属：除黑色金属以外的其他金属，如铜、铝、镁等。

在机械制造工业中，常用的金属材料如下所示：

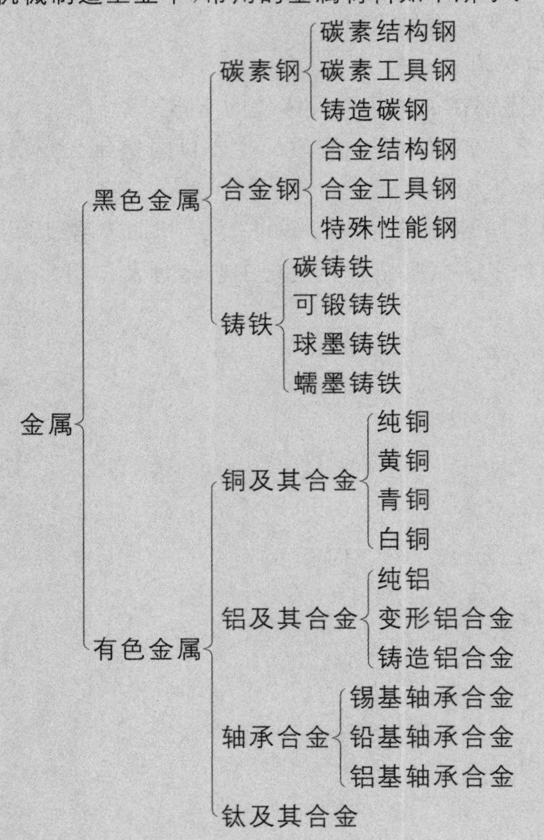

6.1 碳素钢

碳素钢即非合金钢，指含碳量大于0.0218%小于2.11%且不含有特意加入合金元素的铁碳合金。碳素钢中除铁和碳两种元素外，还含有少量杂质元素，如硅、锰、硫和磷等。由于碳素钢冶炼方法简单，容易加工，价格低廉，具有较好的力学性能和工艺性能，因此，在机械制造、交通运输等许多部门中得到广泛应用。

6.1.1 杂质元素对钢的影响

1. 硅

硅来源于铁矿石和硅铁脱氧剂。进行脱氧后残留在钢中的硅溶于铁素体形成固溶体，产生固溶强化，提高钢的强度和硬度，所以硅在碳钢中是一种有益的元素。但硅含量较多时会使得钢的塑韧性降低，所以碳钢中的硅含量通常小于0.5%，碳素镇静钢中一般控制在0.17%～0.37%之间。

2. 锰

锰主要是来源于锰铁脱氧剂，脱氧后残留在钢中的锰可溶于铁素体和渗碳体中，使钢的强度和硬度提高。锰还能与硫形成MnS，从而减轻对钢的危害。同时，锰还能增加珠光体的相对质量分数，并使珠光体细化，从而提高钢的强度。所以锰也是碳钢中的有益元素，在钢中锰的含量一般为0.25%～0.8%。

3. 硫

硫主要是由炼钢时的矿石和燃料带入钢中的杂质，难以除尽。它在钢中与铁生成化合物FeS，FeS与铁形成共晶体(Fe-FeS)，它的熔点低，约为985 ℃。当钢材加热到1000～1200 ℃进行轧制或锻造时，沿晶界分布的Fe-FeS共晶体已经熔化，各晶粒间的连接被破坏，导致钢材开裂，这种现象称为热脆。因此，S是有害元素，其含量要严格控制，碳钢的含硫量一般不得超过0.05%。

4. 磷

磷主要来源于炼钢原料铁矿石。磷部分溶解在铁素体中形成固溶体，部分在结晶时形成脆性很大的化合物(Fe_3P)，使钢在室温下(一般为100 ℃以下)的塑性和韧性急剧下降，这种现象称为冷脆。因此，磷是一种有害元素，应严格控制其含量，碳钢的含磷量一般应小于0.04%。

钢中的硫和磷是有害元素，应严格控制它们的含量。但在易切削钢中，适当地提高硫、磷的含量，增加钢的脆性，反而有利于形成崩碎切屑，从而提高切削效率和延长刀具寿命。

6.1.2 碳钢的分类

碳钢的分类方法很多，常见的分类方法如下。

1. 按钢的含碳量分类

(1) 低碳钢：0.218%$<\omega_C<$0.25%。

(2) 中碳钢：0.25%≤ω_C≤0.6%。

(3) 高碳钢：0.6%<ω_C<2.11%。

2. 按钢的质量等级分类

这种分类方法主要是根据钢中所含杂质S、P的质量分数将其分为以下几类。

(1) 普通钢：S≤0.05%，P≤0.045%

(2) 优质钢：S≤0.035%，P≤0.035%

(3) 高级优质钢：S≤0.025%，P≤0.025%

(4) 特级优质钢：S≤0.015%，P<0.025%

3. 按钢的用途分类

(1) 碳素结构钢：主要用于制造各种工程构件和机器零件，ω_C<0.7%。

(2) 碳素工具钢：主要用于制造各种刀具、量具、模具，ω_C>0.7%。

此外，按冶炼方法不同，可将钢分为平炉钢、转炉钢和电炉钢；按冶炼时脱氧程度不同，可将钢分为沸腾钢、镇静钢和半镇静钢等。

6.1.3 常用碳钢

1. 普通碳素结构钢

普通碳素结构钢含碳量在0.06%～0.38%之间，其中有害元素S≤0.05%、P≤0.045%。这类钢强度和硬度不高，但冶炼方便，产量大，价格便宜，有良好的塑性和焊接性。一般以热轧空冷状态供应，使用时一般不再进行热处理。适用于一般工程结构、桥梁、船舶和厂房等建筑结构或力学性能要求不高的机械零件(如螺钉、螺母和铆钉等)。

我国碳素结构钢标准(GB/T 700—2006)规定，普通碳素结构钢的牌号表示为："Q+屈服点数值-质量等级-脱氧程度符号"。其中Q代表屈服强度；质量等级有A(S≤0.05%、P≤0.045%)、B(S≤0.045%、P≤0.045%)、C(S≤0.040%、P≤0.040%)、D(S≤0.035%、P≤0.035%)；脱氧方法用汉语拼音字首表示："F"——沸腾钢、"b"——半镇静钢、"Z"——镇静钢、"TZ"——特殊镇静钢。例如Q235-A·F表示屈服强度R_{eL}≥235 MPa，质量等级为A级，脱氧程度为沸腾钢的碳素结构钢。

普通碳素结构钢的牌号和化学成分、力学性能与典型应用见表6-1。

2. 优质碳素结构钢

这类钢硫、磷含量均少于0.035%，有害杂质元素含量低，塑性和韧性较好，主要用于制作较重要的机械零件，常用来制作轴类、齿轮、弹簧等零件。这类钢经热处理后具有良好的综合力学性能。

优质碳素结构钢的牌号用两位数字表示钢中平均含碳量的万分之几。如45钢，表示平均ω_C=0.45%的优质碳素结构钢。钢中含锰较高(ω_{Mn}=0.70%～1.20%)时，在数字后面附以符号"Mn"，如65Mn钢，表示平均ω_C=0.65%，并含有较多锰(ω_{Mn}=0.9%～1.2%)的优质碳素结构钢。高级优质钢在数字后面加"A"；特级优质钢在数字后面加"E"；沸腾钢在数字后面加"F"；半镇静钢在数字后面加"b"。

常用优质碳素结构钢的牌号和化学成分、力学性能与应用举例见表6-2。

表 6-1 普通碳素结构钢的牌号和化学成分、力学性能与典型应用

牌号	等级	化学成分/(%)					力学性能													应用举例
		C	Mn	Si	S	P	R_{eL}/MPa						R_m/MPa	A/(%)						
							钢板厚度(直径)/mm							钢板厚度(直径)/mm						
				≤			≤16	>16~40	>40~60	>60~100	>100~150	>150		≤16	>16~40	>40~60	>60~100	>100~150	>150	
Q195	—	0.06~0.12	0.25~0.50	0.30	0.050	0.045	195	185	—	—	—	—	315~390	33	32	—	—	—	—	用于制作开口销、铆钉、垫片及载荷较小的冲压件
Q215	A	0.09~0.15	0.25~0.55	0.30	0.050	0.045	215	205	195	185	175	165	335~410	31	30	29	28	27	26	
	B				0.045															
Q235	A	0.1~0.22	0.30~0.65	0.30	0.050	0.045	235	225	215	205	195	185	375~460	26	25	24	23	22	21	用于制作后桥壳盖、内燃机支架、制动器底板、发电机机架、曲轴前挡油盘
	B	0.12~0.20	0.30~0.70		0.045															
	C	≤0.18	0.35~0.80	0.30	0.040	0.040														
	D	≤0.17			0.035	0.035														
Q275	—	0.28~0.38	0.50~0.80	0.35	0.050	0.045	275	265	255	245	235	225	490~610	20	19	18	17	16	15	用于制作拉杆、心轴、转轴、小齿轮、销、键

表 6-2　常用优质碳素结构钢的牌号和化学成分、力学性能与应用举例

牌号	化学成分/(%)			力学性能					应用举例
	C	Si	Mn	R_{eL}	R_m	A	Z	K	
				MPa		%		J	
				≥					
08F	0.05～0.11	≤0.03	0.25～0.50	75	295	5	0	—	塑性好，焊接性好，宜用来制作冲压件、焊接件及强度要求不高的机械零件和渗碳件，如一般螺钉、铆钉、垫圈等
08	0.05～0.12	0.17～0.35	0.35～0.65	95	325	3	0	_	
10F	0.07～0.14	≤0.07	0.25～0.50	85	315	3	5	_	
10	0.07～0.14	0.17～0.37	0.35～0.65	205	335	31	55	_	
15F	0.12～0.19	≤0.07	0.25～0.50	205	355	29	55	_	
15	0.12～0.19	0.17～0.37	0.35～0.65	225	375	27	55	_	
20	0.17～0.24	0.17～0.37	0.35～0.65	245	410	25	55	_	
25	0.22～0.30	0.17～0.37	0.50～0.80	275	450	23	50	88.3	
30	0.27～0.35	0.17～0.37	0.50～0.80	295	490	21	50	78.5	优良的综合力学性能，宜用来制作受力较大的机械零件，如齿轮、连杆、活塞杆、轴类零件及联轴器等零件
35	0.32～0.40	0.17～0.37	0.50～0.80	315	530	20	45	68.5	
40	0.37～0.45	0.17～0.37	0.50～0.80	335	570	19	45	58.8	
45	0.42～0.50	0.17～0.37	0.50～0.80	355	600	16	40	49	
50	0.47～0.55	0.17～0.35	0.50～0.80	375	630	14	40	39.2	
55	0.52～0.60	0.17～0.37	0.50～0.80	380	645	13	35	_	
60	0.57～0.65	0.17～0.37	0.50～0.80	400	675	12	35	—	屈服点高，弹性好，宜用来制作弹性元件（如各种螺旋弹簧、板簧等）及耐磨零件
65	0.62～0.70	0.17～0.37	0.50～0.80	410	695	10	30	—	
70	0.67～0.75	0.17～0.37	0.50～0.80	420	715	9	30	—	
75	0.72～0.80	0.17～0.37	0.50～0.80	880	1080	7	30	—	
80	0.77～0.85	0.17～0.37	0.50～0.80	930	1080	6	30	—	
85	0.82～0.90	0.17～0.37	0.50～0.80	980	1130	6	30	—	
15Mn	0.12～0.19	0.17～0.37	0.70～1.00	245	410	26	55	—	用于制作渗碳零件、受磨损零件及较大尺寸的各种弹性元件等
20Mn	0.17～0.24	0.17～0.37	0.70～1.00	275	450	24	50	—	
25Mn	0.22～0.30	0.17～0.37	0.70～1.00	295	490	22	50	88.3	
30Mn	0.27～0.19	0.17～0.37	0.70～1.00	315	540	20	45	78.5	
35Mn	0.32～0.40	0.17～0.37	0.70～1.00	335	560	18	45	68.5	
40Mn	0.37～0.45	0.17～0.37	0.70～1.00	335	590	17	45	58.7	
45Mn	0.42～0.50	0.17～0.37	0.70～1.00	375	620	15	40	49	
50Mn	0.47～0.55	0.17～0.37	0.70～1.00	390	645	13	40	39.2	
60Mn	0.57～0.65	0.17～0.37	0.70～1.00	410	695	11	35	—	
65Mn	0.62～0.70	0.17～0.37	0.90～1.20	430	735	9	30	—	
70Mn	0.67～0.75	0.17～0.37	0.90～1.20	450	785	8	30	—	

08～25 钢属于低碳钢。此类钢含碳量低，因此强度、硬度较低，塑性、韧性好，具有良好的

焊接性能和塑性变形能力，常常轧制成薄板或钢带。主要用于制造冷冲压零件、焊接结构件以及强度要求不太高的机械零件及表面硬而心部韧的渗碳零件。如各种仪表板、容器、内燃机机油盆、油箱、小轴、销子、螺钉、螺母等。

30～55 钢属于中碳钢。这类钢具有较高的强度和硬度，且切削性能良好，其塑性和韧性随含碳量的增加而逐步降低。此类钢经调质处理后可获得较好的综合力学性能。主要用来制作齿轮、连杆、轴类、套类等零件，其中 40 钢、45 钢应用广泛。

60～85 钢属于高碳钢。这类钢具有较高的强度、硬度和良好的弹性，但焊接性和冷变形塑性较差，切削性能不好。主要用来制造具有较高强度、耐磨性和弹性的零件，如弹簧、弹簧垫圈等零件。其中 65Mn 作为弹簧钢应用较多。

3. 碳素工具钢

碳素工具钢主要用于制作低速切削刀具，以及对热处理变形要求低的一般模具、低精度量具。这要求这类钢经热处理后具有较高的硬度和耐磨性，因此碳的质量分数（$\omega_C=0.65\%\sim1.35\%$）及钢的冶金质量均较高，属于优质钢或高级优质钢。但此类钢的热硬性（即在高温下保持切削所需硬度的能力）较差，热处理变形较大，一般用于制造工作温度在 200 ℃以下的低精度模具、手用工具和低速切削刀具等。

碳素工具钢的牌号用“T＋数字”表示。其中 T 代表碳素工具钢，数字表示钢中平均含碳量的千分之几。如 T10 表示平均 $\omega_C=1.0\%$的碳素工具钢。若在牌号后加字母 A，则表示为高级优质碳素工具钢，如 T12A 表示平均 $\omega_C=1.2\%$的高级优质碳素工具钢。

常用碳素工具钢的具体牌号、化学成分、力学性能及典型应用见表 6-3。

表 6-3　常用碳素工具钢的具体牌号、化学成分、力学性能及典型应用

<table>
<tr><th rowspan="2">牌号</th><th colspan="3">化学成分/(%)</th><th colspan="2">硬度</th><th rowspan="2">典型应用</th></tr>
<tr><th>C</th><th>Si</th><th>Mn</th><th>供应状态 HB
(不大于)</th><th>淬火后 HRC
(不小于)</th></tr>
<tr><td>T7
T7A</td><td>0.65～0.74</td><td rowspan="4">≤0.35</td><td rowspan="4">≤0.40</td><td>187</td><td>62</td><td>承受冲击，韧性较好、硬度适当的工具，如扁铲、手钳、大锤、螺钉旋具、木工工具等</td></tr>
<tr><td>T8
T8A</td><td>0.75～0.84</td><td>187</td><td>62</td><td>承受冲击，要求较高硬度的工具，如冲头、压缩空气工具、木工工具等</td></tr>
<tr><td>T9
T9A</td><td>0.85～0.94</td><td>192</td><td>62</td><td>韧性中等、硬度高的工具，如冲头、木工工具、凿岩工具等</td></tr>
<tr><td>T10
T10A</td><td>0.95～1.04</td><td>197</td><td>62</td><td>不受剧烈冲击，要求高硬度、高耐磨性的工具，如车刀、刨刀、丝锥、钻头、手锯条等</td></tr>
</table>

续表

牌号	化学成分/(%)			硬度		典型应用
	C	Si	Mn	供应状态 HB（不大于）	淬火后 HRC（不小于）	
T12 T12A	1.15～1.24	≤0.35	≤0.40	207	62	不受冲击，要求高硬度耐磨的工具，如锉刀、刮刀、精车刀、量具等
T13 T13A	1.25～1.35			217	62	不受冲击，要求高硬度、高耐磨性的工具，如锉刀、刮刀、精车刀、丝锥、量具，以及要求更耐磨的工具，如刮刀、剃刀等

碳素工具钢在锻、轧后进行的预备热处理为球化退火，目的是降低硬度，改善切削加工性能，并为淬火作组织准备。最终热处理：淬火＋低温回火。淬火温度约为 780 ℃，回火温度约为 180 ℃，组织为回火马氏体＋粒状渗碳体＋少量残余奥氏体。

4. 碳素铸钢

铸钢是冶炼后直接铸造成形的钢种，其成分 ω_C＝0.2%～0.6%。主要用来制作形状复杂、难以进行锻造或切削加工，且要求较高强度和韧性的零件。如变速箱壳、机车车辆的车钩和联轴器等。

碳素铸钢的牌号格式为“ZG＋数字-数字”。其中 ZG 表示铸钢，第一组数字表示最低屈服点数值，第二组数字表示最低抗拉强度数值。如 ZG270-500 表示屈服点不小于 270 MPa，抗拉强度不小于 500 MPa 的铸造碳钢。

碳素铸钢的牌号、化学成分、力学性能与典型应用见表 6-4。

表 6-4　碳素铸钢的牌号、化学成分、力学性能与典型应用

种类	牌号	化学成分/(%)				力学性能					典型应用
		C	Si	Mn	P和S	R_{eL}	R_m	A	Z	K	
						MPa		%		J	
		不大于				不小于					
一般工程用碳素铸钢	ZG200-400	0.20	0.50	0.80	0.04	200	400	25	40	30	机座和减、变速箱体
	ZG230-450	0.30	0.50	0.90	0.04	230	450	22	32	25	轴承盖、阀体、外壳、底板
	ZG270-500	0.40	0.50	0.90	0.04	270	500	18	25	22	轧钢机机架、连杆、箱体、缸体、曲轴、轴承座、飞轮
	ZG310-570	0.50	0.60	0.90	0.04	310	570	15	21	15	大齿轮、制动轮、辊子、气缸体、轮
	ZH340-640	0.60	0.60	0.90	0.04	340	640	12	18	10	齿轮、联轴器、棘轮

6.2 合金钢

碳钢具有较好的力学性能和工艺性能，并且产量大、价格低，已成为机械工程中应用最广泛的金属材料。但是，由于现代工业和科学技术的发展，对材料的力学性能、物理性能及化学性能等提出了更高的要求，于是人们向碳钢中有目的地加入某些元素，便得到了所需要的性能。这种为了改善钢的某些性能，在冶炼时有目的地向碳钢中加入一些合金元素而炼成的钢称为合金钢。常用的合金元素有硅、锰、铬、镍、钨、钼、钒、钴、铝、钛和稀土元素等。

合金钢与碳钢相比有许多优点：在相同的淬火条件下，能获得更深的淬硬层；具有良好的综合力学性能；具有良好的耐磨性、耐蚀性和耐高温性等特殊性能。但合金钢冶炼成本高，价格昂贵，焊接和热处理工艺也较复杂。即使如此，为保证使用的可靠性，重要的工程结构、机械零件、刀具、量具和模具均采用合金刚来制造。

6.2.1 合金钢基础知识

1. 合金元素在钢中的作用

1）合金元素对钢中基本相的影响

（1）形成合金铁素体。

除铅外，大多数合金元素都能溶于铁素体，形成合金铁素体。合金元素溶入铁素体后，必然引起铁素体晶格畸变，产生固溶强化，使铁素体强度、硬度提高，塑性、韧性有所下降。

由图 6-1 可见，Si、Mn 能显著提高铁素体的强度和硬度，但当 $\omega_{Si}>0.60\%$、$\omega_{Mn}>1.50\%$时，铁素体的韧性随其含量的增加而显著下降。而 Cr、Ni 两种元素的含量适当时不仅能提高铁素体的强度、硬度，同时也能提高其韧性。因此，合金钢中合金元素的含量要控制在一定范围内，才能获得较好的强化效果。

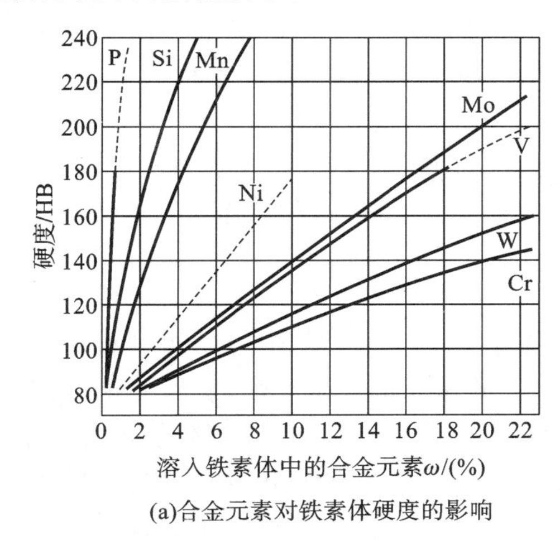

(a)合金元素对铁素体硬度的影响

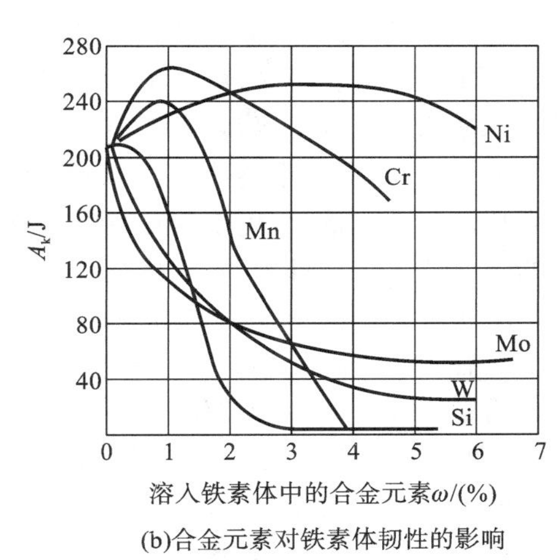

(b)合金元素对铁素体韧性的影响

图 6-1 合金元素对铁素体硬度和韧性的影响

（2）形成碳化物。

碳化物是钢中的重要相之一，碳化物的种类、数量、大小、形状及其分布对钢的性能有重要的影响。碳化物形成元素，在元素周期表中都位于铁以左的过渡族金属，越靠左，形成碳化物的倾向越强。合金元素在钢中形成的碳化物可分为两类：合金渗碳体和特殊碳化物。弱碳化物形成元素形成的合金渗碳体的熔点较低，硬度较低，稳定性较差，如$(Fe,Mn)_3C$。中强碳化物形成元素，形成合金渗碳体的熔点、硬度、耐磨性以及稳定性都比较高，如$(Fe,Cr)_3C$，$(Fe,W)_3C$。强碳化物形成元素在钢中优先形成特殊碳化物，如 VC、NbC 和 TiC 等，它们的稳定性最高，不易分解，熔点、硬度和耐磨性高，它们弥散分布在钢的基体上，能显著提高钢的强度、硬度和耐磨性。

2）合金元素对铁碳相图的影响

（1）合金元素对奥氏体相区的影响。

合金元素会使得奥氏体的单相区缩小或扩大，如图 6-2 所示。

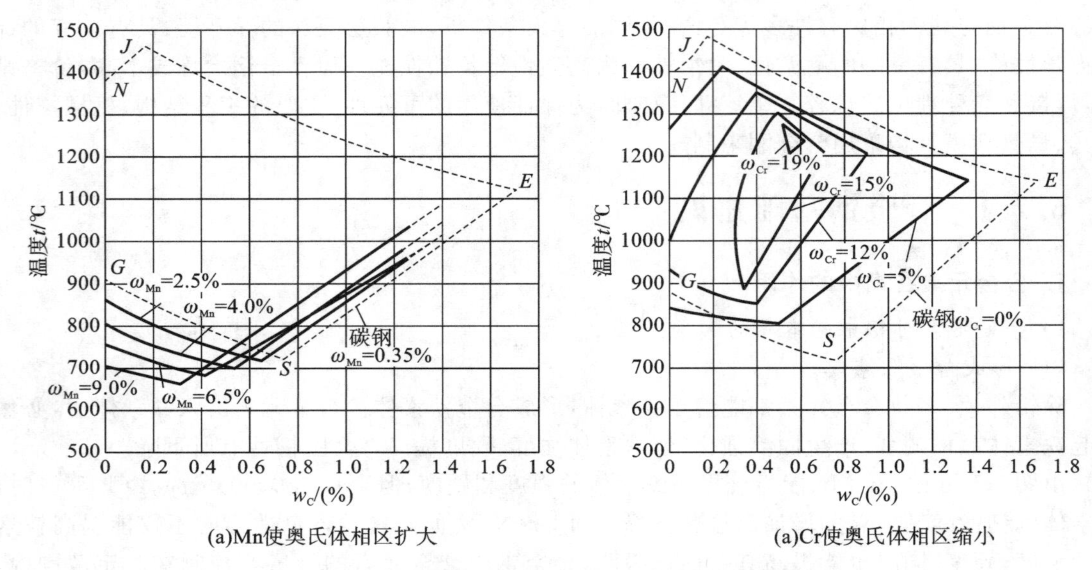

(a)Mn使奥氏体相区扩大　　(a)Cr使奥氏体相区缩小

图 6-2　合金元素对铁碳合金相图中奥氏体相区的影响

钢中加入锰、镍等元素会使奥氏体相区扩大，图 6-2(a)表示了 Mn 对奥氏体相区的影响。当加入元素超过一定含量时，可使钢在室温下获得单相奥氏体组织，这种钢称为奥氏体钢。如$\omega_{Mn}=13\%$ 的 ZGMn13 耐磨钢即为奥氏体钢。

钢中加入铬、钨等元素会使奥氏体相区缩小，图 6-2(b)表示了 Cr 对奥氏体相区的影响。当加入元素超过一定含量时，可使钢在室温下获得单相铁素体组织，这种钢称为铁素体钢。如$\omega_{Cr}=17\%$的 1Cr17 不锈钢即为铁素体钢。

（2）合金元素对 S 和 E 点的影响。

几乎所有的合金元素都会使得 S 和 E 点向左移动。S 点向左移动，意味着共析成分降低，与同样碳质量分数的亚共析碳钢相比，合金钢组织中的珠光体数量增加，从而使钢得到强化。如 $\omega_C=0.4\%$碳钢具有亚共析组织，但加入 13%的铬后(4Cr13)，因 S 点左移，使该合金钢具有过共析钢的平衡组织。E 点左移，使碳质量分数小于 2.11%的合金钢出现共晶的莱氏体组织。如在高速钢中，虽然碳质量分数只有 0.7%～0.8%，但是由于钢中含有大量的合金元素，使 E 点向左移动，因此在铸态下高速钢会出现莱氏体组织，成为莱氏体钢。由于莱氏体组织的出现，使钢变脆。

由图 6-2 可知，扩大奥氏体相区的元素会使得 S 点和 E 点向左下方移动，同时使 A_1 和 A_3 温度下降；缩小奥氏体相区的元素会使得 S 点和 E 点向左上方移动，同时使 A_1 和 A_3 温度升高。意味着合金钢热处理加热的温度也将会发生改变。

3）合金元素对钢热处理和力学性能的影响

（1）合金元素对钢加热转变的影响。

①对奥氏体形成速度的影响。

奥氏体的形核、奥氏体的长大与铁、碳及合金元素在奥氏体中的扩散速度密切相关，铬、钼、钨、钒等较强碳化物形成元素强烈阻碍了原子的扩散，所以，大大地降低了奥氏体的形成速度。奥氏体均匀化还包括合金元素的均匀化。合金元素在奥氏体中的扩散速度仅为碳的万分之一到千分之一，同时大多合金元素还将降低碳的扩散速度。因此，大多数合金元素（除镍、钴）都会减缓奥氏体化过程。

②对奥氏体晶粒大小的影响。

几乎所有的合金元素都具有抑制钢在加热时奥氏体长大的作用，达到细化晶粒的目的。强碳化物形成元素形成的碳化物，它们弥散地分布在奥氏体的晶界上，均能强烈地阻碍奥氏体晶粒长大，使合金钢在热处理后获得比碳钢更细的晶粒。

（2）合金元素对钢冷却转变的影响。

大多数合金元素（除钴外）溶解于奥氏体后，均可增加过冷奥氏体的稳定性，使C曲线右移，减小淬火临界冷却速度，从而提高钢的淬透性。非碳化物形成元素（如锰、硅、镍），仅使奥氏体等温转变图右移，而中、强碳化物形成元素（铬、钨、钼等）溶入奥氏体后，不仅使C曲线右移，而且使得其形状发生改变，如图6-3所示。

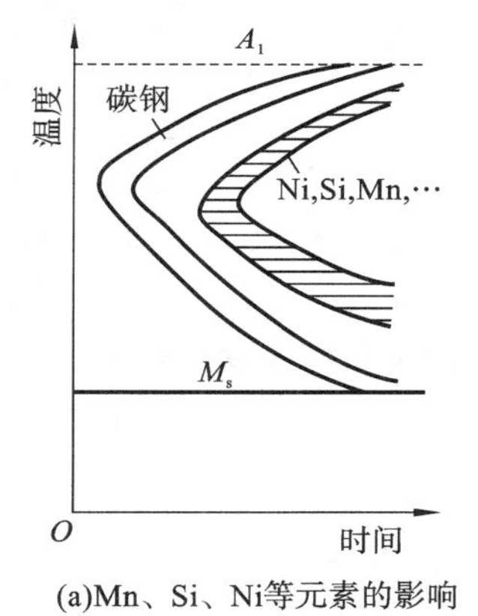

(a)Mn、Si、Ni等元素的影响

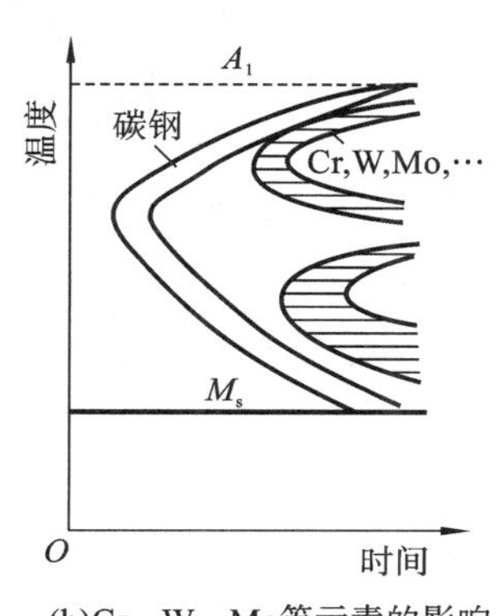

(b)Cr、W、Mo等元素的影响

图6-3　合金元素对奥氏体等温转变图的影响

往往单一合金元素对淬透性的影响没有多种合金元素联合作用效果显著，通过复合元素，采用多元少量的合金化原则，对提高钢的淬透性会更有效。

除钴、铝外，多数合金元素溶入奥氏体后均会使M_s和M_f降低，如图6-4所示。因此合金钢淬火后钢中残余奥氏体量比碳钢多。

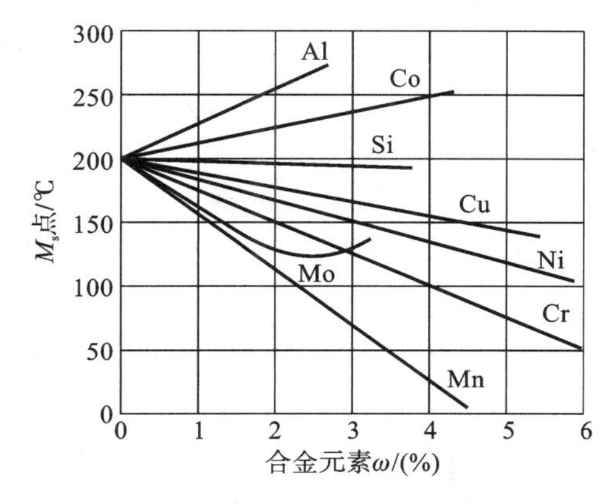

图6-4　合金元素对M_S点的影响

4）合金元素对淬火钢回火转变的影响

（1）提高回火稳定性。

淬火钢在回火时抵抗硬度下降的能力称为回火稳定性。合金钢在回火过程中，由于合金元素的阻碍作用，使马氏体不易分解，碳化物不易析出，即使析出后也难于聚集长大，从而提高了钢的回火稳定性。所以在相同温度下回火时，合金钢的强度、硬度高于碳钢；而要获得相同的回火硬度，合金钢的回火温度要比具有相同碳质量分数的碳钢要高，回火时间也较长。

（2）产生二次硬化现象。

合金钢回火时，随回火温度升高出现硬度重新升高的现象称为二次硬化。当钢中含有较多的钼、钨、钒、钛等强碳化物形成元素，在 500～600 ℃回火时，会从马氏体中析出高硬度的特殊碳化物，这些碳化物呈细小颗粒弥散分布在钢的组织中，使钢的硬度升高。其实质是产生了弥散强化的效果。图 6-5 表示了钼元素对钢的回火硬度的影响。

（3）产生第二类回火脆性。

与碳钢相似，合金钢在回火时，随着回火温度升高，韧性会升高。但是含有铬、镍、锰、硅等元素的合金钢在 450～650 ℃的温度范围内回火，并缓慢冷却时，会出现冲击韧性下降的现象，即产生了第二类回火脆性（见图 6-6）。若在回火后快速冷却，则不会出现上述现象，所以也称为可逆回火脆性。

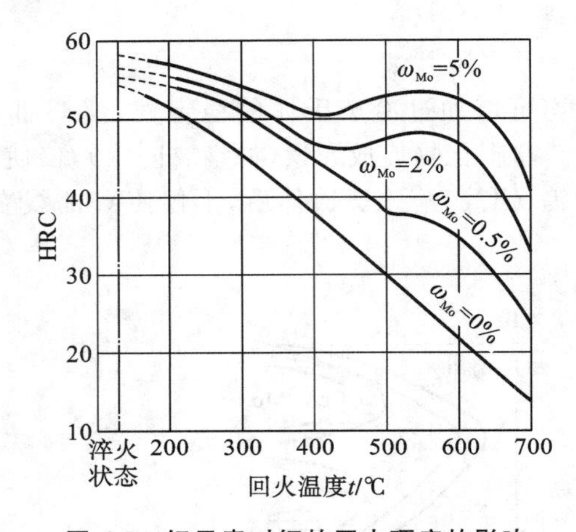

图 6-5　钼元素对钢的回火硬度的影响

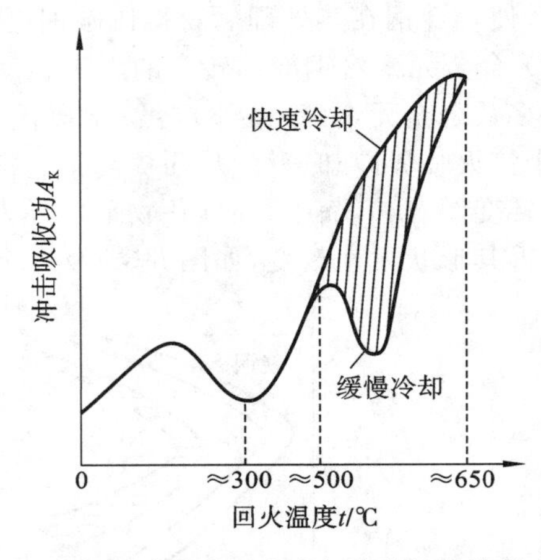

图 6-6　回火温度对合金钢冲击韧性的影响

2. 合金钢的分类

合金钢的分类方法有很多，常用的分类方法有以下两种。

1）按合金钢的用途分类

（1）合金结构钢：用于制造机械零件和工程构件的合金钢。

（2）合金工具钢：用于制造各种工具的合金钢。

（3）特殊性能钢：具有某种特殊性能的合金钢，如不锈钢、耐磨钢、耐热钢等。

2）按合金钢中合金元素总量分类

（1）低合金钢：合金元素总量低于 5％的合金钢。

（2）中合金钢：合金元素总量为 5％～10％的合金钢。

（3）低合金钢：合金元素总量高于 10％的合金钢。

3. 合金钢的牌号

国家标准规定，合金钢的牌号采用“数字＋合金元素符号＋数字”的方法表示。

1）合金结构钢

合金结构钢的牌号采用“两位数字（碳含量）＋化学元素符号＋数字”表示。前面“两位数字”表示钢的平均含碳量（万分之几），“化学元素符号”表示钢中含有的主要合金元素，其后面“数字”标明该元素的含量（百分之几）。当合金元素的平均含量小于 1.5％时，牌号中仅标明元素符号，不标注含量，如果平均含量为 1.5％～2.5％，2.5％～3.5％，3.5％～4.5％，…时，则相应地标以 2,3,4,…依此类推。如:40Cr 钢,表示平均含碳量为 0.40%,主要合金元素为铬,其含量在 1.5% 以下的合金结构钢。若合金结构钢为高级优质钢,则在牌号后加注 A;若为特级优质钢则在牌号后加注 E。

2)合金工具钢

合金工具钢的牌号和合金结构钢的区别仅在于碳含量的表示方法,它用一位数字表示平均含碳量千分之几,当碳含量≥1.0%时,不予标出,如:9CrSi 钢,表示平均含碳量为 0.90%,主要合金元素为铬和硅,其含量都在 1.5%以下的低合金工具钢。Cr12MoV 钢,表示平均含碳量≥1.0%,主要合金元素铬的平均含量为 12%,钼和钒的含量均小于 1.5%的高合金工具钢。高速钢牌号的表示方法略有不同,其含碳量≤1.0%也不予标出,合金元素及其含量的标注与合金工具钢相同。如 W18Cr4V 表示平均含碳量为 0.7%~0.8%,平均含钨量为 18%,平均含铬量为 4%,含钒量<1.5%的高速工具钢。

3)特殊性能钢

特殊性能钢的牌号表示方法与合金工具钢的表示方法基本相同。如:不锈钢 4Cr13,表示平均含碳量为 0.4%,平均含铬量为 13%的不锈钢。特殊性能钢的碳的质量分数较低,当 $\omega_C \leqslant 0.08$ 时,前面用“0”表示其碳的质量分数,如:0Cr18Ni9 表示平均含碳量<0.08%,平均含铬量为 18%,平均含镍量为 9%的不锈钢。当 $\omega_C \leqslant 0.03\%$时,用“00”表示其碳的质量分数。

4)滚动轴承钢

轴承钢的牌号表示格式为“G+Cr+数字”,G 表示“滚”字的汉语拼音字母字头,Cr 表示铬元素,“数字”表示含铬量的千分之几,其他元素含量仍按百分数表示。GCr15SiMn,表示平均含铬量为 1.5%,硅、锰含量均小于 1.5%的滚动轴承钢。

6.2.2 合金结构钢

合金结构钢是机械制造、交通运输、石油化工及建筑工程等方面应用最广、用量最大的一类合金钢。合金结构钢是在优质碳素结构钢的基础上加入一些合金元素而形成的。合金结构钢按用途可分为低合金结构钢和机械制造用钢两类。

1. 低合金结构钢

低合金结构钢是在碳素结构钢的基础上加入少量合金元素而制成的工程用钢,是一种低碳($\omega_C \leqslant 0.2\%$)、低合金钢(合金总量≤3%)。这类钢比相同含碳量的碳素结构钢的强度要高得多,并且有良好的塑性、韧性、耐蚀性和焊接性。以少量锰为主加元素,含硅量较碳素结构钢高,以提高钢的强度;并辅加某些其他合金元素(如铜、钛、钒、稀土等),以提高钢的耐蚀性和淬透性。主要用于强度要求较高的大型金属结构,如桥梁、船舶、车辆、压力容器等。图 6-7、图 6-8 所示分别为低合金高强钢建造的桥梁和国家体育馆“鸟巢”。

图 6-7 南京长江二桥

图 6-8 国家体育馆“鸟巢”

低合金结构钢大多数是在热轧、正火状态下使用，组织为铁素体＋珠光体。在强度级别较高的低合金结构钢中，也加入铬、钼、硼等元素，主要是为了提高钢的淬透性，以便在空冷条件下得到比碳素钢更高的力学性能。

低合金结构钢的牌号表示方法与碳素结构钢相同。如最常用的Q345(16Mn)表示钢的屈服点不低于345 MPa的低合金结构钢。

GB/T 1591—2008标准规定了常用低合金高强度结构钢的牌号、性能和用途，见表6-5。

表6-5　常用低合金高强度结构钢的牌号、性能和用途

		R_m/MPa	A/(%)	R_{eL}/MPa	K/J	用途举例
Q295	A B	390～570	23 23	295	— 34(20 ℃)	低、中压化工容器，低压锅炉汽包，车辆冲压件，建筑金属构件，输油管
Q345	A B C D E	470～630	21 21 22 22 22	345	— 34(20 ℃) 34(0 ℃) 34(-20 ℃) 27(-40 ℃)	各种大型船舶，铁路车辆、桥梁、管道、锅炉，压力容器，石油储罐、水轮机涡壳，超重及矿山机械，电站设备，厂房钢架等承受动载荷的各种焊接结构件。一般金属构件、零件
Q390	A B C D E	490～650	19 19 20 20 20	390	— 34(20 ℃) 34(0 ℃) 34(-20 ℃) 27(-40 ℃)	中、高压锅炉汽包，中、高压石油化工容器，大型船舶，桥梁，车辆及其他承受较高载荷的大型焊接结构件。承受动载荷的焊接结构件，如水轮机涡壳
Q420	A B C D E	520～680	18 18 19 19 19	420	— 34(20 ℃) 34(0 ℃) 34(-20 ℃) 27(-40 ℃)	大型船舶、桥梁、电站设备、起重机械、机车车辆、中压或高压锅炉及容器，以及大型焊接构件等
Q460	C D E	500～720	17 17 17	460	34(0 ℃) 34(−20 ℃) 27(−40 ℃)	可淬火加回火后用于大型挖掘机、起重运输机械，钻井平台，中温高压容器，锅炉，化工、石油高压后壁容器等

图6-9　变速齿轮

2. 合金渗碳钢

合金渗碳钢是用来制造既要有优良的耐磨性、耐疲劳性，又在承受冲击载荷的作用而有足够的韧性和足够高强度的零件，如汽车、拖拉机中的变速齿轮(见图6-9)，汽车后桥齿轮，内燃机上的凸轮轴、活塞销等。

合金渗碳钢的含碳量在0.10%～0.20%之间，以保证心部有足够高的塑性和韧性，加入铬、镍、锰、硅、硼等合金元素以提高钢的淬透性，使零件在热处理后，表层和心部都得到强化，加入钒、钛等合金元素，可以阻碍奥氏体晶粒长大，起细化晶粒作用。最常用的合金渗碳钢是 20CrMnTi。

根据合金元素含量可以分为低淬透性合金渗碳钢、中淬透性合金渗碳钢和高淬透性合金渗碳钢。常用合金渗碳钢的牌号、性能和用途见表 6-6。

合金渗碳钢的热处理工艺一般是渗碳后淬火加低温回火。

表 6-6 常用合金渗碳钢的牌号、性能和用途

<table>
<tr><th rowspan="3">种类</th><th rowspan="3">牌号</th><th colspan="4">热处理工艺</th><th colspan="5">力学性能</th><th rowspan="3">用途</th></tr>
<tr><th rowspan="2">渗碳/℃</th><th rowspan="2">第一次淬火温度/℃</th><th rowspan="2">第二次淬火温度/℃</th><th rowspan="2">回火温度/℃</th><th>R_m/MPa</th><th>R_{eL}/MPa</th><th>A/(%)</th><th>Z/(%)</th><th>K/J</th></tr>
<tr><th colspan="5">不小于</th></tr>
<tr><td rowspan="3">低淬透性</td><td>20Mn2</td><td rowspan="8">900～950</td><td>850（水、油）</td><td>—</td><td rowspan="8">200（水、空气）</td><td>785</td><td>590</td><td>10</td><td>40</td><td>47</td><td>代替 20Cr</td></tr>
<tr><td>15Cr</td><td>880（水、油）</td><td>780（水）～820（油）</td><td>490</td><td>735</td><td>11</td><td>45</td><td>55</td><td>螺钉、活塞销、凸轮等</td></tr>
<tr><td>20Cr</td><td>880（水、油）</td><td>780（水）～820（油）</td><td>838</td><td>540</td><td>10</td><td>40</td><td>47</td><td>齿轮、齿轮、轴、凸轮、活塞销</td></tr>
<tr><td rowspan="3">中淬透性</td><td>20MnMo</td><td>850（油）</td><td>—</td><td>1175</td><td>855</td><td>10</td><td>45</td><td>55</td><td>齿轮、轴套、气阀挺杆、离合器</td></tr>
<tr><td>20MnVB</td><td>880（油）</td><td>—</td><td>1080</td><td>885</td><td>10</td><td>45</td><td>55</td><td>重型机床的齿轮和轴、汽车后桥齿轮</td></tr>
<tr><td>20CrMnTi</td><td>880（油）</td><td>780（油）</td><td>1080</td><td>835</td><td>10</td><td>45</td><td>55</td><td>汽车、拖拉机上变速齿轮、传动轴</td></tr>
<tr><td rowspan="2">高淬透性</td><td>12Cr2Ni4</td><td>860（油）</td><td>780（油）</td><td>1080</td><td>835</td><td>10</td><td>50</td><td>71</td><td>重负荷下工作的齿轮、轴、凸轮轴</td></tr>
<tr><td>20Cr2Ni4</td><td>880（油）</td><td>780（油）</td><td>1175</td><td>1080</td><td>10</td><td>45</td><td>63</td><td>大型齿轮和轴，也可用作调质件</td></tr>
</table>

3. 合金调质钢

合金调质钢是指经调质后使用的钢，主要用于制作要求综合力学性能好的重要零件。如汽车后半轴、连杆、螺栓（见图 6-10）以及各种轴类零件。这类钢含碳量一般为 0.20%～0.50%，含碳量过低，硬度不足，含碳量过高，则韧性不足。

图 6-10　高强度螺栓

合金调质钢中常加入铬、锰、硅、硼等合金元素以增加钢的淬透性，并使铁素体强化并提高韧性。加入少量钼、钒、钨、钛等碳化物形成元素，可阻止奥氏体晶粒长大和提高钢的回火稳定性，进一步改善钢的性能。

合金调质钢的热处理工艺是淬火后高温回火（调质），处理后获得回火索氏体组织，使零件具有良好的综合性能。若要求零件表面有很高的耐磨性，可在调质后再进行感应淬火或渗氮。

40Cr 钢是最常用的合金调质钢，其强度比 40 钢提高 20%。常用合金调质钢的牌号、性能和用途见表 6-7。

表 6-7　常用合金调质钢的牌号、性能和用途

种类	牌号	热处理工艺				力学性能温度/℃					应用举例
		淬火		回火							
		温度/℃	介质	温度/℃	介质	R_m/MPa	R_{eL}/MPa	A/(%)	Z/(%)	K/J	
						不小于					
低淬透性	40Mn	840	水	600	水、油	590	335	15	45	47	轴、曲轴、连杆、螺栓等
	40Cr	850	油	520	水、油	980	785	9	45	47	齿轮、花键轴、后半轴连杆主轴
	45Mn2	840	油	550	水、油	885	735	10	45	47	齿轮、齿轮轴、锤杆盖、螺栓
	40MnB	850	油	550	水、油	980	785	10	45	47	汽车转向轴、半轴、蜗杆
中淬透性	40CrNi	820	油	520	水、油	980	785	10	45	55	重型机械齿轮、轴、燃气轮机叶片等
	40CrMn	840	油	550	水、油	980	835	9	45	47	高速、高载荷下工作的轴、齿轮、离合器
	35CrMo	850	油	550	水、油	980	835	12	45	63	主轴、大电机轴、曲轴等

续表

种类	牌号	热处理工艺				力学性能温度/ ℃					应用举例
		淬火		回火							
		温度/ ℃	介质	温度/℃	介质	R_m/MPa	R_{eL}/MPa	A/(%)	Z/(%)	K/J	
						不小于					
中淬透性	30CrMnSi	880	油	520	水、油	1080	885	10	45	39	高压鼓风机叶片、联轴器、砂轮轴等
	38CrMoAlA	940	水、油	640	水、油	980	835	10	50	71	磨床主轴、精密丝杠、量规、轴板
高淬透性	37CrNi3	820	油	500	水、油	1130	980	10	50	47	活塞销、凸轮轴、齿轮、重要螺栓
	25Cr2Ni4WA	850	油	550	水、油	1080	930	11	45	71	200 mm 以下要求淬透的大截面重要零件
	40CrNiMoA	850	油	600	水、油	980	835	12	55	78	重型机械中高载荷的轴类，如汽轮机轴、锻压机偏心轴等
	40CrMnMo	850	油	600	水、油	980	785	13	45	63	8t 货车的后桥半轴、齿轮轴、偏心轴等

4. 合金弹簧钢

合金弹簧钢主要用于制造各种机械和仪表中的弹簧。如：汽车上的减震板弹簧（见图6-11）、螺旋弹簧、钟表的发条、弹性挡圈等。弹簧是利用弹性变形吸收能量以缓和振动和冲击，或依靠弹性储存能量来起驱动作用。因此，制造弹簧的材料应具有高的弹性极限和屈强比、高的疲劳极限与足够的塑性和韧性。

合金弹簧钢的碳含量为 0.50%～0.70%，以保证其有较高的弹性极限、疲劳强度和良好的塑性。加入合金元素锰、硅、铬、钼、钒等主要是为了提高淬透性、抗回火稳定性和强化铁素体，经热处理后有高的弹性和屈强比，但硅易使钢脱碳和产生石墨化倾向，使疲劳强度降低。加入少量铬、钼、钒可防止脱碳，并能细化晶粒，提高屈强比、弹性极限和高温强度。

弹簧钢按加工和热处理分为以下两种。

1）热成形弹簧钢

当弹簧直径或板簧厚度大于 10 mm 时，常采用热态下成形，即将弹簧加热至比正常淬火温度高 50～80 ℃进行热卷成形，然后利用余热立即淬火、中温回火，获得回火托氏体，硬度为 40～48 HRC，具有较高的弹性极限、疲劳强度和一定的塑性与韧性。

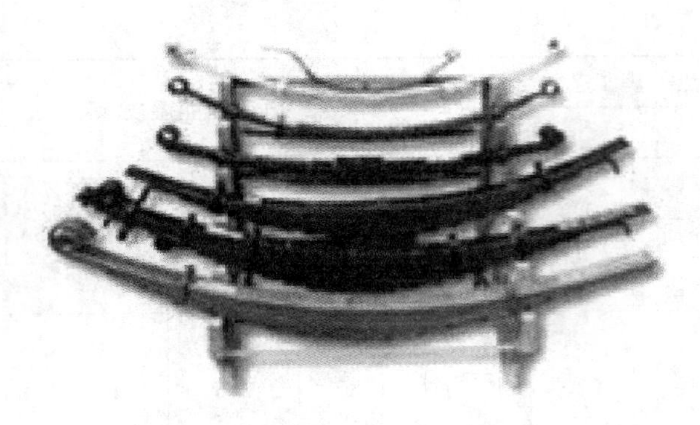

图 6-11　汽车上的减震板弹簧

2）冷成形弹簧钢

当弹簧直径或板簧厚度小于 10 mm 时，常用冷拉弹簧钢丝或弹簧钢带冷卷成形。由于弹簧钢丝在生产过程中已具备了很好的性能，所以冷绕成形后不再淬火。成形后需在 250～300 ℃退火，以消除在冷绕过程中产生的应力，并使弹簧定形。

常用合金弹簧钢的牌号、性能和用途见表 6-8。

表 6-8　常用合金弹簧钢的牌号、性能和用途

牌号	热处理		力学性能				用途
	淬火/℃	回火/℃	R_{eL}/MPa	R_m/MPa	A/(%)	Z/(%)	
65Mn	830 油	540	430	750	8	30	气阀弹簧、离合器弹簧、摇臂轴定位弹簧
60Si2Mn	870 油	480	1200	1300	5	25	汽车、拖拉机、机车上的减震板弹簧和螺旋弹簧
55SiMnVB	860 油	460	1226	1373	5	30	代替 60Si2Mn 制作汽车板弹簧和其他中等截面的板弹簧和螺旋弹簧
50CrVA	850 油	500	1150	1300	10	40	高载荷重要弹簧及工作温度小于 400 ℃的阀门弹簧、活塞弹簧等

5. 滚动轴承钢

滚动轴承钢用来制造各种滚动轴承元件（见图 6-12），如轴承内外圈、滚动体（滚珠、滚柱、滚针）。也用来制造各种工具和耐磨零件。由于滚动轴承在工作时受到交变载荷的作用，套圈和滚动体之间产生强烈摩擦。因此滚动轴承钢必须具有高接触疲劳强度、高的弹性极限、高的硬度和耐磨性，并有足够的韧性、淬透性和一定的耐蚀性。

滚动轴承钢是高碳铬钢，含碳量为0.95%～1.05%，含铬量为0.40%～1.65%。加入合金元素铬是为了提高其淬透性，并在热处理后形成均匀分布的碳化物，以提高钢的硬度、接触疲劳极限和耐磨性。制造大型轴承时，为了进一步提高淬透性，还可以加入硅、锰等元素。

图6-12 滚珠轴承

滚动轴承钢的热处理包括预备热处理和最终热处理。预备热处理是为了获得球状珠光体组织的球化退火，其目的是降低锻造后钢的硬度，便于切削加工，并为淬火作好组织上的准备。最终热处理为淬火加低温回火，其目的是获得极细的回火马氏体和细小均匀分布的碳化物组织，以提高轴承的硬度和耐磨性，硬度可达61～65 HRC。对于精密轴承，为了稳定组织和尺寸，可在淬火后进行−80～−60 ℃的冷处理，以减少残余奥氏体量，然后再进行低温回火，并在磨削加工后，进行120 ℃×(10～20)h的稳定化处理，以彻底消除内应力。

由于滚动轴承钢的化学成分及主要性能和低合金工具钢相近，故一般工厂常用它来制造刀具、冷冲模、量具及性能要求与滚动轴承相似的耐磨零件。

目前应用最多的滚动轴承钢有：GCr15主要用于中小型滚动轴承；GCr15SiMn主要用于较大的滚动轴承。

6.2.3 合金工具钢

工具钢可分为碳素工具钢和合金工具钢两种。碳素工具钢容易加工，价格便宜。但是淬透性差，容易变形和开裂，而且当切削过程温度升高时容易软化。因此，尺寸大、精度高和形状复杂的模具、量具以及切削速度较高的刀具，都要采用合金工具钢来制造。

合金工具钢按用途可分为合金刃具钢、合金模具钢、合金量具钢。

1. 合金刃具钢

合金刃具钢主要用来制造车刀、铣刀、拉刀、钻头等各种金属切削用刀具。刃具钢要求高硬度、耐磨、高红硬性、足够的强度以及良好的塑性和韧性。

合金刃具钢分为低合金刃具钢和高速钢两种。

1）低合金刃具钢

低合金刃具钢是在碳素工具钢的基础上加入少量合金元素的钢。钢中主要加入铬、锰、硅等元素，其目的是为了提高钢的淬透性，同时还能提高钢的强度。加入钨、钒等强碳化物元素，是为了提高钢的硬度和耐磨性，并防止加热时过热，保持晶粒细小。但由于合金元素加入量不大，一般工作温度不得超过300 ℃。

图6-13 板牙

低合金刃具钢的预备热处理是球化退火，最终热处理为淬火加低温回火。

最常用的低合金刃具钢是9SiCr钢、CrWMn钢和9Mn2V钢。

9SiCr钢由于加入铬和锰，使其有较高的淬透性和回火稳定性，碳化物细小均匀，红硬性可达300 ℃。因此，9SiCr适用于刀刃细薄的低速刀具，如丝锥、板牙(见图6-13)、铰刀等。

CrWMn钢的含碳量为0.90%～1.05%，铬、钨、锰同时加入，使钢具有更高的硬度和耐磨性，但红硬性不如 9SiCr。但 CrWMn 钢热处理后变形小，故称微变形钢。主要用来制造较精密的低速刀具，如拉刀、铰刀等。

常用低合金刃具钢的牌号、化学成分、热处理和用途见表 6-9。

表 6-9 常用低合金刃具钢的牌号、化学成分、热处理和用途

牌号	化学成分/(%)				热处理				应用举例
	C	Mn	Si	Cr	淬火 T/℃	淬火介质	回火 T/℃	回火后硬度/HBS	
9SiCr	0.85～0.95	0.30～0.60	1.20～1.60	0.95～1.25	820～860	油	180～200	60～62	板牙、丝锥、铰刀、冷冲模式搓丝板等
CrMn	1.30～1.50	0.45～0.75	≤0.35	1.30～1.60	840～860	油	130～140	62～65	长丝锥、拉刀、量块、塞规等
CrWMn	0.90～1.05	0.80～1.10	0.15～0.35	0.90～1.20	820～840	油	140～160	62～65	用作淬火后变形小的刀具和量具，如长铰刀、拉刀、长丝锥、冷冲模、量块等
9Mn2V	0.85～0.95	1.70～2.00	≤0.40		780～820	油	150～200	60～62	丝锥、板牙、样板、量具、中小型模具等

2）高速钢

主要用于制造高速切削工具（如车刀、钻头、铣刀等）的钢称为高速钢，又称锋钢。高速钢是一种含有钨、钒、铬、钼等多种元素的高碳高合金刃具钢。高速钢的碳含量一般大于 0.70%，最高可达 1.5%左右。钢中较多的碳和大量的钨、铬、钒、钼等碳化物形成元素，形成大量的合金碳化物，使高速钢具有高的硬度和耐磨性。这些碳化物较稳定，回火时要在 550 ℃以上才发生显著的聚集和长大，具有良好的红硬性，其工作温度高达 600 ℃。

高速钢中含有大量的钨、钼、铬、钒等合金元素，*E* 点显著右移，其铸态组织中含有大量鱼骨状的莱氏体组织，如图 6-14 所示。这种组织不能用热处理加以消除，必须进行反复锻打将其击碎，使其均匀分布。由于高速钢的淬透性很高，锻造后需进行缓慢冷却。

高速钢经高温锻造后必须进行退火处理作为预备热处理，为了缩短时间，一般采用等温退火，以降低硬度、消除应力、改善切削加工性能，且为淬火作组织上的准备。最终热处理为淬火＋三次高温回火。图 6-15 所示为 W18Cr4V 高速钢的热处理工艺曲线。

高速钢的导热性差，淬火温度又高，所以淬火加热时必须进行一次预热（800～850 ℃）或两

图 6-14　高速钢的铸态组织

次预热(500～600 ℃,800～850 ℃)。高速钢中含有大量的钨、钼、钒、铬等难熔碳化物,它们只有在 1200 ℃以上才能大量溶入奥氏体中,以保证淬火、回火后获得高的红硬性。因此高速钢的淬火加热温度高,一般为 1220～1280 ℃。高速钢常在油中淬火,淬火组织为马氏体+残余奥氏体+碳化物,此时钢的硬度尚不够高。

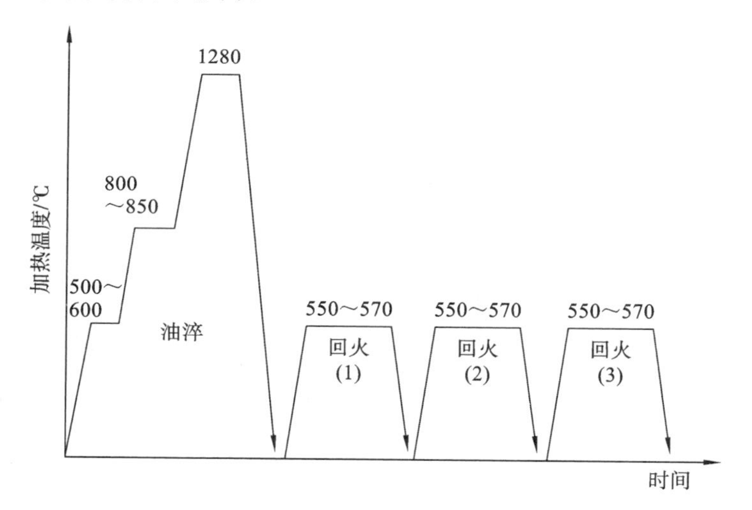

图 6-15　W18Cr4V 高速钢的热处理工艺曲线

高速钢淬火后必须在 550～570 ℃进行多次回火(一般进行三次),此时由马氏体中析出极细碳化物,并使残余奥氏体转变成回火马氏体,以进一步提高钢的硬度和耐磨性,使钢的硬度达 63～66 HRC。高速钢经淬火加回火后的组织为回火马氏体+均匀分布的细颗粒状合金碳化物+少量残余奥氏体。

常用高速钢有钨系、钨钼系和超硬系三类。钨系高速钢的典型代表是 W18Cr4V 钢,简称 18-4-1;钨钼系高速钢的典型代表是 W6Mo5Cr4V2 钢,简称 6-5-4-2。由于我国钨资源丰富,因此 W18Cr4V 钢应用最广泛。超硬系高速钢是在钨系或钨钼系高速钢中加入 Co 或 Al 而形成的高速钢,典型牌号为 W6Mo5Cr4V2Al。

GB/T 9943—2008 规定了常用高速钢的牌号、化学成分、热处理和用途,见表 6-10。

表 6-10 常用高速钢的牌号、化学成分、热处理和用途

种类	牌号	化学成分/(%)						热处理温度/℃		硬度/HRC	热硬性HRC	应用举例
		C	W	Mo	Cr	V	Co或Al	淬火	回火	回火后HRC≥		
钨系	W18Cr4V	0.73~0.83	17.20~18.70	—	3.80~4.50	1.00~1.20	—	1250~1280	550~570	63	61.5~62	制造一般高速切削刀具，如车刀、刨刀、钻刀、铣刀、丝锥、板牙等
钨钼系	W6Mo5Cr4V2	0.80~0.90	5.55~6.75	4.50~5.50	3.80~4.40	1.753~2.20	—	1200~1230	540~560	64	60~61	制造耐磨性和韧性配合得很好的高速切削刀具，如丝锥、钻头等
钨钼系	W6Mo5Cr4V3	1.15~1.25	5.90~6.70	4.70~5.20	3.80~4.50	2.70~3.20	—	1190~1220	540~560	54	64	制造耐磨性、韧性和红硬性较高，形状复杂的刀具，如铣刀、车刀等
超硬系	W6Mo5Cr4V2Al	1.05~1.15	5.50~6.75	4.50~5.50	3.80~4.50	1.75~2.20	Al0.80~1.30	1200~1220	550~570	66	65.5~67.5	可切削难加工的超高强度钢和耐热合金钢
超硬系	W6Mo5 Cr4V3Co8	1.23~1.33	5.90~6.70	4.70~5.30	3.80~4.50	2.70~3.20	Co8.00~8.80	1220~1260	540~590	64	64	制造形状简单但面积较大的刀具，如直径大于15mm的钻头、特种车刀

2. 合金模具钢

合金模具钢按使用条件不同分为冷作模具钢、热作模具钢和塑料模具钢。

1）冷作模具钢

冷作模具钢用于制造在冷态下分离和成型的模具，如冷冲模、冷镦模、冷挤压模。这类模具工作时，要求有较高的硬度和耐磨性，足够的强度和韧性。大型模具用钢还应具有良好的淬透性、热处理变形小等性能。冷作模具钢的含碳量高，一般含碳量≥1.0%，有时高达2.0%，其目的是为了获得较高的硬度和耐磨性。加入合金元素铬、钼、钨、钒等，目的是提高耐磨性、淬透性和耐回火稳定性。

冷作模具钢最终热处理一般为淬火加低温回火。回火后组织为回火马氏体＋未溶碳化物＋少量残余奥氏体，硬度达60～62 HRC。

目前应用较广的是Cr12型钢，如Cr12MoV钢、Cr12钢等。Cr12MoV钢具有很高的硬度和耐磨性、较高的强度和韧性、热处理变形小等特点。主要用于制造截面较大、形状复杂的冷作模具。常用冷作模具钢的牌号、成分、热处理及用途见表6-11。

2）热作模具钢

热作模具钢是用来制造使金属在高温下成型的模具。如热锻模、热挤压模、压铸模等。热作模具是在高温下工作，承受很大的冲击力，因此要求热作模具钢具有高的热强性和红硬性、高温耐磨性和高的抗氧化性，以及较高的抗热疲劳性和导热性。

热作模具钢一般采用中碳(含碳量为0.30%～0.60%)合金钢制成。含碳量太高会使韧性下降，导热性变差，含碳量太低则不能保证钢的强度和硬度。加入合金元素铬、镍、锰、硅等的目的是为了强化钢的基体和提高钢的淬透性，加入钼、钨、钒等是为了提高钢的回火稳定性和耐磨性。

热作模具钢的最终热处理是淬火加中温回火(高温回火)，以保证其有足够的韧性。

目前常采用5CrMnMo和5CrNiMo钢制作热锻模，采用3Cr2W8V钢制作挤压模和压铸模。常用热作模具钢的牌号、成分、热处理及用途见表6-12。

3）塑料模具钢

塑料模具钢是指制造塑料模具用的钢种。因塑料制品的强度、硬度和熔点比钢低，所以塑料模具失效形式是表面质量的下降。由塑料模具工作特点可知，塑料模具钢应具备以下性能：

(1) 良好的加工性能，容易蚀刻出各种图案、文字和符号，且清晰、美观；

(2) 良好的抛光性，抛光时应容易使模具表面达到高镜面度；

(3) 良好的热处理性能，热处理后表面硬度应达到45 HRC以上，要求热处理变形小，变形方向性小；

(4) 良好的焊接性能，应易于对模具进行补焊，保证补焊质量，补焊后应能顺利进行切削加工；

(5) 良好的耐磨性，足够的强度和韧性。还具有良好的耐蚀性和表面易于装饰处理的性能。

一般中小型且形状不复杂的塑料模具，可用T7A、T8A、12CrMo、CrWMn、20Cr、40Cr等。这些模具钢很难全面具备上述性能要求，因此我国发展了自己的塑料模具钢系列。

表 6-11　用冷作模具钢的牌号、成分、热处理及用途

牌号	化学成分[质量分数/(%)]									交货状态（正火）HBW	热处理		应用举例
	C	Si	Mn	Cr	W	Mo	V	P	S		淬火温度/℃	硬度/HRC	
Cr12	2.00～2.30	≤0.40	≤0.40	11.5～13.0	—	—	—	—	—	207～255	900～1000(油)	58～64	用于制作耐磨性高，尺寸较大的模具，如冲模、冲头等
Cr12MoV	1.45～1.70	≤0.40	≤0.40	11.0～12.50	—	0.40～0.60	0.15～0.30	≤0.03	≤0.03	207～255	1020～1130(油)	55～63	用于制作截面较大、形状复杂、工作条件繁重下的各种冷作模具
CrWMn	0.90～1.05	≤0.40	0.80～1.10	0.90～1.20	1.20～1.60	—	—	≤0.03	≤0.03	207～255	800～830(油)	60～63	用于制作淬火要求变形很小、长而形状复杂的切削刀具，如拉刀
9Mn2V	0.85～0.95	≤0.40	1.70～2.00	—	—	—	0.10～0.25	≤0.03	≤0.03	退火≤269	780～820(油)	60～62	用于制作滚丝模、冲模、塑料模等

表 6-12 常用热作模具钢的牌号、成分、热处理及用途

牌号	化学成分[质量分数/(%)]									交货状态(退火)HBW	热处理	应用举例
	C	Si	Mn	Cr	W	Mo	V	P	S		淬火温度/℃	
5CrMnMo	0.50～0.60	0.25～0.60	1.20～1.60	0.60～0.90	—	0.15～0.30	—	≤0.03	≤0.03	197～241	830～850(油)	用于制作中型热锻模
5CrNiMo	0.50～0.60	≤0.40	0.50～0.80	0.50～0.80	—	0.15～0.30	—	≤0.03	≤0.03	197～241	840～860(油)	用于制作形状复杂、承受冲击载荷的各种大、中型热锻模
3Cr2W8V	0.30～0.40	≤0.40	≤0.40	2.20～2.70	7.50～9.00	—	0.20～0.50	≤0.03	≤0.03	207～255	1055～1150(油)	用于制作压铸模、平锻机上的凸模和凹模等
4Cr5W2VSi	0.32～0.42	0.80～1.20	≤0.40	4.50～5.50	1.60～2.40	—	0.60～1.00	≤0.03	≤0.03	≤269	1030～1050(油)	用于制作高速锤用模具和冲头、热挤压用模具等
4Cr5MoSiV	0.32～0.42	0.80～1.20	≤0.40	4.50～5.50	—	1.00～1.50	0.30～0.50	≤0.03	≤0.03	≤229	1000～1025(油)	用于制作铝合金压铸模、热挤压模、锻模等

3. 合金量具钢

合金量具钢主要用于制造测量零件尺寸的各种量具，如游标卡尺、千分尺、螺旋测微仪、块规、塞规等(见图 6-16)。由于量具在使用过程中经常与被测零件接触，易受到磨损或碰撞；量具本身应具有非常高的尺寸精度和恒定性。因此，要求量具有高的硬度、耐磨性、尺寸稳定性和足够的韧性。同时还要求有良好的磨削加工性，以便达到很低的表面粗糙度要求。

量具钢含碳量高，一般含碳量在 0.90%～1.5%之间，以保证较高的硬度和耐磨性；加入铬、钨、锰等合金元素，以形成合金碳化物，提高钢的淬透性和耐磨性，减少淬火变形及内应力，提高马氏体的稳定性，从而获得较高的尺寸稳定性。

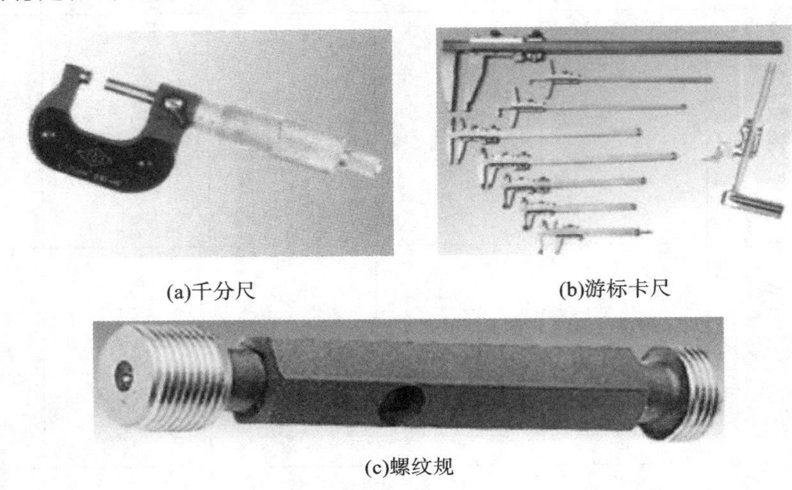

(a)千分尺　(b)游标卡尺

(c)螺纹规

图 6-16　合金量具钢应用举例

量具钢的预先热处理是球化退火，最终热处理是淬火＋低温回火。为了提高量具尺寸的稳定性，对精密量具在淬火后应立即进行冷处理，然后在 150～160 ℃下低温回火；低温回火后还应进行一次人工时效，尽量使淬火组织转变为较稳定的回火马氏体并消除淬火应力。量具精磨后要在 120 ℃下人工时效 2～3 h，以消除磨削应力。

常用量具钢目前没有专用钢种，对一般要求的量具，可用碳素工具钢、合金工具钢和滚动轴承钢制造；对于精度要求较高的量具，均采用微变形合金工具钢 CrMn、CrWMn 等制成。

6.2.4　特殊性能钢

用于制造在特殊工作条件或特殊环境下工作，具有特殊性能要求的机械零件的钢材，称为特殊性能钢。工程中常用的特殊性能钢有不锈钢、耐热钢、耐磨钢等。

1. 不锈钢

不锈钢是具有抵抗大气或某些化学介质腐蚀作用的合金钢。按其组织不同分为以下三类。

1）铁素体不锈钢

铁素体不锈钢的含碳量小于 0.15%，铬含量在 16%～18%，加热时组织无明显变化，为单相铁素体组织，故不能用热处理强化，通常在退火状态下使用。这类钢耐蚀性、高温抗氧化性、塑性和焊接性好，但强度低，主要用于制作化工设备的容器和管道等，图 6-17 所示为铁素体不锈钢硝酸生产装置。常用牌号为 1Cr17 钢等。

2）马氏体不锈钢

马氏体不锈钢的含碳量为 0.10%～0.40%，随含碳量增加，钢的强度、硬度和耐磨性提高，

图 6-17 铁素体不锈钢硝酸生产装置

但耐蚀性下降。钢中铬的含量在 12%～14%。这类钢在大气、水蒸气、海水、氧化性酸等氧化性介质中有较好的耐蚀性。经淬火加低温回火，可获得回火马氏体组织，硬度可达 50 HRC 左右，具有较高的硬度和耐磨性，用于制造要求力学性能较高，并具有一定耐蚀性的零件，如医疗器械（见图 6-18）、量具、轴承、阀门等。常用牌号有 1Cr13、3Cr13 钢等。

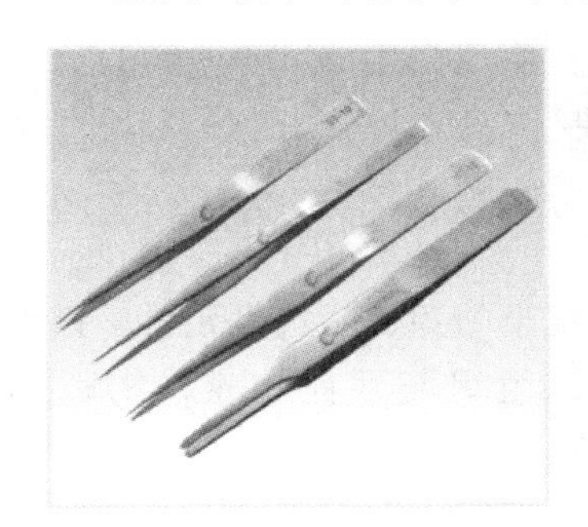

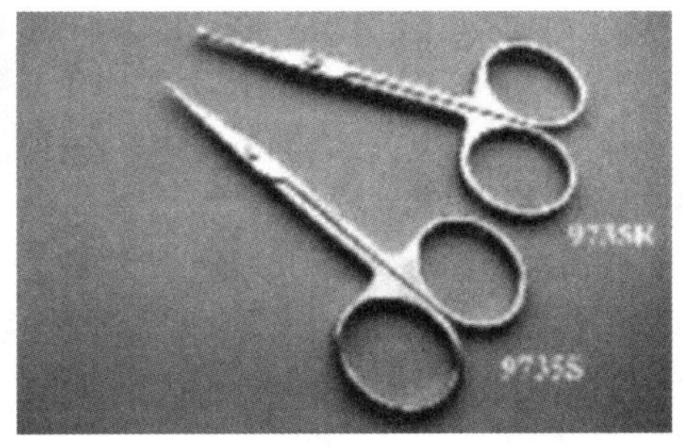

图 6-18 马氏体不锈钢医疗器械

3）奥氏体不锈钢

奥氏体不锈钢含碳量低，含铬量为 17%～19%，含镍量为 8%～11%，是目前应用最广泛的不锈钢，典型的奥氏体不锈钢称为 18-8 型。加入镍扩大了奥氏体相区，可使钢在室温下呈单相奥氏体组织。铬、镍使钢有好的耐蚀性和耐热性、较高的塑性和韧性。加入钛可以有效防止钢产生晶间腐蚀。

为得到单一的奥氏体组织，提高耐蚀性，应采用固溶处理方式，即将钢加热到 1050～1150 ℃，使碳化物全部溶于奥氏体中，然后水淬快冷至室温，得到单相奥氏体组织。经固溶处理后的钢具有高的耐蚀性，好的塑性和韧性，但强度低。为了提高其强度，可以通过冷变形强化方法得以实现。

常用的奥氏体不锈钢的牌号主要有 0Cr18Ni9、1Cr18Ni9、2Cr18Ni9，0Cr19Ni9Ti、1Cr19Ni9Ti 等。奥氏体不锈钢主要用于制造在强腐蚀介质中工作的各种设备和零件，如食品设备（见如图 6-19）、化工容器、管道等。此外，由于奥氏体不锈钢没有磁性，还可用于制造仪表、仪器中的防磁零件。

2. 耐热钢

耐热钢是指具有高温抗氧化性和热强性的钢。高温抗氧化性是金属材料在高温下对氧化作用的抗力，为提高钢的抗氧化能力，向钢中加入合金元素铬、硅、铝等，使其在钢的表面形成一

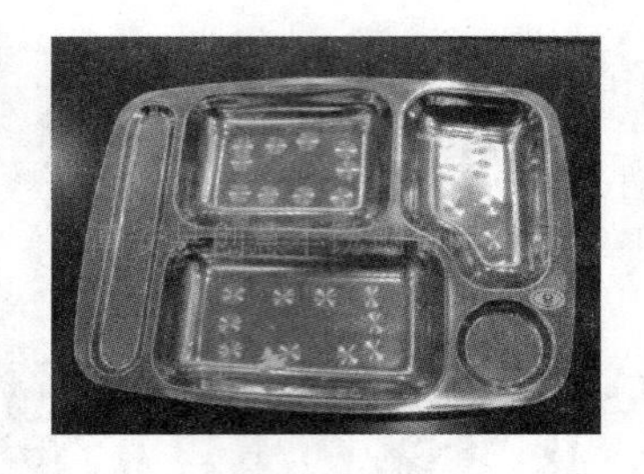

图 6-19 奥氏体不锈钢制品

层致密的氧化膜，保护金属在高温下不再继续被氧化。热强性是指钢在高温下对机械负荷作用有较高抗力。高温下金属原子间结合力减弱，强度降低，此时金属在恒定应力作用下，随时间的延长会产生缓慢的塑性变形，称此现象为“蠕变”。为提高高温强度，防止蠕变，可向钢中加入铬、钼、钨、镍等元素，以提高钢的再结晶温度，或加入钛、铌、钒、钨、铬等元素，形成稳定且均匀分布的碳化物，产生弥散强化，从而提高高温强度。

耐热钢按正火状态下组织不同分为以下四类。

1）珠光体型耐热钢

这类钢是合金元素总量小于5%的低合金耐热钢，使用温度为450～600 ℃。常用牌号有15CrMo钢、12CrMoV钢、30CrMoV钢等，主要用于制作锅炉炉管、耐热紧固件、汽轮机转子、叶轮等。

2）马氏体型耐热钢

这类钢通常是在Cr13型不锈钢的基础上加入一定量的钼、钨、钒等元素。钼钨可提高再结晶温度，钒可提高高温强度。此类钢淬火加回火后，组织与性能稳定，一般使用温度小于650 ℃。常用于制作承载较大的零件，如汽轮机叶片等。

3）奥氏体型耐热钢

这类钢含有较多的铬和镍。铬可提高钢的高温强度和抗氧化性，镍可促使其形成稳定的奥氏体组织。常用牌号有4Cr14Ni14W2Mo和0Cr18Ni11Ti，工作温度在600～800 ℃之间，钢中含有大量的合金元素，尤其含有较多Cr和Ni，其总量大大超过10%，一般进行固溶处理或固溶加时效处理。这类钢广泛应用于航空、航海、石油及化工等行业，用于制造汽轮机、燃气轮机、电炉等部件。

4）铁素体型耐热钢

这类钢含有较多的铬、铝、硅等元素，形成单相铁素体组织，有良好的抗氧化性和耐高温气体腐蚀的能力，但高温强度较低，室温脆性较大，焊接性较差。钢经退火后可制作在900 ℃以下工作的耐氧化零件，如散热器等，常用牌号有1Cr17钢等。

3. 耐磨钢

在强烈冲击和磨损条件下具有良好韧性和高耐磨性的钢称为耐磨钢。典型的耐磨钢是高锰钢，钢中的含碳量为1.0%～1.5%，含锰量为11%～14%，因此称为高锰耐磨钢。由于高锰耐磨钢板易冷作硬化，很难进行切削加工，因此大多数高锰耐磨钢件采用铸造成型。高锰耐磨钢铸态组织中存在许多碳化物，因此钢硬而脆，为改善其组织以提高韧性，将铸件加热至1000～1100 ℃，使碳化物全部溶入奥氏体中，然后水冷得到单相奥氏体组织，称此处理为“水韧处理”。铸件经“水韧处理”后，强度、硬度(180～230 HBS)不高，塑性、韧性好，工作时，若受到强烈冲击、巨大压力或摩擦，则因表面塑性变形而产生明显的冷变形强化，同时还发生奥氏体向马氏体转变，使表面硬度和耐磨性大大提高，而心部仍保持奥氏体组织和良好的韧性和塑性，有较高的抗冲击能力。

(a)铁路道岔　(b)颚式破碎机　(c)挖掘机

图 6-20　耐磨钢的典型应用

耐磨钢主要用于制造在强烈冲击载荷和严重磨损下工作的机械零件，如球磨机的衬板、挖掘机的铲斗、各种碎石机的颚板、铁道上的道岔以及坦克的履带板、主动轮和履带支承滚轮等（见图 6-20）。常用牌号有 ZGMn13-1 铸钢和 ZGMn13-2 铸钢。

6.3　铸铁

铸铁是含碳量大于 2.11％的铁碳合金。工业上常用的铸铁，含碳量一般在 2.5％～4.0％的范围内，此外还有较多硅、锰、硫、磷等杂质元素。铸铁具有良好的铸造性能，生产成本低，用途广。在一般的机械中，铸铁占机器总质量的 40％～70％，在机床和重型机械中最高达 90％。近年来，铸铁组织进一步改善，热处理对基体的强化作用也更明显，因此，铸铁日益成为物美价廉、应用广泛的结构材料。铸铁中的碳主要以渗碳体和石墨两种形式存在，根据碳存在形式的不同，铸铁可分为下列几种。

（1）白口铸铁。碳主要以渗碳体形式存在，其断口呈银白色，所以称为白口铸铁。这类铸铁既硬又脆，很难进行切削加工，所以很少直接用来制造机器零件。

（2）灰铸铁。碳大部分或全部以石墨形式存在，其断口呈暗灰色，故称为灰铸铁。它是目前工业生产中应用最广泛的一种铸铁。

（3）麻口铸铁。碳大部分以渗碳体形式存在，少部分以石墨形式存在，断口呈灰白色。这种铸铁有较大的脆性，工业上很少使用。

根据铸铁中石墨形态的不同，铸铁又可分为下列几种。

（1）灰铸铁。石墨以片状存在于铸铁中。

（2）可锻铸铁。石墨以团絮状存在于铸铁中。

（3）球墨铸铁。石墨以球状存在于铸铁中。

（4）蠕墨铸铁。石墨以蠕虫状存在于铸铁中。

6.3.1　铸铁的石墨化

1. 铸铁石墨化过程

铸铁中的石墨可以从液体中或奥氏体中直接析出，也可以先结晶出渗碳体，再由渗碳体在一定条件下分解而得到（$Fe_3C \rightarrow 3Fe + C$）。铸铁中的碳石墨（G）形态析出的过程称为石墨化。

影响石墨化的主要因素是铸铁成分和冷却速度。铸铁冷却时的石墨化过程包括三个阶段：①从液体中析出一次石墨；②由共晶反应而生成的共晶石墨；③ 由奥氏体析出二次石墨或由共析反应而生成的共析石墨，如图 6-21 所示。

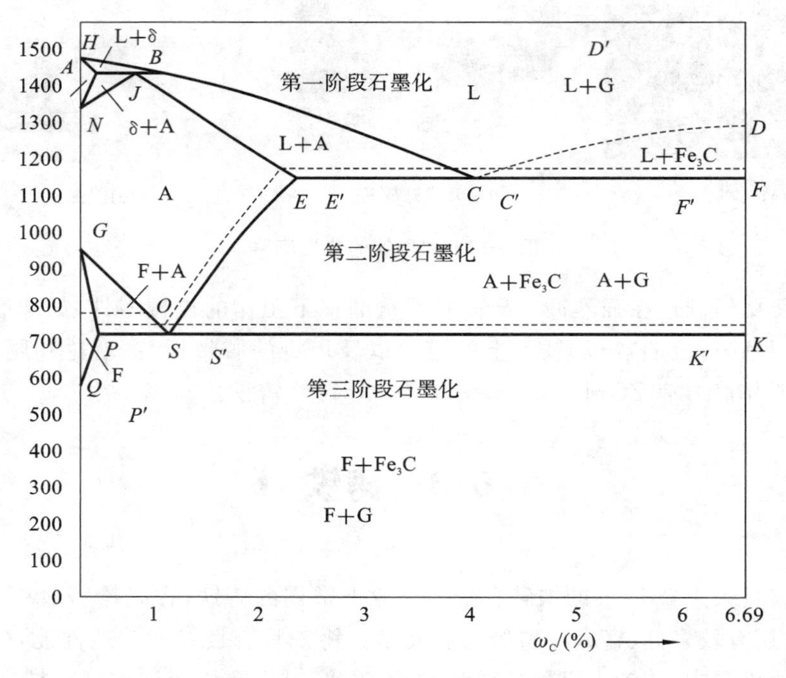

图 6-21　Fe-Fe₃C 和 Fe-C 双重相图

石墨化程度不同，得到的铸铁类型和组织亦不同，表 6-13 所示为石墨化程度不同的铸铁。

表 6-13　石墨化程度对铸铁组织形态的影响

铸铁类型	石墨化程度			显微组织	断口颜色
	第一阶段	第二阶段	第三阶段		
灰铸铁	充分进行	充分进行	充分进行	F+G	灰暗色
	充分进行	充分进行	部分进行	F+P+G	
	充分进行	充分进行	不进行	P+G	
麻口铸铁	部分进行	部分进行	不进行	L_d'+P+G	灰白相间
白口铸铁	不进行	不进行	不进行	L_d'+P+Fe_3C	银白色

2. 石墨化影响因素

1）成分的影响

铸铁中的元素按其对石墨化的作用，可以分为两大类，一类是促石墨化元素，如碳、硅、铝、镍等，其中碳和硅是强烈的促进石墨化元素。碳、硅含量高，析出的石墨量多，石墨片的尺寸粗大。适当降低碳、硅含量能使石墨细化。另一类是阻碍石墨化的元素，如铬、钨、钼、钒、锰、硫等，它们均阻碍渗碳体分解，阻碍石墨化。

2）冷却速度的影响

冷却速度对石墨化的影响也很大，当铸铁结晶时，缓慢冷却有利于扩散，石墨化过程可充分进行，结晶出的石墨又多又大；而快冷则阻碍铸铁的石墨化，促使其白口化。铸铁的冷却速度主要取决于铸件的壁厚和铸型材料。例如铸铁在砂型中冷却比在金属型中冷却慢，铸件越厚，冷却越慢，这样的铸件有利于石墨化。图 6-22 综合反映了化学成分和冷却速度对铸铁石墨化的影响。

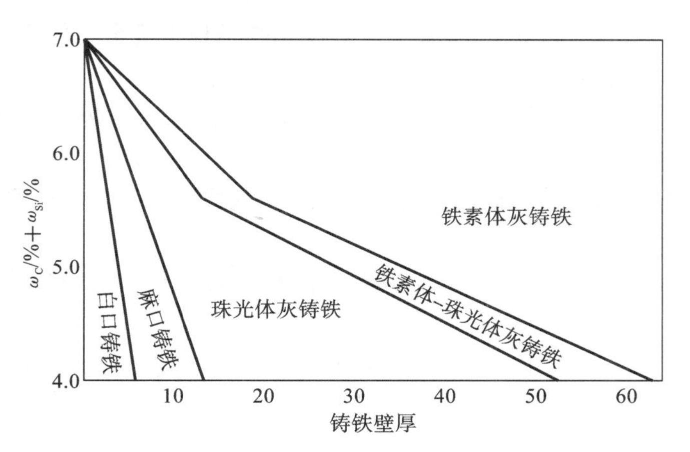

图 6-22　化学成分和冷却速度对铸铁石墨化的影响

6.3.2　常用铸铁

1. 灰铸铁

灰铸铁中的碳多以片状石墨形式存在，它是铸铁中用量最大的一种，在铸铁生产用量中，占80%以上。

1）灰铸铁的组织与性能

灰铸铁的化学成分一般为：$\omega_C=2.7\%\sim3.6\%$，$\omega_{Si}=1.0\%\sim2.2\%$，$\omega_{Mn}=0.4\%\sim1.2\%$，$\omega_S<0.15\%$，$\omega_P<0.3\%$。

灰铸铁的组织可看成是碳钢的基体加片状石墨。按基体组织不同分为铁素体灰铸铁、铁素体-珠光体灰铸铁、珠光体灰铸铁，其显微组织如图 6-23 所示。

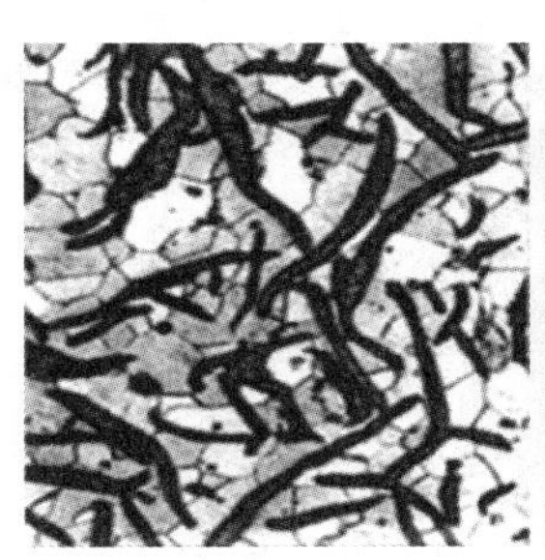
(a)铁素体基体

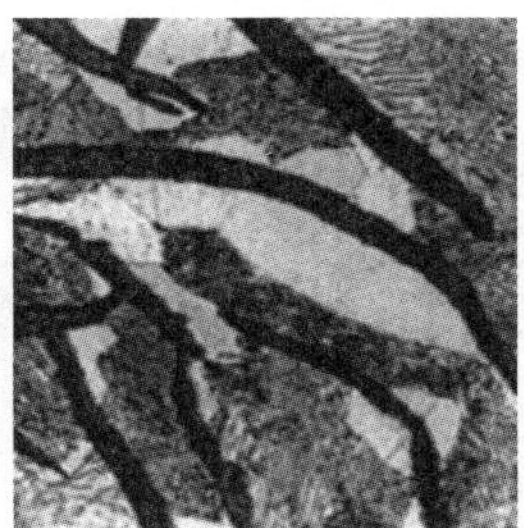
(b)铁素体-珠光体基体

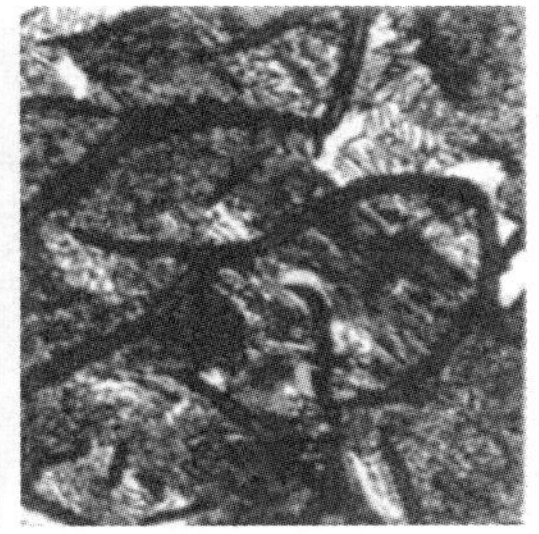
(c)珠光体基体

图 6-23　灰铸铁的显微组织

由于灰铸铁内分布着许多片状石墨，而石墨的强度很低，塑性、韧性几乎为零。它的存在，相当于在钢的基体上分布了许多细小的裂纹，割裂了基体的连续性，减小了有效承载面积，而且石墨的尖角处易产生应力集中，所以灰铸铁的强度、塑性、韧性均比同基体的钢低。石墨片数量越多，尺寸越大，分布越不均匀，灰铸铁的抗拉强度越低。灰铸铁的硬度和抗压强度与同基体的钢差不多，石墨对其影响不大。灰铸铁的抗压强度为其抗拉强度的 3～4 倍，故广泛用于制造受压构件。

石墨虽然降低了铸铁的强度、塑性和韧性，但却使铸铁获得了下列优良性能。

(1) 铸造性能好，灰铸铁熔点低、流动性好。在结晶过程中析出比体积较大的石墨，部分补偿了基体的收缩，所以收缩率较小。

(2) 良好的减振性和吸振性。石墨割裂了基体，阻止了振动的传播，并将振动能量转变为热能而消耗掉，其减振能力比钢高 10 倍左右。

(3) 良好的减摩性。石墨本身有润滑作用，石墨从基体上剥落后所形成的孔隙有吸附和储存润滑油的作用，可减少磨损。

(4) 良好的切削加工性能。片状石墨割裂了基体，使切屑易脆性断裂，且石墨有减摩作用，减小了刀具的磨损。

(5) 缺口敏感性低。铸铁中石墨的存在相当于许多微裂纹，致使外来缺口的作用相对减弱。

2) 灰铸铁的牌号及用途

灰铸铁的牌号由“HT＋数字”表示，其中：“HT” 表示“灰铁”，后边的三个数字代表最低抗拉强度值。如 HT150 表示最小抗拉强度为 150 MPa 的灰铸铁。常用灰铸铁的牌号与应用见表 6-14。

表 6-14 常用灰铸铁的牌号与应用

牌号	铸件壁厚/mm		最小抗拉强度 σ_b/Mpa	应用范围及举例
	大于	至		
HT100	2.5	10	130	适用于制造盖、外罩、手轮、支架、重锤等负载小，对摩擦、磨损无特殊要求的零件
	10	20	100	
	20	30	90	
	30	50	80	
HT150	2.5	10	175	适用于制造支柱、底座、工作台等承受中等载荷的零件
	10	20	145	
	20	30	130	
	30	50	120	
HT200	2.5	10	220	适用制造气缸、活塞、齿轮、轴承座、联轴器等承受较大负荷和较重要的零件
	10	20	195	
	20	30	170	
	30	50	160	
HT250	4	10	270	
	10	20	240	
	20	30	220	
	30	50	200	

续表

牌号	铸件壁厚/mm		最小抗拉强度 σ_b/Mpa	应用范围及举例
	大于	至		
HT300	10	20	290	适用于制造齿轮、凸轮、车床卡盘、高压液压筒和滑阀壳体等承受高负荷的零件
	20	30	250	
	30	50	230	
HT350	10	20	340	
	20	30	290	
	30	50	260	

3）灰铸铁的孕育处理

为提高灰铸铁的力学性能，生产中常采用孕育处理，即在浇注前往铁水中投加少量的硅铁、硅钙合金等作孕育剂，以获得大量的、高度弥散分布的人工晶核，使石墨片及基体组织得到细化。

经过孕育处理后的铸铁称为孕育铸铁，其强度较高，塑性和韧性有所提高。因此，孕育铸铁常用作力学性能要求较高、截面尺寸变化较大的大型铸件。

4）灰铸铁的热处理

灰铸铁可以通过热处理改变基体组织，但不能改变石墨的形态和分布，因而对提高灰铸铁的力学性能作用不大。灰铸铁的热处理常常为减小铸件内应力的去应力退火，提高表面硬度和耐磨性的表面淬火，以及消除铸件白口，降低硬度的石墨化退火。

2. 球墨铸铁

球墨铸铁是在铁水浇铸之前加入少量的球化剂（稀土镁合金）及孕育剂（硅铁），进行球化处理，得到的具有球状石墨的铸铁。

1）球墨铸铁的成分、组织与性能

球墨铸铁的化学成分一般为：$\omega_C=3.6\%\sim3.9\%$，$\omega_{Si}=2.0\%\sim2.8\%$，$\omega_{Mn}=0.6\%\sim0.8\%$，$\omega_S<0.07\%$，$\omega_P<0.1\%$。与灰铸铁相比，它的碳、硅含量较高，有利于石墨球化。

球墨铸铁按基体组织的不同分为铁素体球墨铸铁、铁素体-珠光体球墨铸铁和珠光体球墨铸铁。其显微组织如图 6-24 所示。

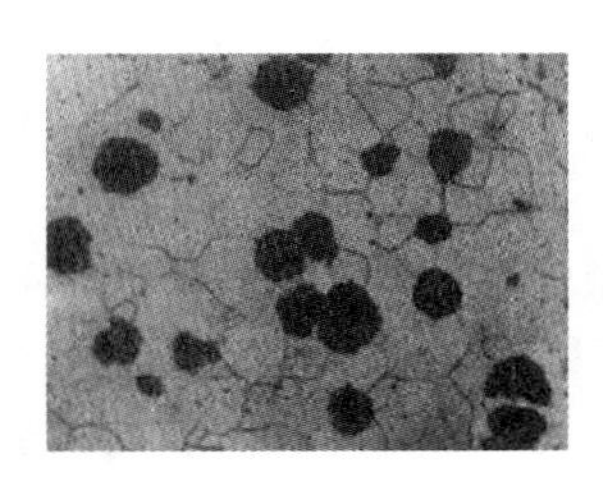

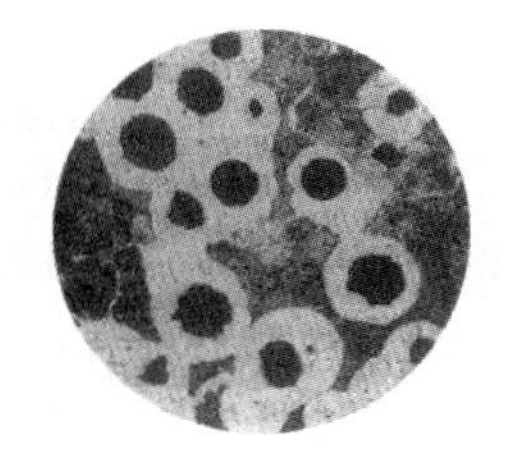

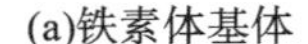

(a)铁素体基体　(b)铁素体-珠光体基体　(c)珠光体基体

图 6-24　球墨铸铁的显微组织

球墨铸铁的力学性能与基体组织和石墨的状态有关。石墨越细小、越圆整、分布越均匀，则球墨铸铁的强度、塑性、韧性越好。铁素体基体具有较高的塑韧性；珠光体基体强度、硬度和耐磨性较高。由于球墨铸铁中的石墨呈球状，其割裂基体的作用及应力集中现象大为减小，可以充分发挥金属基体的性能，它的强度和塑性超过灰铸铁，接近铸钢。

2）球墨铸铁的牌号及用途

球墨铸铁的牌号由“QT＋两组数字”表示，其中：“QT”表示球铁，两组数字分别表示其最低抗拉强度和最小伸长率。如QT450-10表示其最低抗拉强度为400 MPa，最小伸长率为18%的球墨铸铁。

图6-25　内燃机曲轴

由于球墨铸铁具有良好的力学性能和工艺性能，能通过热处理改善其力学性能。因此，球墨铸铁可以代替碳素铸钢、可锻铸铁，制造一些受力复杂，强度，硬度、韧性和耐磨性要求较高的零件，如内燃机曲轴（见图6-25）、凸轮轴、连杆等。

常用球墨铸铁的牌号、组织、力学性能见表6-15。

表6-15　常用球墨铸铁的牌号、组织、力学性能

牌号	基体组织	R_m/MPa	$R_{r0.2}$/MPa	A/(%)	硬度/HBS	基体组织
		不小于				
QT400-18	铁素体	400	250	18	130～180	铁素体
QT400-15		400	250	15	130～180	
QT450-10		450	310	10	160～210	
QT500-7	铁素体＋珠光体	500	320	7	170～230	铁素体＋珠光体
QT600-3	珠光体＋铁素体	600	370	3	190～270	珠光体＋铁素体
QT700-2	珠光体	700	420	2	225～305	珠光体
QT800-2	珠光体或回火组织	800	480	2	245～335	珠光体或回火组织
QT900-2	贝氏体或回火马氏体	900	600	2	280～360	贝氏体或回火马氏体

3）球墨铸铁的热处理

由于球状石墨对基体的割裂作用小，所以通过热处理改变球墨铸铁的基体组织，对提高其力学性能有重要作用。常用的热处理工艺有以下几种。

（1）退火。退火的主要目的是为了得到铁素体基体的球墨铸铁，以提高球墨铸铁的塑性和韧性，改善切削加工性能，消除内应力。

（2）正火。正火的目的是为了得到珠光体基体的球墨铸铁，从而提高其强度和耐磨性。

（3）调质。调质的目的是为了得到回火索氏体基体的球墨铸铁，从而获得良好的综合力学性能。

（4）等温淬火。等温淬火是为了获得下贝氏体基体的球墨铸铁，从而获得高强度、高硬度、高韧性的综合力学性能。对于一些要求综合力学性能好、形状复杂、热处理易变形开裂的重要零件，常采用等温淬火。

3．可锻铸铁

可锻铸铁是将白口铸铁通过长时间石墨化或氧化脱碳退火处理，改变其金相组织或成分而获得有较高韧性的铸铁，其石墨形态呈团絮状。

1）可锻铸铁的生产过程、化学成分及组织

可锻铸铁的生产过程是：首先浇注成白口铸铁件，然后再经石墨化退火，使渗碳体分解为团

絮状石墨，即可制成可锻铸铁。可锻铸铁的化学成分一般为：$\omega_{C}=2.2\%\sim2.8\%$，$\omega_{Si}=1.0\%\sim1.8\%$，$\omega_{Mn}=0.4\%\sim0.6\%$，$\omega_{S}<0.25\%$，$\omega_{P}<0.1\%$ 。为了保证得到白口组织，要保证退火时渗碳体分解迅速，必须严格控制铁水中的化学成分，尤其是碳和硅的含量。根据白口铸铁退火的工艺不同，可形成铁素体基体可锻铸铁和珠光体基体可锻铸铁。如图 6-26 所示，铁素体基体的可锻铸铁，因其断口心部呈灰黑色，表层呈灰白色，故又称为黑心可锻铸铁；珠光体基体的可锻铸铁称为白心可锻铸铁。

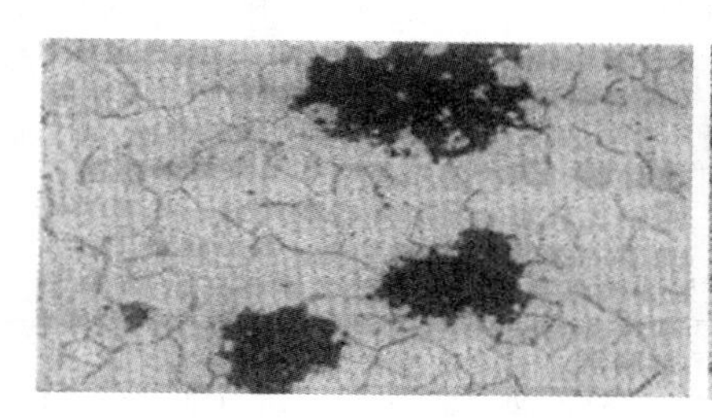

(a)黑心可锻铸铁

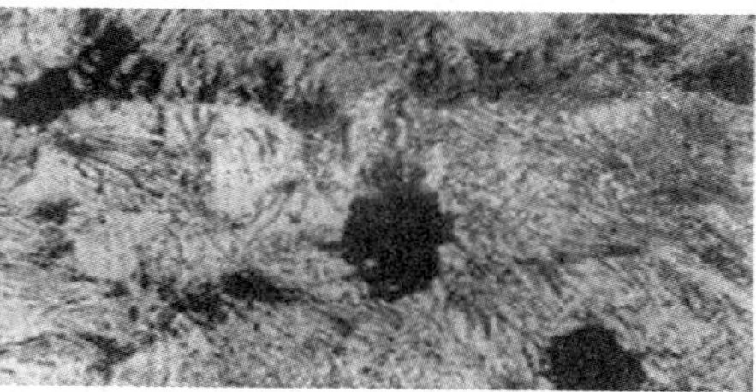

(b)白心可锻铸铁

图 6-26 可锻铸铁的显微组织

2）可锻铸铁的性能、牌号和用途

由于石墨形状的改变，减轻了石墨对基体的割裂作用。与灰铸铁相比，可锻铸铁的强度高、塑性和韧性好，但并没有达到可以锻造的地步，实际上可锻铸铁并不能进行锻造加工。与球墨铸铁相比，可锻铸铁具有质量稳定、铁液处理简单、易于组织流水线生产等优点。可锻铸铁的牌号由三个字母及两组数字组成。前面两个字母为“KT”，是可铁两字的汉语拼音的第一个字母，第三个字母代表可锻铸铁的类别。后面两组数字分别代表最低抗拉强度和最小伸长率的数值。常用可锻铸铁的牌号、性能及用途见表 6-16。

表 6-16 常用可锻铸铁的牌号、性能及用途

<table>
<tr><th rowspan="3">牌号</th><th rowspan="3">试样直径 d/mm</th><th>R_m</th><th>R_{eL}</th><th rowspan="2">A/%</th><th rowspan="3">硬度 HBS</th><th rowspan="3">应用</th></tr>
<tr><th colspan="2">MPa</th></tr>
<tr><th colspan="3">不小于</th></tr>
<tr><td>KTH300-6</td><td rowspan="8">12 或 15</td><td>300</td><td>_</td><td>6</td><td rowspan="4">≤150</td><td>适用于管道配件、中低压阀门等气密性要求高的零件</td></tr>
<tr><td>KTH30-08</td><td>330</td><td>_</td><td>8</td><td>适用于扳手、车轮壳、钢丝绳接头等承受中等动载和静载的零件</td></tr>
<tr><td>KTH350-10</td><td>350</td><td>220</td><td>10</td><td rowspan="2">适用于汽车轮壳、差速器壳、制动器等承受较高冲击、振动及扭转负荷的零件</td></tr>
<tr><td>KTH370-12</td><td>370</td><td>_</td><td>12</td></tr>
<tr><td>KTZ450-06</td><td>450</td><td>270</td><td>6</td><td>150-200</td><td rowspan="4">适用于曲轴、凸轮轴、连杆、齿轮、摇臂等承受较高载荷、耐磨损且要求有一定韧性的重要零件</td></tr>
<tr><td>KTZ550-04</td><td>550</td><td>340</td><td>4</td><td>180-230</td></tr>
<tr><td>KTZ650-02</td><td>650</td><td>430</td><td>2</td><td>210-260</td></tr>
<tr><td>KTZ700-20</td><td>700</td><td>530</td><td>2</td><td>240-290</td></tr>
</table>

可锻铸铁具有铁水处理简单、质量稳定、容易组织流水线生产、低温韧性好等优点，广泛应用于汽车、拖拉机制造行业，常用来制造形状复杂、承受冲击载荷的薄壁、中小型零件。

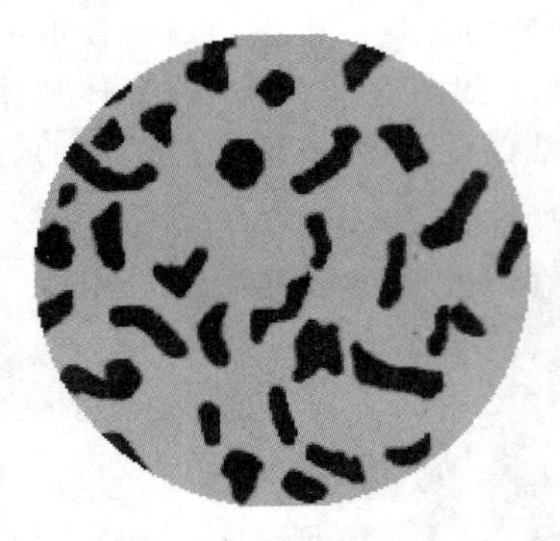
图 6-27　蠕墨铸铁显微组织

4. 蠕墨铸铁

在一定成分的铁液中加入适量的蠕化剂和孕育剂，使石墨的形态呈蠕虫状的铸铁称为蠕墨铸铁。蠕墨铸铁中的碳主要以蠕虫状石墨形态存在(见图 6-27)。其石墨的形态介于片状石墨和球状石墨之间，形状与片状石墨类似，但片短而厚，端部圆滑。因此，这种铸铁的性能介于优质灰铸铁和球墨铸铁之间。抗拉强度和疲劳强度相当于铁素体球墨铸铁，减震性、导热性、耐磨性、切削加工性和铸造性能近似于灰铸铁。

蠕墨铸铁主要应用于承受循环载荷、要求组织致密、强度要求较高、形状复杂的零件，如汽缸盖、进排气管、钢锭模和阀体等。

6.3.3　合金铸铁

合金铸铁是指常规元素高于普通铸铁规定含量或含有其他合金元素，具有较高力学性能或某些特殊性能的铸铁，如耐磨铸铁、耐热铸铁、耐蚀铸铁等。

1. 耐磨铸铁

提高铸铁耐磨的方法有许多。普通白口铸铁脆性大，不能承受冲击载荷，因此常采用激冷的方法，即在型腔中加入冷铁，使灰铸铁表面产生白口化，使硬度和耐磨性大为提高，而其心部仍保持灰口组织，从而在具有一定的韧性和强度的同时，又具有高耐磨性，使其具有“外硬内韧”的特点，可承受一定的冲击。这种因表面凝固速度快，碳全部或大部分呈化合态而形成一定深度的白口层，中心为灰口组织的铸铁称为冷硬铸铁。

在普通灰铸铁的基础上将含磷量提高到 0.5%～0.8%，就可获得高磷耐磨铸铁，具有高硬度和高耐磨性的磷共晶均匀分布在晶界处，使铸铁的耐磨性大为提高。在普通高磷耐磨铸铁的基础上，再加入 Cr、Mn、Cu、V、Ti 和 W 等元素，就构成了高磷合金铸铁，这样既细化和强化了基体组织，又进一步提高了铸铁的力学性能和耐磨性。生产上常用其制造机床导轨、汽车发动机缸套等。

我国研制的中锰耐磨球墨铸铁，铸态组织为马氏体、奥氏体、碳化物和球状石墨，这种铸铁具有较高的耐磨性和较好的强度和韧性，不需贵重合金元素，熔炼简单，成本低。这种铸铁可代替高锰钢或锻钢，制造承受冲击的一些抗磨零件。

2. 耐热铸铁

耐热铸铁具有良好的耐热性，可以代替耐热钢制造加热炉底板、坩埚、废气道、热交换器及压铸模等。

高温条件下工作的许多零件都要求具有良好的耐热性，铸铁的耐热性主要是指它在高温下抗氧化的能力。在铸铁中加入合金元素铝、硅、铬等能提高其耐热性。合金元素在铸铁表面可生成 Al_2O_3、SiO_2 和 Cr_2O_3 等保护膜，保护膜非常致密，可阻止氧原子穿透而引起铸铁内部的继续氧化；另一方面，铬可形成稳定的碳化物，含铬越多，铸铁热稳定性越好。硅、铝可提高铸铁的临界温度，促使形成单相铁素体组织，因此在高温条件下使用时，这些铸铁的组织稳定。

3. 耐蚀铸铁

耐蚀铸铁广泛应用于化工部门，用来制作管道、阀门、泵体等，即在铸铁中加入硅、铝、铬、镍、铜等合金元素，使铸铁的表面形成一层致密的保护性氧化膜，使铸铁组织成为单相基体上分布着数量较少且彼此孤立的球状石墨，提高铸铁基体组织的电极电位，从而提高其耐蚀性。

耐蚀铸铁的种类很多，如高硅、高镍、高铝、高铬等耐蚀铸铁，其中应用最广泛的是高硅耐蚀铸铁，碳含量小于1.2%，硅含量为14%～18%。为改善铸铁在碱性介质中的耐蚀性，可向铸铁中加入6.5%～8.5%的Cu；为改善铸铁在盐酸中的耐蚀性，可向铸铁中加入2.5%～4.0%的Mn；为进一步提高耐蚀性，还可向铸铁中加入微量的硼和稀土镁合金进行球化处理。

6.4 非铁合金及粉末冶金材料

除钢铁材料以外的其他金属统称为非铁合金，即有色金属。与钢铁材料相比较，非铁合金具有某些特殊性能，因而成为现代工业不可缺少的材料。非铁合金种类繁多，本节重点介绍铝及铝合金、铜及铜合金、轴承合金以及硬质合金。

6.4.1 铝及铝合金

铝是自然界中储存最丰富的金属元素之一，在工业中成为仅次于钢铁材料的一种重要工业材料，铝及铝合金具有许多优良的性能，在机械、电力、航空、航天等领域中有广泛的应用，也是日常生活用品中不可缺少的材料。

1. 工业纯铝

工业中使用的纯铝是银白色的金属，其纯度为98%～99.7%，熔点为660 ℃，密度为2.7g/cm^3。纯铝的导电性、导热性好，仅次于铜、银、金等。纯铝有良好的耐蚀性，纯铝与氧的亲和力很大，在空气中其表面生成一层致密的Al_2O_3薄膜，隔绝空气，故在大气中有良好的耐蚀性。纯铝的强度、硬度很低（σ_b=80～100 MPa、20 HBS），但塑性高（δ=50%，ψ=80%）。通过冷变形强化可提高纯铝的强度，但塑性有所下降。铝中的杂质主要是铁和硅，它们以游离或化合物等形式存在。这些杂质的存在使铝的塑性和强度下降，也使铝的耐蚀性下降，因此其含量必须加以限制。

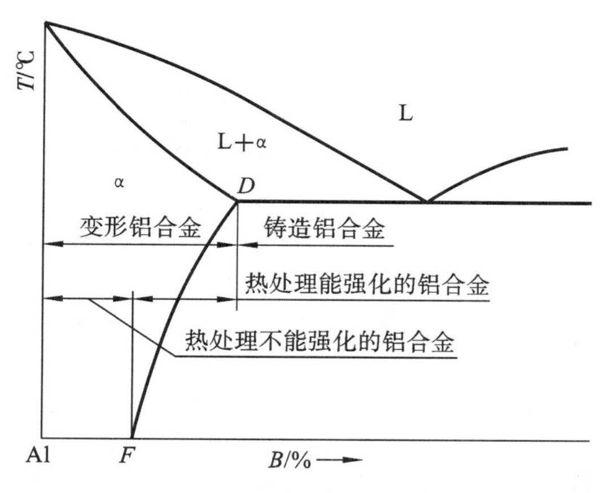

图6-28 二元铝合金相图

纯铝可代替贵重的铜，用于制作导线、电器零件、电缆。加入合金元素可制成铝合金，用来制作质轻、导热、耐腐蚀而强度要求不高的用品和器具。

2. 铝合金

纯铝的强度低，不适宜用作结构材料。为了提高其强度，一般向铝中加入适量的硅、铜、镁、锰等合金元素，形成铝合金。许多铝合金经冷变形强化或热处理，可进一步提高强度。铝合金具有密度小、耐腐蚀、导热和塑性好等性能。

1）铝合金的分类

铝合金按其成分和工艺特点不同可分为变形铝合金和铸造铝合金两大类，其合金相图如图6-28所示。

（1）变形铝合金。合金成分在 D 点以左的合金，加热时能形成单相 α 固溶体组织，合金塑性较高，适于压力加工，故称变形铝合金。变形铝合金又分为两类：成分在 F 点左边的合金，其 α 固溶体成分不随温度变化，故不能用热处理强化，称为热处理不能强化的铝合金；溶质含量在 F～D 点之间的铝合金，其 α 固溶体中溶质的含量随温度而变化，可用热处理强化，故称为热处理能强化的铝合金。

（2）铸造铝合金。溶质含量位于 D 点右边的铝合金，具有共晶组织，熔点低，流动性好，适于铸造，故称为铸造铝合金。

2）铝合金的热处理

（1）固溶强化。把溶质含量在 F～D 之间的铝合金，加热到 α 相区，保温后在水中急冷，得到过饱和的 α 固溶体，这种热处理称为固溶强化。

（2）时效强化。经固溶处理后的铝合金在室温下放置或低温加热，过饱和 α 固溶体析出强化相，从而使强度和硬度明显提高的现象，称为时效或时效强化。在室温下进行的时效称为自然时效；在加热条件下进行的时效称为人工时效。图6-29所示为成分一定的铝合金经固溶处理后的自然时效图，由图可知，自然时效在最初的一段时间内，铝合金的强度变化不大，这段时间称为“孕育期”。铝合金在孕育期内有很好的塑性，可进行各种冷变形加工，随时间的延长，铝合金才逐渐强化。

加速时效进行，可用人工时效。图6-30所示为成分一定的铝合金在不同温度下人工时效对强度的影响。由图可见，温度越高，时效强化速度越快，其强度越低。由此可见，降低温度是抑制时效的有效办法。

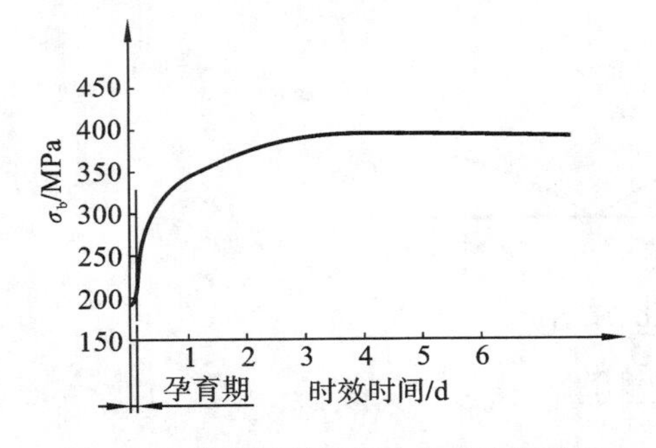

图6-29　含铜4%的铝合金自然时效图

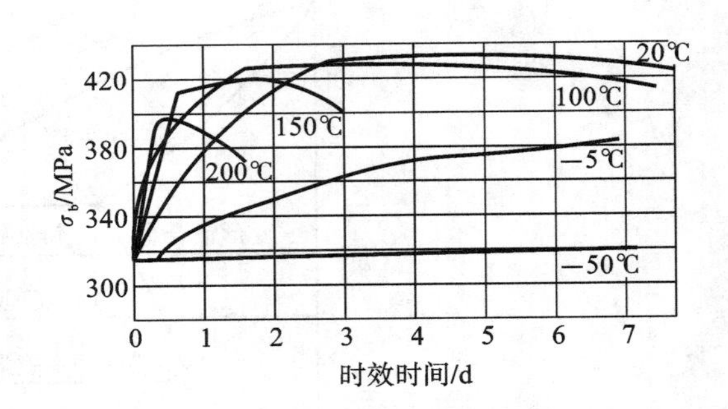

图6-30　人工时效温度对强度的影响

（3）回归现象。如果将自然时效后的合金在200～250 ℃短时间加热，然后快冷至室温，合金会重新变软，恢复到时效以前的状态，如再将其在室温中放置，仍能进行时效硬化，称这种现象为“回归现象”。回归现象的实际意义在于时效硬化的铝合金可以重新变软，以便于维修和中间加工。

3. 常用的铝合金

1）变形铝合金

变形铝合金分为防锈铝合金（LF）、硬铝合金（LY）、超硬铝合金（LC）和锻铝合金（LD）等几类。

（1）防锈铝合金。这类合金是铝锰系和铝镁系合金，不能通过热处理强化，其特点是有很好的耐蚀性，故称为防锈铝合金。这类合金还有良好的塑性和焊接性能，但强度较低，切削加工性能较差，只能通过冷变形方法进行强化。防锈铝合金主要用于制作需要弯曲或冷拉伸的高耐蚀容器，以及受力小、耐蚀的制品与结构件。常用的有 LF5、LF11、LF21 等。

（2）硬铝合金。硬铝合金是 Al-Cu-Mg 系合金，还含有少量的锰。这类合金可以通过固溶处理、时效处理显著提高强度，R_m可达成 420 MPa，故称硬铝。硬铝的耐蚀性差，尤其不耐海水腐蚀，所以硬铝合金板材的表面常包一层纯铝，以增加其耐蚀性。包铝板材在热处理后强度稍低。常用的有 LY1、LY2、LY12 等。

（3）超硬铝合金。它是 Al-Cu-Mg-Zn 系合金。这类合金经固溶处理和人工时效后，其强度比硬铝合金高，R_m可达 680 MPa，故称超硬铝合金，它是强度最高的一种铝合金。超硬铝合金的耐蚀性也较差，可用包铝法提高其耐蚀性。超硬铝合金主要用于飞机上受力较大的结构件，常用的有 LC4 和 LC6 等。

（4）锻铝合金。它是 Al-Cu-Mg-Ni-Fe 系合金。尽管添加的合金中元素种类多，但每种元素的含量都较少，它具有良好的锻造性能、铸造性能、热塑性和较高的力学性能。锻铝合金主要用于航空及仪表工业基础中形状复杂，要求强度较高、密度较小的锻件。常用的有 LD5、LD7 和 LD10 等。常用变形铝合金的类别、牌号、力学性能及应用举例见表 6-17。

表 6-17　常用变形铝合金的类别、牌号、力学性能及应用等例

<table>
<tr><th rowspan="2">类别</th><th rowspan="2">原牌号</th><th rowspan="2">新牌号</th><th colspan="2">力学性能</th><th rowspan="2">应用举例</th></tr>
<tr><th>R_m/MPa</th><th>A/(%)</th></tr>
<tr><td rowspan="6">防锈铝合金</td><td rowspan="3">LF2</td><td rowspan="3">5A02</td><td>167～226</td><td>16～18</td><td rowspan="3">适用于在液体中工作的中等温度的焊接件、冷冲压件和容器、骨架零件等</td></tr>
<tr><td>117～157</td><td>6～7</td></tr>
<tr><td>≤226</td><td>10</td></tr>
<tr><td rowspan="3">LF21</td><td rowspan="3">3A21</td><td>98～147</td><td>18～20</td><td rowspan="3">适用于要求高的可塑性和良好的焊接性、在液体或气体介质中工作的低载荷零件</td></tr>
<tr><td>108～118</td><td>12～15</td></tr>
<tr><td>≤167</td><td>_</td></tr>
<tr><td rowspan="7">硬铝合金</td><td rowspan="3">LY11</td><td rowspan="3">2A11</td><td>226～235</td><td>12</td><td rowspan="3">适用于要求中等强度的零件和构件</td></tr>
<tr><td>353～373</td><td>10～12</td></tr>
<tr><td>≤245</td><td>10</td></tr>
<tr><td rowspan="3">LY12</td><td rowspan="3">2A12</td><td>407～427</td><td>10～13</td><td rowspan="3">用量最大。适用于要求高载荷的零件和构件</td></tr>
<tr><td>255～275</td><td>8～12</td></tr>
<tr><td>≤245</td><td>10</td></tr>
<tr><td>LY8</td><td>2B11</td><td>J225</td><td>_</td><td>主要用作铆钉材料</td></tr>
</table>

续表

类别	原牌号	新牌号	力学性能		应用举例
			R_m/MPa	A/(%)	
超硬铝合金	LC3		J284	_	适用于受力结构和铆钉
	LC4 LC9	7A04 7A09	490～510	5～7	适用于飞机大梁等承力构件和高载荷零件
			≤240	10	
			490	3～6	
锻铝合金	LD5	2A50	353	12	适用于形状复杂和中等强度的锻件和冲压件
	LD7	2A70	350	8	
	LD8	1A80	441～432	8～10	
	LD10	2A14	432	5	适用于高负荷和形状简单的锻件和模锻件

2）铸造铝合金

铸造铝合金有良好的铸造性能，可浇注成各种形状复杂的铸件。常用的铸造铝合金有铝硅系、铝铜系、铝镁系和铝锌系四大类。铸造铝合金的代号用“铸铝”两字的汉语拼音字母 ZL 及后面三位数字表示。第一位数字表示铝合金的类别，其中 1 为铝硅合金、2 为铝铜合金、3 为铝镁合金、4 为铝锌合金；第二、三位数字表示顺序号，如 ZL102、ZL401 等。

（1）铝硅系铸造铝合金。它是最常用的铸造铝合金，俗称硅铝明。常用的铝硅合金含量为 4.5%～13%。这种合金有着优良的铸造性能，铸件不易发生热裂，是目前工业上最常用的铸造铝合金之一，广泛用来制造形状复杂的零件。铝硅合金抗拉强度很低，伸长率不高。为了改善铝硅合金的力学性能，可对合金进行变质处理。通过变质处理，硅晶体成为极细小的粒状，均匀分布在铝基体上，从而提高了合金的力学性能。为了进一步提高铝硅合金的强度，还可加入铜、镁等元素，通过淬火、时效以提高强度。

（2）铝铜系铸造铝合金。这是一种比较陈旧的铸造铝合金，由于合金中只含有少量的共晶体，故铸造性能不好，而耐蚀性也不及优质的硅铝明。目前大部分已由其他铝合金所代替。其中 ZL201 在室温下的强度、塑性较好，可用于制作在 300 ℃以下工作的零件；ZL202 的塑性较好，多用于高温下不受冲击的零件。

（3）铝镁系铸造铝合金。铝镁合金的强度高、密度小、耐蚀性好，但铸造性和耐热性较差。铝镁合金可进行时效强化，通常采用自然时效的方法。主要用于制造承受冲击载荷，在腐蚀性介质中的工作零件，如船舶的配件、氨用泵体等。

（4）铝锌系铸造铝合金。铝锌合金的铸造性能好，价格便宜，经变质处理和时效强化后，强度较高，但耐蚀性差，热裂倾向大。主要用于制造汽车、拖拉机的发动机零件及形状复杂的仪表零件。

6.4.2 铜及铜合金

1. 工业纯铜

工业纯铜又称紫铜，密度为 8.9g/cm^3，熔点为 1083 ℃，其导电性和导热性仅次于金和银，是最常用的导电、导热材料，具有良好的耐蚀性和塑性，但强度、硬度低，不能通过热处理强化，只能通过冷变形强化，但塑性降低。工业纯铜的纯度为 99.5%～99.9%，主要杂质元素有铅、铋、氧、硫、磷等，杂质含量越多，其导电性越好，并易产生热脆和冷脆。工业纯铜的代号用 T(铜的汉语拼音字首）及顺序号（数字）表示，共有三个代号：T1、T2、T3，其后数字越大，纯度越低。纯铜广泛用于制造电线、电缆、电刷、铜管及配制合金，不宜制造受力的结构件。

2. 铜合金

工业上广泛采用的是铜合金。常用的铜合金可分为黄铜、青铜和白铜三类。一般工业机械中常用的是黄铜、青铜，白铜用于制造精密机械与仪表的耐蚀件及电阻器、热电偶等。

1）黄铜

黄铜是锌为主加元素的铜合金。按其化学成分不同分为普通黄铜和特殊黄铜；按生产方法不同分为压力加工黄铜和铸造黄铜。

（1）普通黄铜。普通黄铜又分为单相黄铜和双相黄铜。当锌含量小于39%时，锌全部溶于铜中形成α固溶体，即单相黄铜；当锌含量大于或等于39%时，除了有α固溶体外，组织中还出现以化合物CuZn为基体的β固溶体，即α+β的双相黄铜。锌含量对黄铜力学性能的影响如图6-31所示，当锌含量小于32%时，随锌含量的增加，黄铜的强度和塑性不断提高，当锌含量达到30%～32%时，黄铜的塑性最好；当锌含量超过39%以后，由于出现了β相，强度继续升高，但塑性迅速下降；当锌含量大于45%以后，强度也开始急剧下降，生产上无实用价值。普通黄铜的牌号用“H+数字”表示，其中H为“黄”字汉语拼音的字头，数字表示平均含铜量的百分数。如H62表示铜的平均含量为62%，其余为锌的普通黄铜。普通黄铜的耐蚀性良好，与纯铜接近，超过铁、碳钢及许多合金钢。普通黄铜具有良好的压力加工性能、铸造性能，但易形成集中缩孔。

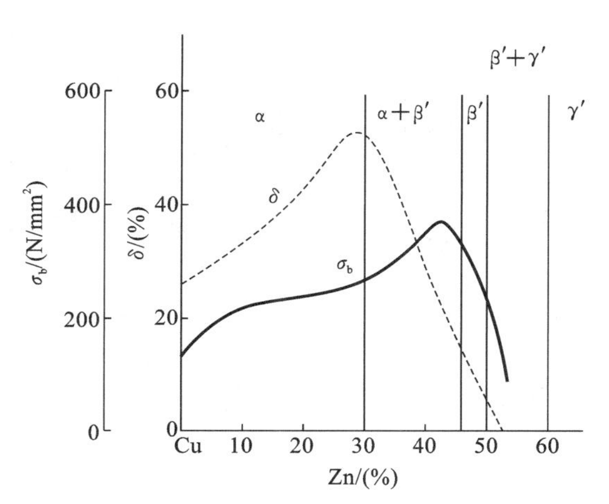

图6-31 锌含量对黄铜力学性能的影响

常用黄铜的牌号、化学成分、力学性能及用途见表6-18。

表6-18 常用黄铜的牌号、化学成分、力学性能及用途

组别	牌号	化学成分/(%)		力学性能			用途
		Cu	其他	R_m/MPa	A/(%)	HBS	
普通黄铜	H90	88.0～91.0	余量Zn	260/480	45/4	53/130	双金属片、供水和排水管
	H68	67.0～70.0	余量Zn	320/660	55/3	150	复杂的冲压件、散热器外壳体、波纹管、轴套、弹壳
	H62	60.5～63.5	余量Zn	330/600	49/3	56/140	销钉子、铆钉、螺钉、螺母、垫圈及夹线板式弹簧

续表

组别	牌号	化学成分/(%)		力学性能			用途
		Cu	其他	R_m/MPa	A/(%)	HBS	
特殊黄铜	HSn90-1	88.0～91.0	0.25～0.75Sn 余量 Zn	280/520	45/3	—/82	船舶零件、汽车和拖拉机的弹性套管
	HSi80-3	79.0～81.0	2.5～4.0Si 余量 Zn	300/600	58/4	90/110	船舶零件、蒸汽条件（小于265 ℃）下工作的零件、弱电电路用的零件
	HMn58-2	57.0～60.0	1.0～2.0Mn 余量 Zn	400/700	40/10	85/175	弱电电路用的零件
	HPb59-1	57.0～60.0	0.8～1.9Pb 余量 Zn	400/650	45/16	44/80	热冲压及切削加工零件
	HA159-3-2	57.0～60.0	2.5～3.5Al 2.0～3.0Ni 余量 Zn	380/650	50/15	75/155	船舶、电机及其他在常温下要求的高强度、耐磨零件
	ZCuZn38	60.0～63.0	余量 Zn	295/295	30/30	60/70	法兰、阀座、手柄、螺母
	ZCu40Mn2	57.0～60.0	1.0～2.0Mn 余量 Zn	345/390	20/25	80/90	在淡水、海水、蒸汽中工作的零件

铸造黄铜的牌号由“ZCu＋主加元素的元素符号＋主加元素的含量＋其他加入元素符号及含量”组成。如ZCuZn40Mn2，表示主加元素为锌，锌的含量为40%，其他元素为锰，锰的含量为2%的铸造黄铜。

(2) 特殊黄铜。在普通黄铜中加入其他合金元素所组成的多元合金，称为特殊黄铜，常加入的元素有锡、铅、硅、锰等，分别称为锡黄铜、铅黄铜、硅黄铜和锰黄铜等。铅使黄铜的力学性能变差，但却能改善其切削加工性能；硅能提高黄铜的强度和硬度，与铅一起还能提高黄铜的耐磨性；锡可以提高黄铜的强度和在海水中的抗蚀性，锡黄铜又称海军黄铜。

特殊黄铜又分特殊压力加工黄铜和特殊铸造黄铜两种。特殊压力加工黄铜的牌号用“H＋主加元素的元素符号＋铜含量的百分数＋主加元素含量的百分数”表示，如HMn58-2表示铜含量为58%，锰含量为2%的锰黄铜。特殊黄铜的牌号用“ZCu＋主加元素的元素符号＋主加元素含量的百分数＋其他加入元素的符号及含量的百分数”表示，如ZCuZn40Mn2表示锌含量为40%，锰含量为2%的铸造黄铜。

2）青铜

除了黄铜和白铜外，所有的铜基合金都称为青铜。其中含有锡元素的称为锡青铜，不含有锡元素的称为无锡青铜。常用青铜有锡青铜、铝青铜、铍青铜、铅青铜等。按生产方式不同，可分为压力加工青铜和铸造青铜。

青铜的牌号用“Q＋主加元素的元素符号及含量的百分数＋其他加入元素含量的百分数”表示，其中Q表示“青”字汉语拼音的字头。如QSn4-3表示含锡量为4％，含锌量为3％，其余为铜的锡青铜。铸造青铜的牌号用“ZCu＋主加元素的符号＋主加元素含量的百分数＋其他加入元素的元素符号及含量的百分数”表示，如ZCuSn10Pb1表示锡的含量为10％，铅的含量为1％的铸造青铜。

（1）锡青铜。锡青铜是以锡为主要合金元素的铜合金。锡对铸造锡青铜力学性能的影响如图6-32所示，当含锡量较小时，随着含锡量的增加青铜的强度和塑性增加；当锡含量超过5％～6％时，合金的塑性急剧下降，但强度继续增高；含锡量达10％时，塑性已显著降低；含锡量大于20％时，合金变得又脆又硬，强度也迅速下降，已无实用价值。故工业上用的锡青铜，其含量一般在3％～14％，其中含锡量小于5％的锡青铜适于冷加工，含锡量5％～7％的锡青铜适用于热加工，含锡量大于10％的锡青铜只适用于铸造。

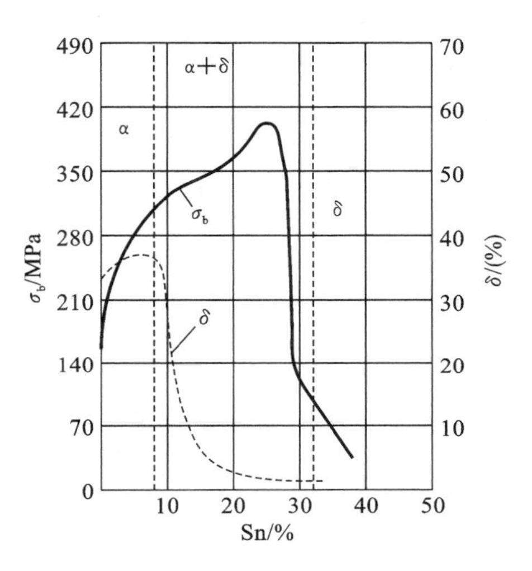

图6-32　锡对铸造锡青铜力学性能的影响

锡青铜在铸造时因体积收缩小，易形成分散细小的缩孔，可铸造各种形状的铸件，但铸件的致密性差，在高压下易渗漏，故不适合制造密封性要求高的铸件。锡青铜在大气及海水中的耐蚀性好，故广泛用于制造耐蚀零件。在锡青铜中加入磷、锌、铅等元素，可以改善锡青铜的耐磨性、铸造性及切削加工性，使其性能更佳。

（2）铝青铜。通常铝青铜的含铝量为5％～12％。铝青铜比黄铜和锡青铜具有更好的耐蚀性、耐磨性和耐热性，并具有更好的力学性能，还可以进行淬火和回火以进一步强化其性能，常用来铸造承受重载、耐蚀和耐磨的零件。

（3）铍青铜。以铍为主要添加元素的铜合金称为铍青铜，一般铍的含量为1.7％～2.5％。铍青铜经固溶处理和时效后具有高的硬度、强度和弹性极限，同时铍青铜还具有良好的耐蚀性、导电性、导热性和工艺性，无磁性、耐寒、受冲击时不产生火花等优点。可进行冷、热加工和铸造成形，主要用于制造仪器、仪表中的重要弹性元件和耐蚀、耐磨零件，如钟表齿轮、航海罗盘、电焊机电极、防爆工具等。但铍青铜成本高，应用受到限制。

（4）硅青铜。以硅为主要合金元素的铜合金称为硅青铜。硅在铜中的最大溶解度为4.6％，室温时下降到3％。硅青铜具有比锡青铜更高的力学性能，有良好的铸造性和冷热加工性，而且价格较低。向硅青铜中加入1％～1.5％的锰，可以显著提高合金的强度和耐磨性；加入适量的铅可以大幅提高合金的耐磨性，能代替磷青铜与铅青铜制成高级轴瓦。

常用青铜的牌号、化学成分、力学性能及用途见表6-19。

表 6-19　常用青铜的牌号、化学成分、力学性能及用途

牌号	化学成分/(%)		力学性能			用途
	主加元素	其他	R_m/MPa	A/(%)	HBS	
QSn4-3	Sn3.5～4.5	2.7～3.3Zn 余量 Cu	350/350	40/4	60/160	弹性元件、管配件、化工机械中的耐磨零件及抗磁零件
QSn4-4-4	Sn3.0～5.0	3.5～4.5Pb 3.0～5.0Zn 余量 Cu	220/250	5/3	80/90	重要的减磨零件，如轴承、轴套、蜗轮、丝杠、螺母
QA17	A16.0～8.0	余量 Cu	470/980	70/3	70/154	重要用途的弹性元件
QA19-4	A18.0～10.0	2.0～5.0Fe 余量 Cu	550/900	5/4	110/180	耐磨零件，在蒸汽及海水中工作的高强度、耐磨零件
QBe2	Be1.8～2.1	0.2～0.5Mn 余量 Cu	500/850	40/3	84/247	重要的弹性元件、耐磨件及高温高压高速工作下的轴承
QSi3-1	Si2.7～3.5	1.0～1.5Mn 余量 Cu	370/700	55/3	80/180	弹性元件及在腐蚀介质下工作的耐磨零件
ZCuSn5-Pb5Zn5	Sn4.0～6.0	4.0～6.0Zn 4.0～6.0Pb 余量 Cu	200/200	13/3	60/60	较高负荷、中速的耐磨、耐蚀零件
ZCuSn10-Pb1	Sn9.0～11.5	0.5～1.0Pb 余量 Cu	200/310	3/2	80/90	高负荷、高速的零件
ZCuPb30	Pb27.0～33.0	余量 Cu			25	高速双金属轴瓦
ZCuA19-Mn2	A18.0～10.0	1.5～2.5Mn 余量 Cu	390/440	20/20	85/95	耐蚀、耐磨件

3. 轴承合金

用来制造滑动轴承轴瓦和内衬的合金称为轴承合金。滑动轴承是机床、汽车和拖拉机的重要零件。当轴旋转时，在轴与轴之间有很大的摩擦，并承受轴颈传递的交变载荷。因此，轴承合金应具有下列性能：足够的强度和硬度，以承受轴颈较大的压力；高的耐磨性，摩擦系数小，并能保留润滑油，以减轻磨损；足够的塑性和韧性，较高的抗疲劳强度，以承受轴颈传递的交变载荷，并抵抗冲击和振动；良好的导热性及耐蚀性，以利于热量的散失和抵抗润滑油的腐蚀；良好的磨合性，使其与轴颈能较快地紧密配合。为满足上述要求，轴承合金的理想组织应由塑性好的软基体上均匀分布一定大小的硬质点，如图 6-33 所示。软基体组织的塑性高，能与轴颈较好磨合，并承受轴的冲击。软基体被磨损形成凹面，硬质点则凸起于软基体之上，使轴和轴瓦的接触面积减小，而凹面可储存润滑油，降低轴和轴瓦之间的摩擦系数，减小轴和轴瓦的磨损。

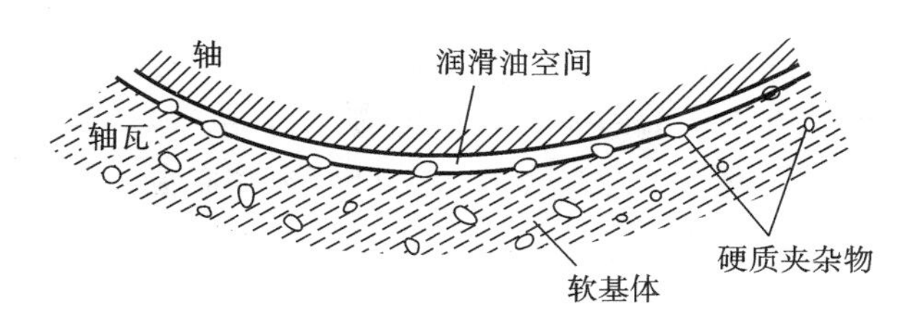

图 6-33 滑动轴承合金的组织示意图

常用的轴承合金有锡基轴承合金、铅基轴承合金、铜基轴承合金和铝基轴承合金四类。

1）锡基轴承合金（锡基巴氏合金）

锡基轴承合金是以铅为基，加入锑、铜等元素而形成的一种软基体硬质点类型的轴承合金。这类轴承合金具有适中的硬度、小的摩擦系数、较好的塑性和韧性、优良的导热性和耐蚀性等优点，常用于重要的轴承。由于锡是较贵的金属，因此限制了它的广泛应用。最常用的牌号是ZSnSb11Cu6。

2）铅基轴承合金

铅基轴承合金是以铅为基，加入锑、锡、铜等元素组成的轴承合金，是软基体硬质点类型的轴承合金。铅基轴承合金的强度、硬度、韧性均低于锡基轴承合金，且摩擦因数较大，故只用于中等负荷的轴承。由于其价格便宜，在可能的情况下，应尽量代替锡基轴承合金。常用牌号是ZPbSb16Sn16Cu2。

3）铜基轴承合金

有些青铜（铅青铜和锡青铜）又可制造轴承，故称为铜基轴承合金。如铅青铜 ZCuPb30，由于固态下铅与铜互不溶解，其组织为硬的铜基体上均匀分布着软的铅颗粒，铅青铜的疲劳强度、承载能力高，导热性和塑性好，摩擦系数小，能在 250～320 ℃温度下工作，故广泛用于制造高速、重载下工作的轴承，如航空发动机、高速柴油机的轴承等。

4）铝基轴承合金

铝基轴承合金密度小，导热性、耐热性、耐蚀性好，疲劳强度高，价格低，但膨胀系数大，抗咬合性差。目前采用较多的有高锡铝基轴承合金和铝锑镁轴承合金。

常见轴承合金的类型、牌号及用途见表 6-20。

表 6-20 常用轴承合金的类型、牌号及用途

类型	牌号	用途
锡基轴承合金	ZSnSb12Pb10Cu4	一般机械的主轴承，但不适于高温工作
	ZSnSb11Cu6	高速蒸汽机（2000 马力以上）及 500 马力的涡轮压缩机用轴承
	ZSnSb8Cu4	一般大机器的轴承及轴衬，重载、高速汽车发动机轴承
	ZSnSb4Cu4	涡轮内燃机高速轴承及轴衬
铅基轴承合金	ZPbSb16Sn16Cu2	200 ℃以下无明显冲击载荷、重载高速轴承
	ZPbSb15Sn5Cu3Cd2	船舶机械，小于 250 kW 的电动轴承
	ZPbSb15Sn10	中等压力的高温轴承
	ZPbSb15Sn5	低速轻压力条件下工作的机械轴承
	ZPbSb10Sn6	重载、耐蚀、耐磨轴承

4. 硬质合金

硬质合金是以一种或几种难熔的高硬度的碳化物(如碳化钨、碳化钛、碳化钽)的粉末为主要成分,加入起黏结作用的钴、镍粉末经混合、压制成形,再在高温下烧结制成的一种粉末冶金材料。

1) 硬质合金的性能

(1) 硬度高、红硬性好、耐磨性好。由于硬质合金是以高硬度、高耐磨、极为稳定的碳化物为基体,在常温下的硬度可达 75 HRC 以上,在 900～1000 ℃时仍有较高的硬度。故硬质合金刀具在使用时,其切削速度、耐磨性与寿命都比高速钢有显著的提高,这是硬质合金最突出的优点。

(2) 抗压强度高,可达 6000 MPa,但抗弯强度较低,为高速钢的 1/3～1/2,韧性差,为淬火钢的 30%～50%。

(3) 耐蚀性(大气、酸、碱)和抗氧化性良好。

(4) 线膨胀系数小,但导热性差。

硬质合金材料不能用一般切削方法加工,只能采用电加工或砂轮磨削。因此,一般是将硬质合金制品钎焊、黏结或机械夹固在刀体或模具上使用。

2) 常用硬质合金

硬质合金按成分和性能特点分为以下三类。

(1) 钨钴类硬质合金。

钨钴类硬质合金的主要成分是碳化钨及钴。其牌号用“YG＋数字”表示,其中“YG”为“硬”“钴”两字汉语拼音字头,表示为钨钴类硬质合金,数字表示含钴量的百分数,如 YG8 表示含钴量为 8%的钨钴类硬质合金。常用的有 YG6 和 YG8 等。

(2) 钨钴钛类硬质合金。

钨钴钛类硬质合金的主要成分是碳化钨、碳化钛及钴。其牌号用“YT＋数字”表示,其中“YT”为“硬”“钛”两字汉语拼音字头,表示钨钴钛类硬质合金,数字表示碳化钛的含量,如 YT15 表示碳化钛的含量为 15%,其余为碳化钨及钴的钨钴钛类硬质合金。常用的有 YT15 和 YT30 等。在硬质合金中,碳化物含量越多,钴含量越少,则合金的硬度、红硬性及耐磨性就越高,但强度和韧性却越低。当含钴量相同时,钨钴钛类硬质合金由于碳化钛的加入,具有较高的硬度和耐磨性,同时,由于这类合金表面会形成一层氧化钛薄膜,切削时不易粘刀,故具有较高的红硬性,但其强度和韧性比钨钴类硬质合金低。因此,钨钴类硬质合金有较好的强度和韧性,适用于加工铸铁等脆性材料,而钨钴钛类硬质合金适宜加工塑性材料。同一类硬质合金中,含钴量较高的适宜制造粗加工刃具,含钴量低的适宜制造精加工刃具。

(3) 通用硬质合金。

这类硬质合金以碳化钽或碳化铌取代钨钴钛类硬质合金中的部分碳化钛。它适用于切削各种钢材,特别对切削不锈钢、耐热钢、高锰钢等难加工的钢材,效果较好。它也可以代替 YG 类硬质合金加工铸铁等脆性材料。通用硬质合金牌号用“YW＋数字”表示,其中“YW”为“硬”“万”两字汉语拼音字头,数字表示顺序号。

常用硬质合金的牌号、化学成分、力学性能及用途见表 6-21。

表 6-21 常用硬质合金的牌号、化学成分、力学性能及用途

类别	牌号	化学成分/(%)				力学性能		用途
		WC	TiC	TaC	Co	HRA	R_m/MPa	
钨钴类硬质合金	YG3X	96.5	_	<0.5	3	92	1000	用于制造精车铸铁、有色金属的刀片
	YG6	94.0	_	_	6	89.5	1450	
	YG6X	93.5	_	<0.5	6	91	1400	用于制造精车、半精车铸铁、耐热钢、有色金属、高锰钢及淬火钢的刀片
	YG6A	91.0	_	3	6	91.5	1400	
	YG8	92.0	_	_	8	89	1500	用于制造精车铸铁、有色金属的刀片
	YG15	85.0	_	_	15	87	2100	用于制造冲击工具
钨钴钛类硬质合金	YT5	85.0	5	_	10	88.5	1400	适于制造碳钢、合金钢的粗车、半精车、粗铣、钻孔、粗刨、半精刨的刀具
	YT15	79.0	15	_	6	91	1130	
	YT30	66.0	30	_	4	92.5	880	适用于制造精加工刀具
通用硬质合金	YW1	84.0	6	4	6	92	1230	适用于加工各种材料的刀片
	YW2	82.0	6	4	8	91.5	1470	

练习与思考

一、选择题

1. 常用冷冲压方法制造的汽车油底壳应选用(　　)。

A. 08 钢　　B. 45 钢　　C. T10A 钢

2. 45 钢其平均碳的质量分数为(　　),用于制造齿轮、连杆、轴等要求有良好综合力学性能的零件。

A. 0.45%　　B. 4.5%　　C. 45%

3. 下列三种零件中,08F 钢适合制作(　　),45 钢适合制作(　　),65 钢适合制作(　　)。

A. 冲压件　　B. 齿轮　　C. 弹簧

4. 汽车、拖拉机中的变速齿轮,内燃机上的凸轮轴、活塞销等零件,要求表面具有高硬度和耐磨性,而心部要有足够高的强度和韧性,因而这些零件大多采用(　　)制造。

A. 合金渗碳钢　　B. 合金调质钢　　C. 合金弹簧钢

5. HT150 可用于制造(　　)。

A. 汽车变速齿轮　　B. 汽车变速器壳　　C. 汽车板簧

6. 球墨铸铁的抗拉强度和塑性(　　)灰铸铁,而铸造性能(　　)灰铸铁。

A. 不及　　B. 相当于　　C. 高于

二、简答题

1. 试述碳素工具钢的优缺点。

2. 合金元素在钢中以什么形式存在？起什么作用？

3. 填写下表，说明各种钢的类别以及牌号中符号和数字的含义。

钢号	钢的类别	符号和数字的含义
Q235-A. F		
08F		
45		
65Mn		
T12A		
ZG270-500		

4. 填写下表，归纳对比各类合金钢。

类别		成分特点	常用牌号举例	热处理方法	性能特点	用途举例
合金结构钢	低合金高强钢					载重汽车大梁
	合金渗碳钢					汽车变速齿轮
	合金调质钢					机床齿轮
	合金弹簧钢					汽车板簧
	滚动轴承钢					滚动轴承
合金工具钢	低合金刃具钢					机用丝锥
	高速钢					车刀、铣刀
	冷作模具钢					冷冲模
	热作模具钢					热锻模
	合金量具钢					精密量具
特殊性能钢	马氏体不锈钢					医疗器具
	铁素体不锈钢					建筑装饰
	奥氏体不锈钢					化工设备
	高锰耐磨钢					坦克履带

5. 试比较灰铸铁、蠕墨铸铁、可锻铸铁、球墨铸铁力学性能的差异。

6. 对轴承合金有哪些性能要求？常用的轴承合金有哪些？

模块七
非金属材料

非金属材料在广义上是指金属及合金以外的一切材料的总称，通常都具有某些特殊性能，更适合制造具有特定性能要求的制品和构件。由于非金属材料的原料来源广泛，成形工艺简单，并具有金属材料所不及的某些特殊性能，所以应用日益广泛。目前非金属材料已成为机械工程材料不可缺少的、独立的组成部分。机械工程上常用的非金属材料主要有高分子材料、陶瓷材料和复合材料三大类型。

7.1 高分子材料

高分子材料是以高分子化合物为主要组分的一类非金属材料，主要有塑料、橡胶、胶黏剂三种类型。

7.1.1 塑料

塑料是指以合成树脂为主要成分，加入某些添加剂之后且在一定温度、压力下塑制成形的材料或制品的总称。

1. 塑料的组成

1）合成树脂

树脂的种类、性能、数量决定了塑料的性能，因此，塑料基本上是以树脂的名称命名的，如聚氯乙烯塑料就是以树脂聚氯乙烯命名的。工业中用的树脂主要是合成树脂。

2）添加剂

塑料有多种添加剂，其作用各不相同。根据性能要求的不同，可加入一种或几种添加剂，常用的有以下几种。

（1）填料。塑料的重要组成部分，一般占总量的40%～70%。它可以起增强作用或赋予塑料新的性能，还可以减少树脂用量、降低成本。例如，加入石棉，可以提高塑料的热硬性；加入云母，可以提高塑料的电绝缘性；加入磁铁粉，可以制成磁性塑料；加入玻璃纤维，可以提高塑料强度、硬度等。

（2）增塑剂。通常是用低熔点的固体或高沸点的液体，加入量占塑料总量的5%～20%，可以增强树脂的可塑性、柔软性，降低脆性，改善加工性能。常用的增塑剂有磷酸酯类化合物、甲酸酯类化合物、氯化石蜡等。

（3）稳定剂。稳定剂可以增加塑料对光、热、氧等老化作用的抵抗力，延长塑料寿命。常用的稳定剂有硬脂酸盐、铅的化合物、环氧化合物等。

（4）润滑剂。为防止塑料在成形过程中黏在模具或其他设备上，需要加入极少量润滑剂，还可使制品表面更加美观。常用的润滑剂有硬脂酸及盐类。

（5）着色剂。为了使塑料制品具有丰富色彩并适合某些使用要求，通常在塑料中加入有机颜料或无机颜料着色。对有机颜料要求是着色力强、色泽鲜艳、耐温和耐光性好。

此外，还有些特殊性能的添加剂，如固化剂、发泡剂、催化剂、阻燃剂及防静电剂等。

2. 塑料的分类

（1）按树脂在加热和冷却时所表现出的性能，可分为热塑性塑料和热固性塑料两种。

热塑性塑料的分子结构主要是链状的线型结构，其特点是加热时软化，可塑造成形，冷却后则变硬，此过程可反复进行，其基本性能不变。这类塑料有较好的力学性能，且成形工艺简便，生产率高，可直接注射、挤出、吹塑成形。但耐热性、刚性较差，使用温度低于1200 ℃。

（2）按塑料应用范围分为通用塑料和工程塑料两种。

通用塑料是指具有产量大、用途广、通用性强、价格低的一类塑料，主要用于制作生活用品、包装材料和一般小型零件。

工程塑料是指具有优异的力学性能、绝缘性、化学性能、耐热性和尺寸稳定性的一类塑料。与通用塑料相比，工程塑料的产量较小，价格较高，主要用于制作机械零件和工程结构件。

3. 塑料的特性

（1）密度小、比强度高。一般塑料的密度为 0.83～2.2 g/cm^3。常用塑料中的聚丙烯，其密度只有 0.9～0.91 g/cm^3；泡沫塑料的密度仅在 0.02～0.2 g/cm^3之间。虽然塑料的强度比金属低，但由于密度小，因此以等质量相比，其比强度更高。

（2）耐蚀性好。一般塑料对酸、碱、油、水及某些溶剂等有良好的耐蚀性能。如聚四氟乙烯能耐各种酸、碱甚至“王水”的腐蚀。

（3）优异的电绝缘性。多数塑料有良好的电绝缘性，可与陶瓷、橡胶等绝缘材料相媲美。

（4）减摩、耐磨性好。塑料的硬度比金属低，但多数塑料的摩擦系数小。另外，有些塑料本身有自润滑能力。

（5）消声吸振性好。塑料具有吸收和减少振动和噪声的性能，因此，用塑料制作汽车保险杠、仪表板和方向盘等，可增强缓冲作用，提高车辆的安全性和舒适性。

（6）成形加工性好。大多数塑料都可直接采用注射或挤出工艺成形，方法简单，生产率高。

（7）耐热性低。多数塑料只能在 100 ℃左右使用，少数塑料可在 200 ℃左右使用。塑料在室温下受载后容易产生蠕变现象，载荷过大时甚至会发生蠕变断裂，易燃烧、易老化、导热性差、热膨胀系数大。

4. 常用工程塑料

常用热塑性塑料与热固性塑料的名称、性能和用途如表 7-1 和表 7-2 所示。表 7-3 所示为常用热橡胶的名称、性能和用途。

7.1.2 橡胶

1. 橡胶的组成

橡胶是以生胶为主要原料，加入适量配合剂而制成的高分子材料。

1）生胶

未加配合剂的天然或合成橡胶统称为生胶，是橡胶制品的主要组分。生胶不仅决定橡胶制品的性能，不同生胶可制成不同性能的橡胶制品，而且能把各种配合剂和增强材料黏成一体。

2）配合剂

配合剂是指为改善和提高橡胶制品性能而加入的物质。配合剂种类很多，具体如下。

（1）硫化剂。所谓硫化，就是在生胶中加入硫化调料和其他配料。经硫化处理后，可提高橡胶制品的弹性、强度、耐磨性、耐蚀性和抗老化能力。

（2）硫化促进剂。硫化促进剂能加速发挥硫化剂的作用，常用硫化促进剂有 MgO、ZnO 和 CaO 等。

（3）增塑剂。增塑剂可增强橡胶塑性，改善附着力，降低硬度，提高耐寒性。常用的有硬脂酸、精制蜡、凡士林等。

（4）填充剂。填充剂的主要作用是提高橡胶强度和降低成本，常用的填充剂有炭黑、MgO、

ZnO、$CaCO_3$、滑石粉等。

(5) 防老剂。为了防止或延缓橡胶老化，延长橡胶制品的使用寿命，在生产中可以加入石蜡、密蜡或其他比橡胶更易氧化的物质，在橡胶表面形成较稳定的氧化膜，抵抗氧的侵蚀。

此外，为了使橡胶具有某些特殊性能，还可以加入着色剂、发泡剂、电磁性调节剂等。

表 7-1　常用热塑性塑料的名称、性能和用途

名称(代号)	主要性能	用途举例
聚乙烯(PE)	按合成方法不同，分低、中、高压三种。低压聚乙烯质地坚硬，有良好的耐磨性、耐蚀性和电绝缘性；高压聚乙烯化学稳定性高，有良好的绝缘性、柔软性和透明性，耐冲击，无毒	低压聚乙烯用于制造塑料管、塑料板、塑料绳、承载不高的齿轮、轴承等；高压聚乙烯用于制作塑料薄膜、塑料瓶、茶杯、食品袋以及电线、电缆包皮等
聚氯乙烯(PVC)	分为硬质和软质两种。硬质聚氯乙烯强度较高，绝缘性、耐蚀性好，耐热性差。在 $-15\sim60$ ℃使用；软质聚氯乙烯强度低于硬质聚氯乙烯，但伸长率大，绝缘性较好，耐蚀性差，可在 $-15\sim60$ ℃使用	硬质聚氯乙烯用于化工耐蚀的结构材料，如输油管、容器、离心泵、阀门管件等，软质聚氯乙烯用于制作电线、电缆的绝缘包皮，农用薄膜，工业包装。但因有毒，不能包装食品
聚苯乙烯(PS)	耐蚀性、绝缘性、透明性好，吸水性弱，强度较高，耐热性差，易燃，易脆裂，使用温度低于 80 ℃	制作绝缘件、仪表外壳、灯罩、玩具、日用器皿、装饰品、食品盒等
聚丙烯(PP)	密度小，强度、硬度、刚性、耐热性均优于低压聚乙烯，电绝缘性好，且不受湿度影响，耐蚀性好，无毒、无味，但低温脆性大，不耐磨，易老化，可在 $100\sim120$ ℃使用	制作一般机械零件，如齿轮、接头；制作耐蚀件，如泵叶轮、化工管道、容器；制作绝缘件，如电视机、收音机、电扇等壳体；制作生活用具、医疗器械、食品和药品包装等
聚酰胺(通称尼龙)(PA)	强度、韧性、耐磨性、耐蚀性、吸振性、自润滑性良好，成形性好，摩擦系数小，无毒、无味。但蠕变值较大，导热性较差，吸水性强，成形收缩率大，可在低于 100 ℃的环境下使用	常用的有尼龙 6、尼龙 66、尼龙 610、尼龙 1010 等。用于制作耐磨、耐蚀的某些承载和传动零件，如轴承、机床导轨、齿轮、螺母；高压耐油密封圈或喷涂在金属表面作防腐、耐磨涂层
聚甲基丙烯酸甲酯(俗称有机玻璃)	绝缘性、着色性和透光性好，耐蚀性、强度、耐紫外线、抗大气老化性较好。但脆性大，易溶于有机溶剂中，表面硬度不高，易擦伤，可在 $-60\sim100$ ℃使用	制作航空、仪器、仪表、汽车和无线电工业中的透明件和装饰件，如飞机座窗、灯罩、电视和雷达的屏幕、油标、油杯、设备标牌等

续表

名称(代号)	主要性能	用途举例
丙烯腈(A)-丁二烯(B)-苯乙烯(S)(ABS)	韧性和尺寸稳定性高,强度、耐磨性、耐油性、耐水性、绝缘性好。但长期使用易起层	制作电话机、扩音机、电视机、电机、仪表外壳,齿轮,泵叶轮,轴承,把手,管道,贮槽内衬,仪表盘,轿车车身,汽车挡泥板,扶手等
聚甲醛(POM)	耐磨性、尺寸稳定性、减摩性、绝缘性、抗老化性、疲劳强度好,摩擦系数小。但热稳定性较差,成形收缩率较大,可在−40~100 ℃长期使用	制作减摩、耐磨及传动件,如轴承、齿轮、滚轮,绝缘件,化工容器,仪表外壳,表盘等。可代替尼龙和有色金属
聚四氟乙烯(F-4)	耐蚀性、绝缘性、自润滑性、耐老化性好,不吸水,摩擦系数小,耐热性和耐寒性好,可在−195~250 ℃长期使用。加工成形性不好,抗蠕变性差,强度低,价格较高	制作耐蚀件、减摩件、密封件、绝缘件,如高频电缆、电容线圈架、化工反应器、管道、热交器等
聚碳酸酯(PC)	强度高,尺寸稳定性、抗蠕变性、透明性好。耐磨性和耐疲劳性不如尼龙和聚甲醛,可在−60~120 ℃长期使用	制作齿轮、凸轮、涡轮,电气仪表零件,大型灯罩,防护玻璃,飞机挡风罩,高级绝缘材料等

表 7-2 常用热固性塑料的名称、性能和用途

名称(代号)	主 要 性 能	用 途 举 例
酚醛塑料(俗称电木)(PF)	耐热性、绝缘性、化学稳定性及尺寸稳定性和抗蠕变性均优于许多热塑性塑料。电性能及耐热性与填料性能有关,调频绝缘性好,耐潮湿、耐冲击、耐酸耐水、耐霉菌,可在 140 ℃以下使用	制作一般机械零件、绝缘件、耐蚀件、水润滑轴承
氨基塑料(俗称电玉)	颜色鲜艳,半透明如玉,绝缘性好。但耐水性差,可在低于 80 ℃温度下长期使用	制作一般机械零件、电绝缘件、装饰件
环氧塑料(俗称万能胶)(EP)	强度最突出,绝缘性优良,高频绝缘性好,耐有机溶剂。因填料不同,性能有差异	用作塑料模,电气、电子元件及线圈的灌封与固定,修复机件

表 7-3　常用热橡胶的名称、性能和用途

类别	橡胶品种	主要性能	用途举例
通用橡胶	天然橡胶	弹性高；耐低温性、耐磨性、耐屈挠性好；易于加工；耐氧及臭氧性差，不耐油，只适于 100 ℃以下使用	轮胎、胶带、胶管等通用制品
	丁苯橡胶	耐磨性突出，热硬性、耐油性、耐老化性均优于天然橡胶；但耐寒性、耐屈挠性及加工性能不如天然橡胶，尤其是自黏性差，生胶强度低	轮胎、胶板、胶布和各种硬质橡胶制品
	顺丁橡胶	弹性和耐磨性突出，耐磨性优于丁苯橡胶，耐寒性较好，易于与金属黏合；加工性能较差，自黏性和抗撕裂性差	轮胎、耐寒胶带、橡胶弹簧、减震器、耐热胶管、电绝缘制品
	氯丁橡胶	耐油性良好，耐氧、耐臭氧及耐候性优良，阻燃性、耐热性良好；电绝缘性、加工性能较差	耐油、耐蚀胶管，运输带；各种垫圈、油封衬里、胶黏剂、各种压制品等门窗嵌件
特种橡胶	聚氨酯橡胶	耐磨性高于其他各种橡胶，抗拉强度高达 3.5 MPa；耐油性优良。耐酸碱、耐水性、热硬性较差	胶辊、实心轮胎、同步齿形带及耐磨制品
	硅橡胶	耐高温、低温性突出，可在 −70～280 ℃范围内使用。耐臭氧性、耐老化性、电绝缘性优良，耐水性优良，且无味、无毒。常温下力学性能较差，耐油、耐溶剂性差	各种管道系统接头，高温条件下使用的各种垫圈、衬垫、密封件，各种耐高温电线、电缆包皮等
	氟橡胶	耐磨性、耐蚀性突出，耐酸碱及耐强氧化剂能力在各类橡胶中最好。热硬性接近硅橡胶，但价格高，耐寒性及加工性较差，仅限于某些特殊用途的制品	发动机上耐热、耐油制品

7.1.3　胶黏剂

胶黏剂是以环氧树脂、酚醛树脂、聚酯树脂、氯丁橡胶、丁腈橡胶等黏性物质为基础，加入所需添加剂（填料、固化剂、增塑剂、稀释剂等）组成的，俗称为胶。按黏性物质化学成分不同，分为有机胶黏剂和无机胶黏剂，有机胶黏剂又分为天然胶黏剂和合成胶黏剂。工程上应用最广的是合成胶黏剂。

工程中用胶黏剂连接两个相同或不同材料制品的工艺方法称为胶接。胶接可代替铆接、焊

接、螺纹连接，具有重量轻、黏接面应力分布均匀、强度高、密封性好、操作工艺简便、成本低等优点，但胶接接头耐热性差，易老化。选择胶黏剂时，主要应考虑胶接材料的种类、受力条件、工作温度和工艺可行性等因素。

7.2 陶瓷材料

陶瓷是指使用天然材料（黏土、长石和石英）经烧结成形的陶器与瓷器的总称。

7.2.1 陶瓷的分类

陶瓷按原料不同，分为普通陶瓷和特种陶瓷；按用途不同，分为工业陶瓷和日用陶瓷。

1. 普通陶瓷

普通陶瓷一般采用黏土、长石和石英等天然硅酸盐烧结而成。这类陶瓷按其性能、特点和用途又可分为日用陶瓷、建筑陶瓷、电绝缘陶瓷和化工陶瓷等。

2. 特种陶瓷

特种陶瓷是指采用高纯度人工合成原料制成并具有特殊物理化学性能的新型陶瓷。特种陶瓷除了具有普通陶瓷的性能外，至少具有一种适应工程上需要的特殊性能，如氧化物陶瓷、氮化物陶瓷、碳化物陶瓷、金属陶瓷等。

7.2.2 陶瓷的性能

（1）陶瓷的硬度高于其他材料，一般硬度为 1000～1500 HV，而淬火钢的硬度只有 500～800 HV；室温下几乎无塑性，韧性极低，脆性大；陶瓷内部存在许多气孔，故抗拉强度低，抗弯性能差，抗压性能高；陶瓷有一定弹性，一般高于金属。

（2）陶瓷的熔点一般高于金属，热硬性高，抗高温蠕变能力强，高温下抗氧化性好，抗酸、碱、盐腐蚀能力强，具有不可燃烧性和不老化性。

（3）大多数陶瓷的绝缘性好。

7.2.3 常用工业陶瓷

常用工业陶瓷的名称、性能和用途如表 7-4 所示。

表 7-4 常用工业陶瓷的名称、性能和用途

名称	主要性能	用途
普通陶瓷	质地坚硬，不氧化，不导电，耐腐蚀，加工成形性好，成本低。但强度低，耐高温性能低于其他陶瓷，使用温度为 1200 ℃。	广泛用作建筑、日用、卫生、化工纺织、电气等行业的结构件和用品。例如化学工业用的耐酸碱容器、管道、反应塔，供电系统用的绝缘子、瓷套等

名　称	主要性能	用　途
氧化铝陶瓷	主要成分是 Al_2O_3，强度比普通陶瓷高 2～6 倍；硬度高（仅次于金刚石）；含 Al_2O_3 高的陶瓷可在 1600 ℃长期使用，在空气中使用温度最高可达 1980 ℃，高温蠕变小；耐酸、碱和化学药品的腐蚀；高温下不氧化；绝缘性好。但脆性大，不能承受冲击	制作高温容器、内燃机火花塞；切削高硬度、大工件、精密件的刀具；耐磨件；化工、石油用泵的密封环；调温轴承
氮化硅陶瓷	化学稳定性好，除氢氟酸外，可耐无机酸（盐酸、硫酸、硝酸、磷酸、王水）和碱液腐蚀；硬度高，耐磨性和电绝缘性好；摩擦系数小，有自润滑性；高温抗蠕变性比其他陶瓷好；最高使用温度低于氧化铝陶瓷	制作高温轴承、热电偶套管、转子发动机的刮片、泵和阀门的密封件、切削高硬度材料的刀具
碳化硅陶瓷	高温强度大，抗弯强度在 1400 ℃以下仍保持 500～600 MPa；热传导能力强，热稳定性、耐磨性、耐蚀性和抗蠕变性好	制作热电偶套管、炉管、火箭尾喷管的喷嘴，浇注金属的浇口，汽轮机叶片，高温轴承，泵的密封圈
氮化硼陶瓷	绝缘性好；化学稳定性优良，能抗大多数熔融金属的侵蚀；耐热性、热稳定性良好，有自润滑性	制作热电偶套管、半导体散热绝缘件、坩埚、高温容器、玻璃制品的成形模具

7.3　复合材料

复合材料是由两种或两种以上性质不同的材料组合而成的多相材料。

7.3.1　复合强化原理

不同材料复合后，通常是其中一种为基体材料，起黏结作用，而另一种作为增强剂材料起承载作用。它具有各组成材料的优点，能获得单一材料无法具备的优良综合性能。如混凝土脆性大、抗压强度高，钢筋韧性好、抗拉强度高，为使性能取长补短，制成了钢筋混凝土。

7.3.2　复合材料的分类

复合材料有以下几种分类方法。

(1) 按基体不同，分为非金属基体和金属基体两类。目前使用较多的是以高分子材料为基体的复合材料。

(2) 按增强相种类和形状不同，分为颗粒、层叠、纤维增强等复合材料。

(3) 按性能不同，分为结构复合材料和功能复合材料两类。结构复合材料是指利用其力学性能，用以制作结构和零件的复合材料。功能复合材料是指具有某种物理功能和效应的复合材料，如磁性复合材料。

7.3.3 复合材料的性能

(1) 比强度和比模量高。因为复合材料的增强剂和基体的密度都较小,而且增强剂多为强度很高的纤维,所以多数复合材料都具有高的比强度和比模量。

(2) 抗疲劳性能好。因为复合材料中基体与增强纤维间的界面可有效地阻止疲劳裂纹的扩展,以及基体中密布着大量纤维,疲劳断裂时,裂纹的扩展要经历很曲折和复杂的路径,所以疲劳强度高。

(3) 减振性好。构件的自振频率不但与构件的结构有关,而且与材料的比模量的平方根成正比。首先,复合材料的比模量大,其自振频率很高,在一般加载荷速度或频率下不易发生因共振而快速脆断;其次,基体和纤维之间的界面对振动有反射和吸收作用,而且基体材料的阻尼也较大,使复合材料的减振性比钢和铝合金等金属材料好。

(4) 破损安全性好。复合材料每平方厘米面积上被基体隔离的独立纤维数达几千、几万根。当构件过载并有少量纤维断裂时,会迅速进行应力的重新分配,而由未破坏的纤维来承载,使构件在短时间内不会失去承载能力,安全性较好。

(5) 高温性能好。一般铝合金在 400 ℃时弹性模量急剧下降并接近于零,强度也显著下降。但用碳或硼纤维增强的铝复合材料,在上述温度时,其弹性模量和强度基本不变;用钨纤维增强钴、镍或它们的合金时,可把这些金属的使用温度提高到 1000 ℃以上。

除上述几种特性外,复合材料的减摩性、耐蚀性和工艺性也都较好,若经过适当的“复合”也可改善其力学性能和物理性能。复合材料的缺点是各向异性程度、横向抗拉强度和层间抗剪强度较低,伸长率和冲击韧度较低,成本高。但是,复合材料是一种新型的独特的工程材料,因此具有广阔的发展前景。

7.3.4 常用复合材料

1. 玻璃钢

用玻璃纤维增强工程塑料得到的复合材料,俗称玻璃钢。玻璃钢按其基体不同分为热固性玻璃钢和热塑性玻璃钢两种。

热固性玻璃钢的主要优点是成形工艺简单、质轻、比强度高、耐腐蚀、电波穿透性好,与热塑性玻璃钢相比,耐热性更高。其主要缺点是弹性模量低、刚性差,耐热度不超过 250 ℃,易老化、蠕变。

热塑性玻璃钢种类较多,常用的有尼龙基、聚烯烃类、聚苯乙烯类、ABS、聚碳酸酯等。它们都具有较高的力学性能、介电性能、耐热性和抗老化性能,工艺性能也好。同塑料本身相比,基体相同时,其强度和抗疲劳性能可提高 2～3 倍,冲击韧性提高 2～4 倍,蠕变抗力提高 2～5 倍。

2. 碳纤维复合材料

碳纤维是由各种人造纤维或天然有机纤维,经过碳化或石墨化而制成。碳化后得到的碳纤维强度高,被称为高强度碳纤维。其优点是比强度、比弹性模量大,冲击韧性、化学稳定性好,摩擦系数小,耐水湿,耐热性高,耐 X 射线能力强;缺点是各向异性程度高,基体与增强体的结合力不够大,耐高温性能不够理想。常用于制造机器中的承载、耐磨零件及耐蚀件,如连杆、活塞、齿轮、轴承等,在航空、航天、航海等领域内用作某些要求比强度、比弹性模量高的结构件材料。

碳纤维树脂复合材料的基体为树脂,目前应用最多的是环氧树脂、酚醛树脂和聚四氟乙烯。

这类材料的性能普遍优于玻璃钢，是一种新型的特种工程材料。除了具有石墨的各种优点外，此种材料强度和冲击韧性比石墨高5～10倍，刚度和耐磨性高，化学稳定性、尺寸稳定性好。石墨纤维金属复合材料是石墨纤维增强铝基复合材料，基体可以是纯铝、变形铝合金和铸造铝合金。当用于结构材料时，可制作飞机蒙皮、直升机旋翼桨叶以及重返大气层运载工具的防护罩等。碳纤维陶瓷复合材料是我国研制的一种石英玻璃复合材料，同石英玻璃相比，它的抗弯强度提高了约12倍，冲击韧性提高了40倍，热稳定性也非常好。

3. 夹层增强复合材料

1）夹层板增强复合材料

工业上用的夹层板是将几种性质不同的板材经热压或胶合而成，并获得某种使用目的。夹层结构复合材料一般具有密度小、刚度高、抗压稳定性好、绝热、绝缘以及隔音等特殊性能。

2）夹芯材料增强复合材料

夹芯材料是由薄而强的面板与轻而弱的芯材组成。而面板可用树脂基复合材料板、铝合金板、不锈钢板、钛合金或高温合金板；芯材可采用泡沫塑料、蜂窝夹芯和波纹板。面板与芯材的连接方法，一般用胶黏剂胶接；金属材料也可用焊接。以泡沫塑料和蜂窝为芯材复合材料已大量用作天线罩、雷达罩、飞机机翼、冷却塔及保温隔热装置等。

除上述纤维增强和夹层增强复合材料外，还有细粒增强复合材料（包括金属粒与塑料、陶瓷粒与金属复合以及弥散强化复合等）以及骨架增强复合材料都是从不同的途径和方法克服单一材料缺陷，并获得单一材料通常不具备的一些新特点和功能，以满足各个工业部门对材料性能要求日益提高及多样化的需要。

练习与思考

一、选择题

1. 天然橡胶的代号是(　　)。

A. NR　　B. SBR　　C. NBR　　D. BR

2. 下列不属于复合材料的是(　　)。

A. 玻璃钢　　B. 碳纤维复合材料　　C. 玻璃陶瓷　　D. 桦木层压板

3. 氧化铝陶瓷可用作(　　)，碳化硅陶瓷可用作(　　)。

A. 气缸　　B. 高温模具　　C. 叶片　　D. 火花塞

二、简答题

1. 试举出五种常见工程塑料及其在工业中的应用实例。
2. 什么是橡胶？其性能如何？举出三种常用橡胶在工业中的应用实例。
3. 什么是复合材料？其性能如何？举出三种常用复合材料在工业中的应用实例。

模块八
热加工技术基础

金属材料加工成形常用的四种基本加工方法有铸造、锻压、焊接和切削加工。一般前三种加工方法称为热加工，而切削加工称为冷加工。材料不同，零件所选择的加工方法也不同，零件的成形是由原材料通过热加工先制成毛坯，再对毛坯进行切削加工，最后形成零件。

8.1 铸造成形

铸造是一种液态成形方法。它是指将熔融的金属浇入铸型的型腔,待其冷却凝固后获得一定形状和性能铸件的成形方法。

8.1.1 铸造基础知识

1. 铸造特点

和其他机械加工相比,铸造具有以下独特的优点:

(1) 适合各种形状复杂的零件,特别是内腔复杂的零件;

(2) 适合各种尺寸的零件(从几毫米到几十米);

(3) 适合绝大多数金属、合金以及各种生产类型。

但铸造也具有一定的缺点,具体如下:

(1) 铸造过程中会有缺陷产生,如气孔、砂眼等;

(2) 铸件的力学性能低于锻件;

(3) 铸件表面较粗糙,尺寸精度不高;

(4) 工人劳动条件较差,劳动强度大。

图 8-1 所示为常见汽车铸件。

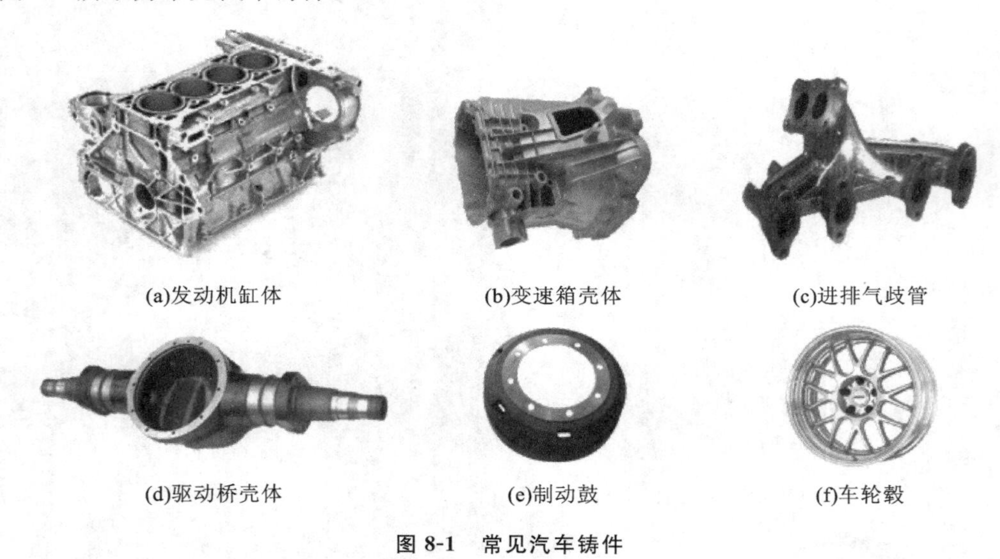

图 8-1 常见汽车铸件

2. 铸造性能

铸造性能主要指合金的流动性和收缩性。

1) 合金的流动性

合金的流动性是指熔化的金属在铸型型腔中的流动能力,它是影响合金溶液充型能力的重要指标之一。流动性好的合金,容易获得尺寸准确、轮廓清晰的铸件,流动性好还有利于合金液体中杂质和气体的排除;反之,铸件上易出现浇不足、冷隔、气孔、夹渣和缩孔等缺陷。不同种类的合金的流动性是不同的，根据合金的流动试验，灰铸铁的流动性最好，铜合金的流动性次之，铝合金第三，铸钢的流动性最差。

2）合金的收缩性

合金的收缩是指合金从液态冷却到室温的过程中，体积和尺寸缩小的现象，收缩过程中铸件易产生缩孔、缩松、变形、裂纹等缺陷。影响收缩的因素有：合金的种类和化学成分，在常用铸造合金中，铸钢的收缩最大，灰铸铁最小；浇铸温度越高，收缩率越大；铸件各部分尺寸不同，其收缩率也不同，因此各部分之间相互影响。故铸件实际收缩率比自由线收缩率小。

8.1.2 砂型铸造

铸造的方法很多，通常分为砂型铸造和特种铸造两大类。由于砂型铸造适应性较强，成本低廉，因此是现阶段最基本、应用最为广泛的铸造方法。用砂型铸造生产的铸件占铸件总数的90%。特种铸造是指除砂型铸造外的其他各种铸造方法。

砂型铸造是指用型砂紧实成型的铸造方法。通常分为湿型铸造（砂型未经烘干处理）和干型铸造（砂型经烘干处理）两种。砂型铸造一般由制造砂型、制造型芯、烘干（用于干型）、合箱、浇铸、落砂及清理、铸件检验等工艺过程组成。图 8-2 所示为齿轮的砂型铸造的工艺过程。

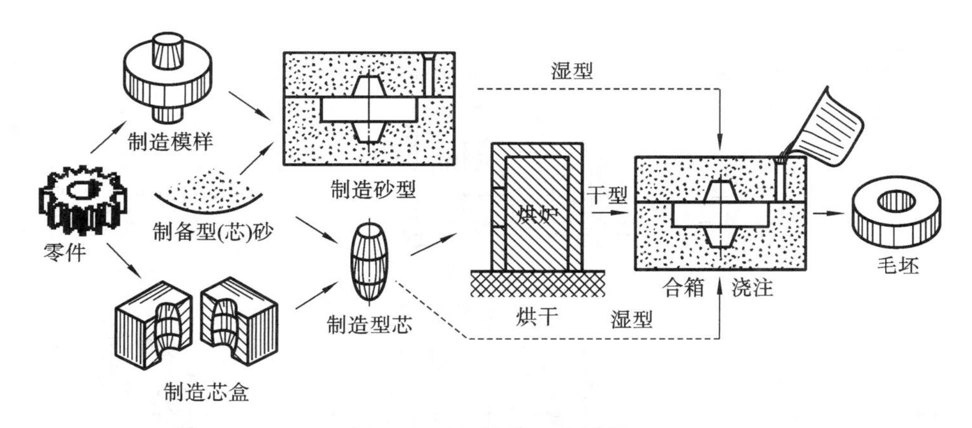

图 8-2 砂型铸造工艺过程

1. 造型

造型是用型砂和模型制造铸型的过程，是砂型铸造中最基本的工序。

造型材料分为型砂和芯砂。型砂和芯砂由原砂（SiO_2）、黏结剂（黏土）以及附加物（煤粉、木屑等）、旧砂和水按一定比例混合配制而成。造型用的型砂和芯砂必须具备一定的可塑性、强度、耐火性、透气性和退让性等性能。

造型方法按紧实型砂的方法分为手工造型和机器造型两大类。

1）手工造型

手工造型是用手工或手动工作的方法进行紧砂、起模的造型方法。操作灵活简便，是目前单件小批量生产铸件的主要方法，手工造型的方法很多，常见的有整模造型、分模造型、刮板造型等。

（1）整模造型。整模造型的模样是一个整体，通常型腔全部放在一个砂箱内，分型面为平面。这种造型方法简单，适用于形状简单的铸件。整模造型示意图如图 8-3 所示。

（2）分模造型。分模造型的模样沿最大截面处分为两半，型腔位于上下两个砂箱内。分模造型示意图如图 8-4 所示。

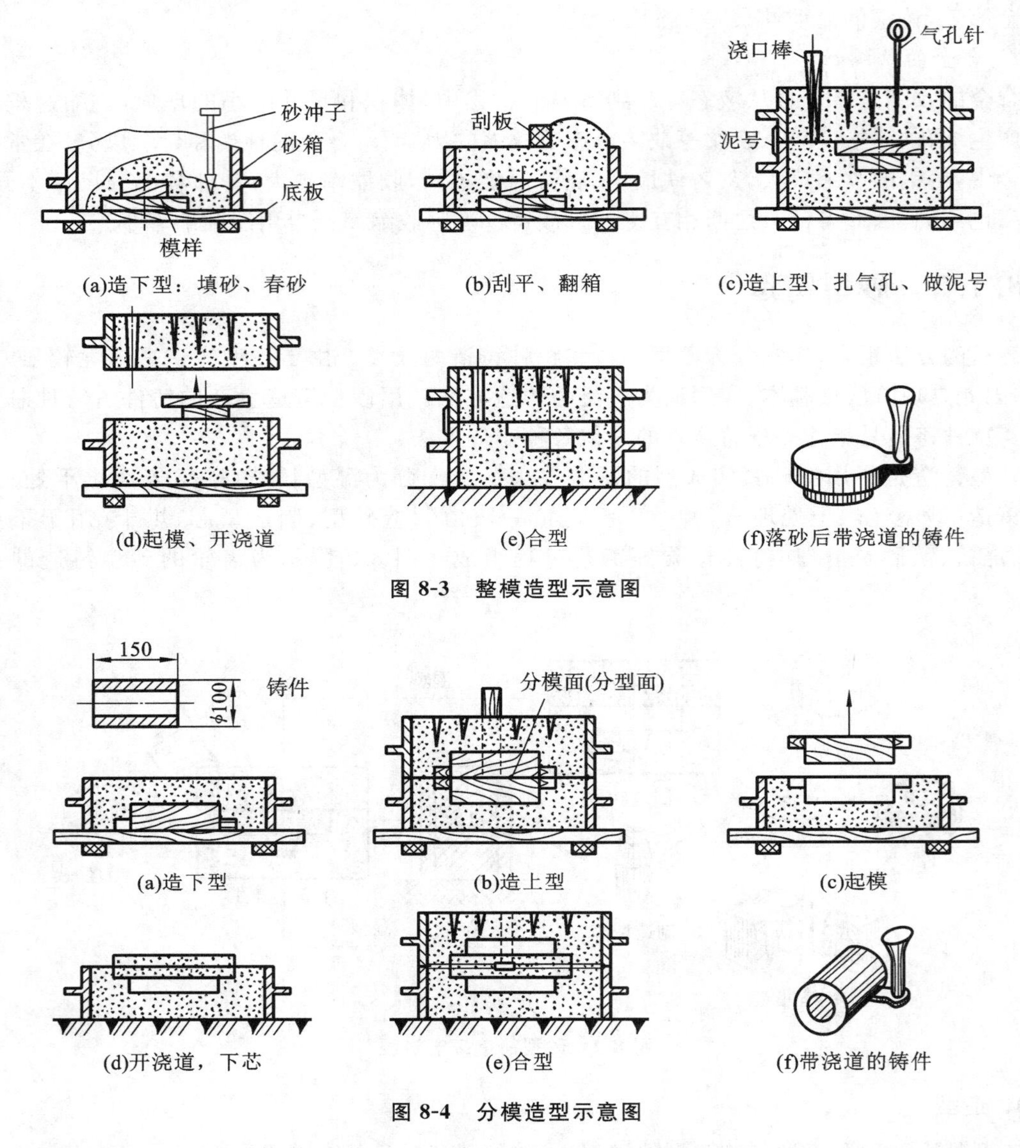

(a)造下型：填砂、舂砂　(b)刮平、翻箱　(c)造上型、扎气孔、做泥号

(d)起模、开浇道　(e)合型　(f)落砂后带浇道的铸件

图 8-3　整模造型示意图

(a)造下型　(b)造上型　(c)起模

(d)开浇道，下芯　(e)合型　(f)带浇道的铸件

图 8-4　分模造型示意图

(3) 刮板造型。刮板造型是指利用刮板代替实体模样制造铸型的方法。刮板的运动形式很多，最常用的是绕垂直轴旋转的刮板，称为立式刮板。图 8-5 所示为皮带轮铸件的立式刮板造型示意图。刮板造型的主要特点是可以节约制造模样的材料和工时，缩短生产时间。铸件的尺寸越大，这些优点越明显。但是，刮板造型只能手工进行，要求工人的技术水平较高，因此，刮板造型只适用与批量较小、尺寸较大的回转体零件，如皮带轮、齿轮、飞轮等。

2) 机器造型

机器造型是指用机器全部地完成或至少完成紧砂工作的造型工序。和手工造型相比机械造型可以改善劳动条件，提高劳动效率，提高铸件的精度和表面质量，但因为其设备、模板及专用砂箱的投资较大，故适用于大批量生产，是现代化铸造车间大批量生产的基本方式。

按紧砂方法不同，机器造型有振压造型、高压造型、抛砂造型、射砂造型等。

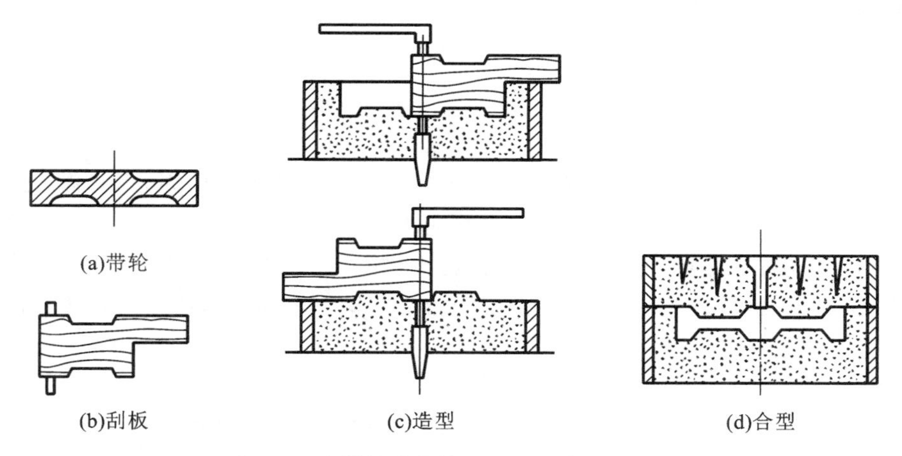

图 8-5　皮带轮铸件的立式刮板造型示意图

2. 制芯

机器零件往往在内部有一定形状的空腔，这些空腔在浇注时必须用型芯予以充塞填实。常见的造芯方法有手工制芯和机器制芯两种，手工制芯主要采用芯盒制芯和刮板制芯，其中芯盒制芯是最常用的方法，如图 8-2 所示，将芯砂填入芯盒，经紧砂、脱盒、烘干、修整后即可制成型芯。

由于型芯是放置于砂型内腔的，浇注时受四周金属的包围，因此，制造型芯时除采用合适的芯砂外，还必须在型芯中放置芯骨并将型芯烘干以增加强度。在型芯中应做出通气孔，将浇注时产生的气体由型芯经芯头通至铸型外，以免产生气体缺陷。

3. 浇注系统

金属液浇入铸型时所流经的通道称为浇注系统，如图 8-6 所示。浇注系统一般由外浇道、直浇道、横浇道、内浇道组成。①外浇道：露出砂型之外，其作用是缓和金属液的冲力并阻挡熔渣；②直浇道：连接外浇道与横浇道的通道，竖直呈倒圆锥形，其作用使金属液产生一定的静压力；③横浇道：连接直浇道与内浇道的通道，其作用是挡渣，并将金属熔液均匀地引导到各个内浇道；④内浇道：将金属液统一以横浇道引入型腔的通道，其作用是控制液态金属流入型腔的速度、方向。

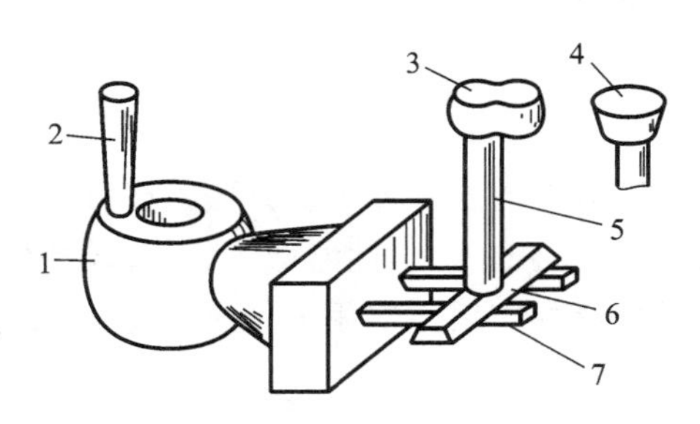

图 8-6　铸件的浇注系统

1—铸件；2—冒口；3—盆形外浇道(浇口盆)；4—漏斗形外浇道(浇口杯)；
5—直浇道；6—横浇道；7—内浇道(两个)

此外，浇注系统还有冒口，一般在铸件的最高处或最厚处的上方设置冒口，其作用是补给铸件凝固收缩时所需的金属，避免产生缩孔、缩松。

4. 合箱

合箱是指将上、下砂型和型芯等装配在一起的操作。合箱前应对砂型和型芯进行检验，若有损坏需要进行修理。合箱时必须保证上下型的准确定位。合箱后两箱必须卡紧并在砂箱上放置压箱铁，以防止造成抬箱、射箱或跑火等事故。

5. 熔炼与浇注

1）熔炼

熔炼包括炉料处理、配料、加料和熔化四部分。通过加热使金属由固态变为液态，通过冶金反应去除金属中的杂质，使其温度和成分达到规定要求。熔化设备有冲天炉、反射炉和电弧炉等，其中冲天炉结构简单、操作方便、效率高、消耗少，并可连续生产，应用最广，是熔炼铸铁的主要设备。反射炉适于熔炼有色合金，电弧炉适于熔炼铸钢。金属熔炼质量的好坏直接影响铸件的力学性能和物理性能。

2）浇注

浇注是指将熔融的金属从浇包（装液态金属的工具）注入铸型的操作。浇注的主要条件包括浇注温度、浇注速度、浇注时间、这三个条件对铸件质量有很大的影响。

6. 落砂与清理

1）落砂

落砂是指用手工或机械使铸件与型砂（芯砂）、砂箱分开的操作过程。浇注后，必须经过充分的凝固和冷却才能落砂。一般铸件比较合适的落砂温度在 400 ℃以下，落砂过早，铸件的冷速过快，使铸件表层出现白口组织，导致难切削；落砂过晚，由于收缩应力大，使铸件产生裂纹，且生产率低。

2）清理

落砂后，铸件常常不可避免地带有部分或全部砂芯，表面黏附着大片砂粒、飞边、毛刺，同时浇口、冒口都还存在，去除这些缺陷的过程称为清理。清理工作强度大，费时费工，应用机械切割、铁锤敲击等方法清除表面黏砂、型砂、多余金属（浇口、冒口），并将合格铸件进行去应力退火。

7. 检验

铸件清理后要进行检验，检验的内容一般有外观、形状、尺寸、机械性能、化学成分、内部缺陷等。通过眼睛观察或借助尖嘴锤找出铸件的表面缺陷（气孔、砂眼、缩孔、冷隔等）。对铸件内部缺陷可进行耐压试验、超声波探伤等。

8.1.3 特种铸造

砂型铸造是目前生产中应用最广泛的一种铸造方法，它可以生产形状非常复杂的零件特别是大铸件，但铸件尺寸精度低，表面粗糙，力学性能低，工人劳动条件差。随着生产技术的发展，特种铸造的方法已得到了日益广泛的应用。常用的特种铸造方法有熔模铸造、压力铸造、金属型铸造和离心铸造等。

1. 熔模铸造

熔模铸造是指用易熔材料（如蜡料）制成模样，在模样上包覆若干层耐火材料，经过干燥、硬化制成型壳，然后加热型壳，模样熔化流出后，经高温熔烧而成为耐火型壳，将液体金属浇入型壳中，金属冷凝后敲掉型壳获得铸件的方法，如图 8-7 所示。由于石蜡-硬脂酸是应用最广泛的易熔材料，故这种方法又叫“石蜡铸造”。

熔模铸造的铸件尺寸精度高，表面粗糙度小，且可生产出形状复杂、轮廓清晰、薄壁铸件；可以铸造各种合金铸件，包括铜、铝等有色合金，各种合金钢，镍基、钴基等特种合金（高熔点难切

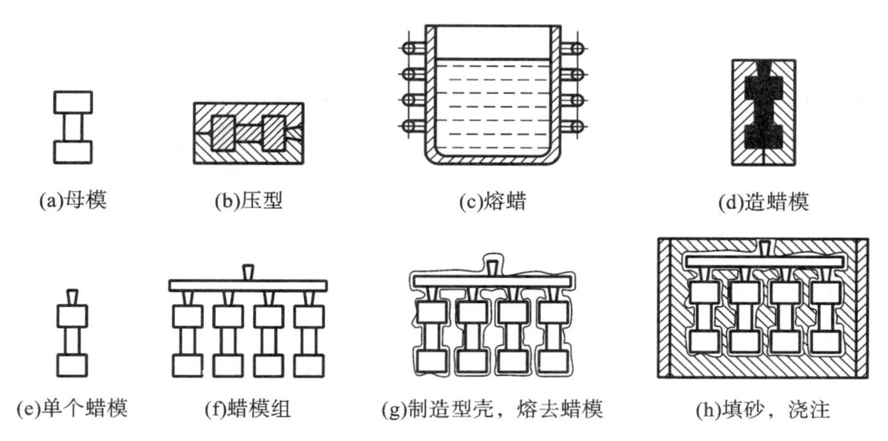

图 8-7 熔模铸造工艺过程图

削加工合金)；生产批量不受限制，能实现机械化流水作业。但熔模铸造工序较多，工艺过程复杂，生产周期较长，铸件不能太长、太大(受蜡模易变形及型壳强度不高的限制)，质量多为几十克到几千克，一般不超过 25 kg，某些模料、黏结剂和耐火材料价格较贵，且质量不够稳定，因而生产成本较高。

熔模铸造也常常被称为“精密铸造”，是少切削和无切削加工工艺的重要方法。它主要用于生产汽轮机、涡轮发动机的叶片与叶轮、纺织机械、拖拉机、船舶、机床、电器、风动工具和仪表上的小零件及刀具、工艺品等。

近年来，国内外在熔模铸造技术方面发展很快，新模料、新黏结剂和制壳的新工艺不断涌现，并已用于生产。目前正在研究与开发熔模铸造与消失模样铸造法的综合新工艺，即用发泡模代替蜡模的新工艺。

2. 压力铸造

压力铸造的主要特征是铸件在高压、高速下成形，与其他铸造方法相比，压力铸造具有以下优点。

(1) 铸件质量好，尺寸精度高，可达 IT11～IT13 级，有时可达 IT9 级。表面粗糙度 Ra 达 0.8～3.2 μm，有时 Ra 达 0.4 μm，产品互换性好。

(2) 生产率比其他铸造方法都高，可达 50～500 次/h，操作简便，易于实现自动化。

(3) 可生产形状复杂、轮廓清晰、薄壁深腔的金属零件，可直接铸出细孔、螺纹、齿形、花纹、文字等，也可铸造出镶嵌件。

(4) 压铸件组织致密，具有较高的强度和硬度，抗拉强度比砂型铸件提高 20%～40%。

但是压铸机和压铸模费用昂贵，生产周期长，只适用于大批量生产。由于金属液在高压高速下充型，型内气体很难排出，压铸件内常有小气孔存在于表皮下面，故压铸件不允许有较大的加工余量以防气孔外露，也不宜进行热处理或在高温下工作，以免气体膨胀而使铸件表面凸起或变形。

压力铸造是近代金属加工工艺中发展较快的一种高效率、无切削的金属成形精密铸造方法。由于上述压铸的优点，这种工艺方法已广泛应用在国民经济的各行各业中。压铸件除用于汽车和摩托车、仪表、工业电器外，还广泛应用于家用电器、农机、无线电、通信、机床、运输、造船、照相机、钟表、计算机、纺织器械等行业。其中汽车和摩托车制造业是最主要的应用领域，汽车约占 70%，摩托车约占 10%。目前生产的一些压铸零件最小的只有几克，最大的铝合金铸件质量达 50 kg，最大的直径可达 2 m。卧式压铸机的工作过程如图 8-8 所示。

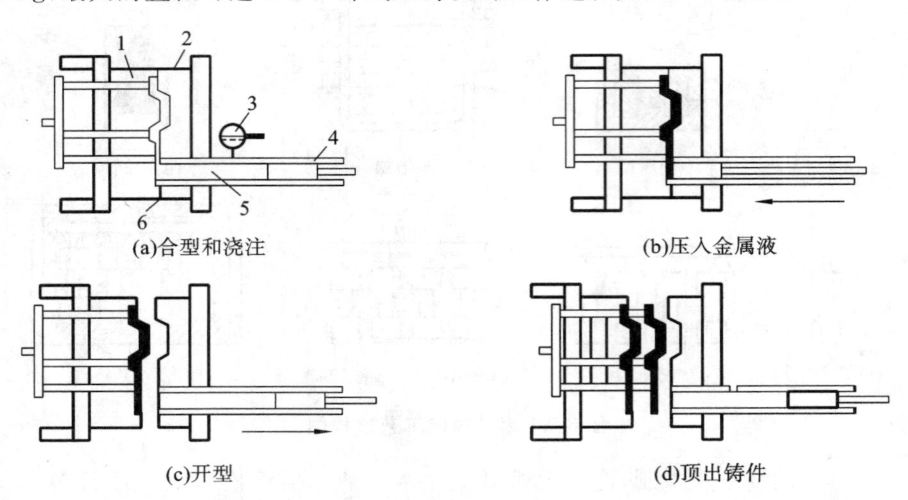

图 8-8 卧式压铸机的工作过程

1—动型；2—静型；3—金属液；4—活塞；5—压室；6—分型面；7—顶杆；8—铸件

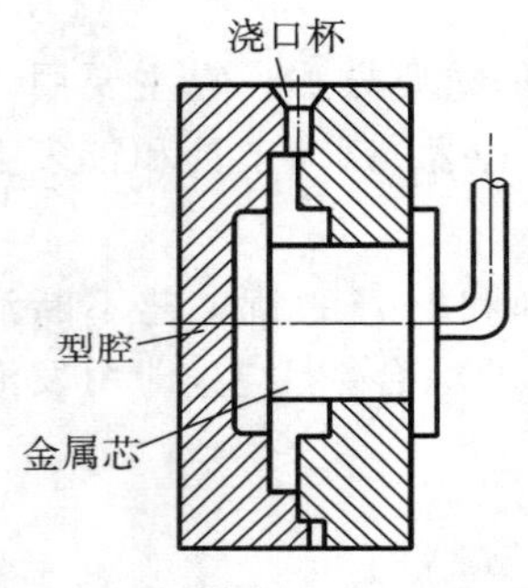

图 8-9 垂直分型式的钢模铸造

3. 金属型铸造

金属型铸造是指金属液在重力作用下浇入金属铸型中，以获得铸件的方法。金属型常用铸铁、铸钢或其他合金制成。金属型可以反复使用，所以，又有“永久型铸造”之称。

图 8-9 所示的垂直分型式的钢模铸造，分型面位于垂直位置，便于开设浇口和取出铸件，易于实现机械化，故应用较多。

金属型模的导热性好，铸件冷却快，因而晶粒细，组织精密，力学性能好，如铝、铜合金铸件的力学性能比砂型铸造提高 20%以上；铸件的精度高，表面质量好，废品率低；金属型可承受多次浇注，实现了“一型多铸”，节约了大量的造型材料、工时、设备和占地面积，显著地提高了生产率，并减少了粉尘对环境的污染。但金属型铸造周期长、成本高，不适于小批量生产；金属型导热性好，降低了金属液的流动性，故不适于形状复杂、大型薄壁铸件的生产；金属型无退让性，冷却收缩时产生的内应力将会造成复杂铸件的开裂；型腔在高温下易损坏，因而不宜铸造高熔点合金。

由于上述缺点，金属型铸造的应用范围受到限制，通常主要用于大批量生产形状简单的有色金属及其合金的中、小型铸件，如飞机、汽车、拖拉机、内燃机等的铝活塞、气缸体、缸盖、油泵壳体、铜合金轴套、轴瓦等。有时也用于生产某些铸铁和铸钢件。

4. 离心铸造

离心铸造是将液态金属浇入高速旋转的铸型内，在离心力作用下充型、凝固后获得铸件的方法。根据铸型旋转空间位置的不同，离心铸造机分两种，如图 8-10 所示。

8.1.4 铸造成形工艺设计

生产铸件时，首先要根据铸件的结构特点、技术要求、生产批量及生产条件等进行铸造工艺设计，其内容包括确定铸造方案和工艺参数，绘制图样和标注符号，编制工艺卡和工艺规程等。

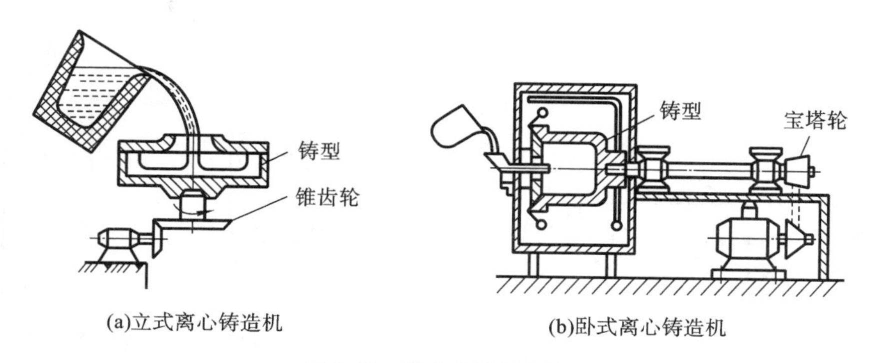

(a)立式离心铸造机　　(b)卧式离心铸造机

图 8-10　离心铸造示意图

1. 浇注位置与分型面的选择

浇注位置是指浇注时铸件在铸型内所处的位置。分型面是指上、下砂型的接触表面。分型面为水平、垂直、倾斜时分别称为水平浇注、垂直浇注和倾斜浇注。浇注位置确定即确定了铸件在浇注时所处的空间位置，分型面的确定则决定了铸件在造型时的位置。

1) 浇注位置的选择原则

铸件的浇注位置要符合铸件的凝固顺序，保证铸件的充型，选择时应注意以下几个原则。

(1) 铸件的主要工作面和重要加工面应朝下或位于侧面(见图 8-11)。这是因为铸件上表面易产生气孔、夹渣、砂眼等缺陷，组织不如下表面致密。若铸件有多个加工面，应将较大的面朝下，其他表面加大加工余量来保证铸造质量。

(2) 铸件的大平面应朝下或采用倾斜浇注(见图 8-12)，以避免因高温金属液使型腔上表面过热而使型砂开裂，造成夹砂、结疤等缺陷。

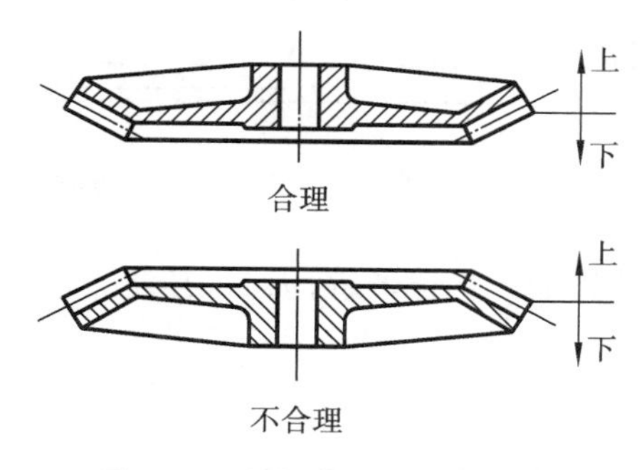

图 8-11　圆锥齿轮的浇注位置

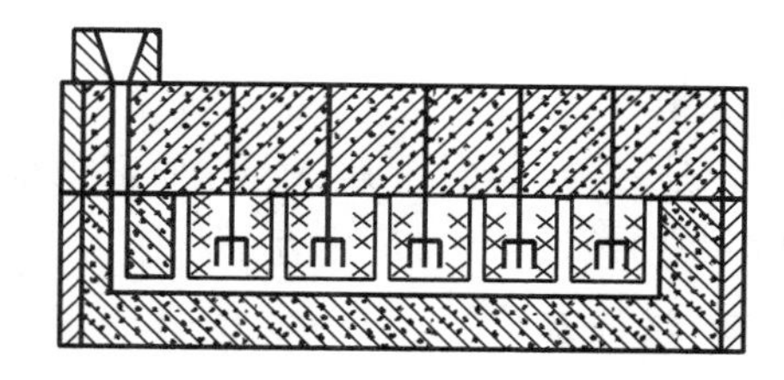

图 8-12　平板的浇注位置

(3) 铸件的薄壁部分应朝下或位于侧面或倾斜浇注(见图 8-13)，以避免产生冷隔或浇不足现象。

(4) 铸件厚大的部分应朝下或位于侧面(见图 8-14)，以便于设置浇冒口进行补缩。

2) 分型面选择原则

(1) 分型面应选择在模型的最大截面处，以便于取模。但要注意不要让模样在一个砂型内过高。如图 8-15 所示，采用方案 2 可以减小下箱模样的高度。

(2) 成批、大量生产时应避免采用活块造型和三箱造型。

(3) 应使铸件中重要的机加工面朝下或垂直于分型面。因为浇注时，液体金属中的渣子、气泡总是浮在上面，铸件的上表面缺陷较多，铸件的下表面和侧面的质量较好，所以使重要的加工面朝下或位于垂直位置，易于保证铸件的质量，如图 8-16 所示。

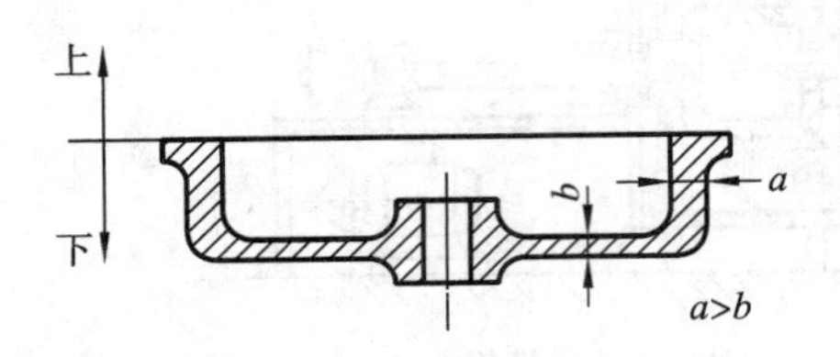

图 8-13　电机端盖的浇注位置

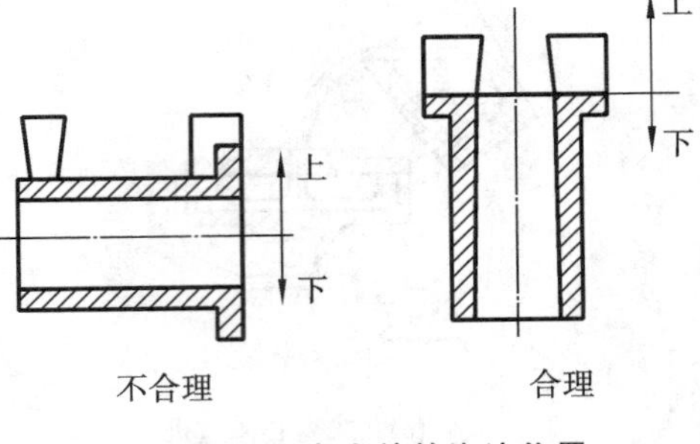

图 8-14　吊车卷筒的浇注位置

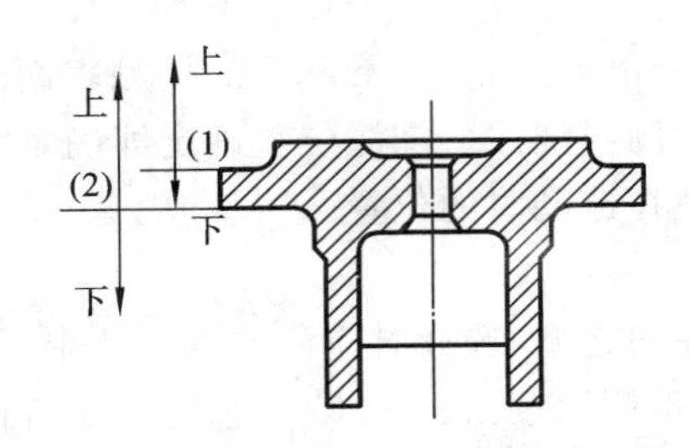

图 8-15　方案 2 可以减小模样在下箱的高度

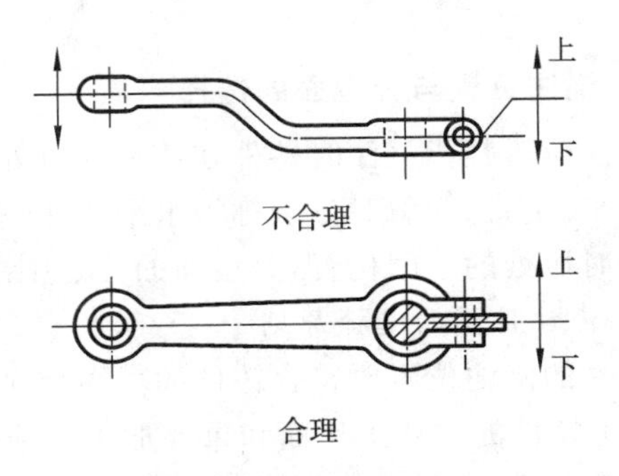

图 8-16　起重臂分型面的选择

(4) 应尽量使铸件的全部或大部分处于同一砂箱，且位于下箱内，或使主要加工面与加工基准面处于同一砂箱中，以防止因错型而影响铸件的精度，同时便于造型、下芯、合箱等操作。如图 8-17 所示，为了保证支架上、下两孔的位置而将其放在同一个型腔中。

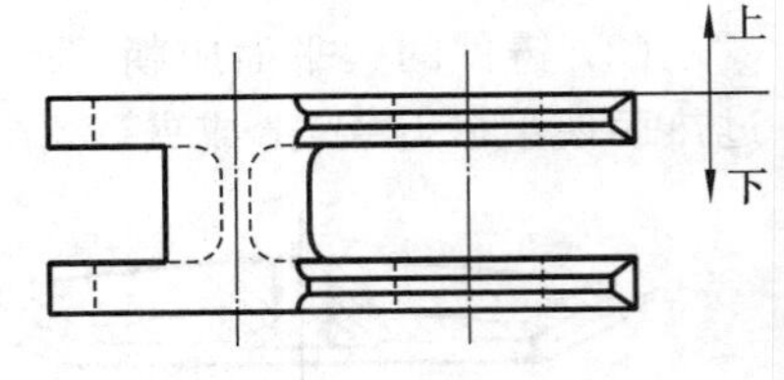

图 8-17　支架的工艺方案

(5) 分型面的选择应尽量与浇注位置一致，以免合箱后再翻转砂箱。

上述各原则，对于具体铸件而言很难全面满足，有时甚至于互相矛盾，因此，必须抓住主要矛盾，全面考虑，选出最优方案。

2. 浇注系统

浇注系统是指为填充型腔和冒口而设于铸型中的一系列通道。其作用是：能够平稳、迅速地注入液体金属；挡渣，防止渣子、砂粒等进入型腔；调节铸件各部分温度，起“补缩”作用。正确地设置浇注系统，对保证铸件质量，降低金属的消耗量有重要的意义。浇注系统设置不当，铸件易产生冲砂、砂眼、渣眼、浇不足、气孔和缩孔等缺陷。

1) 浇注系统各部分的作用

典型的浇注系统由外浇口、直浇道、横浇道和内浇道四部分组成，如图 8-18 所示。对形状简单的小铸件可以省略横浇道。

(1) 外浇口。外浇口多为漏斗形或盆形，其作用是缓和液体金属浇入的冲力，使之平稳地流入直浇口。漏斗型外浇口用于中小型铸件，盆形外浇口用于大型铸件。

(2) 直浇道。直浇道是浇注系统中的垂直通道，断面多为圆形，上大下小，通常带有一定锥度，开在上砂型内，用于连接外浇道和横浇道。其作用是使液体产生一定的静压力，能迅速充满型腔。如果直浇口的高度或直径太小，会使铸件产生浇不足的缺陷。

(3) 横浇道。横浇道是浇注系统中的水平通道部分，一般开在上箱分型面上，其断面通常为高梯形。它将金属液由直浇道导入内浇道，并起挡渣作用，还能减缓金属液流的速度，使金属液平稳流入内浇道。

(4) 内浇道。内浇道是浇注系统中引导液态金属进入型腔的部分，截面形状有扁梯形、月牙形，也可用三角形。其作用是控制金属液流入型腔的速度和方向，调节铸件各部分的冷却速度。内浇道的形状、位置和数目，以及导入液流的方向，是决定铸件质量的关键之一。开设内浇道应尽可能使金属液快而平稳地充型，但要使金属液顺着型壁流动，避免直接冲击芯和砂型的凸出部分，如图 8-19 所示。另外，内浇道一般不应开在铸件的重要部位，其截面形状还要考虑清理方便。

有些铸件还开设冒口，冒口是在铸型内储存供补缩铸件和金属液的空腔。有时还起排气集渣的作用。冒口应开在型腔最厚实和最高的部位，以使冒口内金属液最后凝固达到补缩目的。其形状多为圆柱形、方形或腰圆形，其大小、数量和位置视具体情况而定。

图 8-18　浇注系统

1—浇口盆；2—直浇道；3—横浇道；4—内浇道

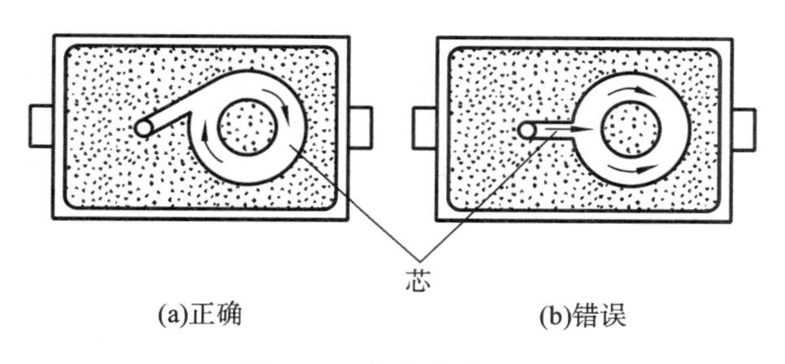

图 8-19　内浇道的位置

2) 浇注系统的类型

按金属液注入的方式不同，浇注系统分为顶注式、底注式、阶梯式和中间注入式等，如图 8-20所示。

(1) 顶注式。液体金属容易充满薄壁铸件，补缩作用好，金属消耗少，但容易冲坏铸型和产生飞溅，主要用于不太高而形状简单、薄壁及中等壁厚的铸件。

(2) 底注式。液体金属流动平稳，不易冲砂，但是补缩作用较差，对薄壁铸件不易浇满。这种浇注系统主要用于中、大型厚壁，形状较复杂，高度较大的铸件和某些易氧化的合金铸件。

(3) 中间注入式。中间注入式是介于顶注式和底注式之间的一种浇注系统，开设很方便，应用最普遍。多用于一些中型、不很高的水平尺寸较大的铸件。

(4) 阶梯式。阶梯式主要用于高大的铸件(一般高度大于 800 mm)。此类浇注系统能使金属液自下而上地进入型腔，兼有顶注式和底注式的优点。

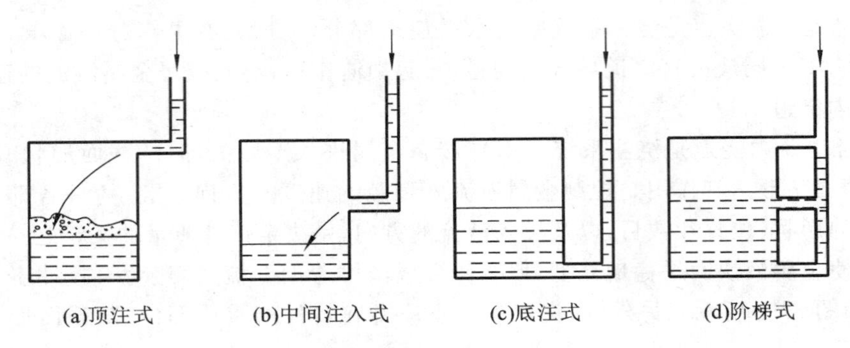

图 8-20　浇注系统的分类

3）冒口

从金属液浇入铸型到获得铸件，发生体积收缩产生气孔，若留在铸件中产生缩松、缩孔等铸造缺陷。铸造生产中，防止缩松、缩孔缺陷的有效措施是设置冒口。冒口的主要作用是补缩，此外，还有出气和集渣的作用。

（1）冒口的设置原则。凝固时间应大于或等于铸件的凝固时间；有足够的金属补充铸件的收缩；与铸件上被补缩部位之间必须存在补缩通道。

（2）冒口的形状。冒口的形状直接影响它的补缩效果，生产中应用最多的是圆柱形、腰圆柱形、球顶圆柱形，如图 8-21 所示。

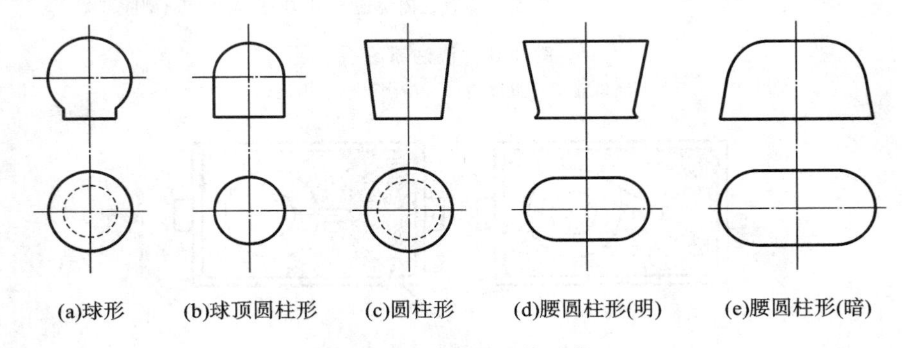

图 8-21　常用冒口的形状

（3）冒口位置。合理地设置冒口的位置，可以有效地消除铸件中的缩松、缩孔缺陷。一般应遵守以下原则：冒口应尽量设置在铸件被补缩部位上部或最后凝固的地方；冒口应尽量设置在铸件最高最厚的位置，以便于利用金属液的自重进行补缩；冒口应尽可能不阻碍铸件的收缩；冒口最好设置在铸件需要机械加工的表面上，以减少精加工铸件的工时。

3. 工艺参数的选择

铸造工艺参数通常是指铸型工艺设计时需要确定的某些工艺数据，这些工艺参数一般都与模样和芯盒尺寸有关，即与铸件的精度有关，同时与造型、制芯、下芯及合箱的工艺过程有联系。铸造工艺参数包括加工余量、最小铸孔的尺寸、收缩余量、起模斜度、型芯头尺寸等。合理选择工艺参数，不仅使铸件的尺寸、形状精确，而且会让造型、制芯、下芯、合箱都大为简便，有利于提高生产率，降低成本。

1）加工余量和铸孔

加工余量是指为保证铸件加工面尺寸和零件精度，在铸件工艺设计时预先增加而在机械加工时切去的金属层厚度。其大小取决于铸件的材料、铸造方法、加工面在浇注时的位置、铸件结构、尺寸、加工质量要求等。如与铸钢件相比，灰铸铁表面平整，精度较高，加工余量小；而有色金属铸件和加工余量比灰铸铁还小。与手工造型相比，机器造型的精度高，加工余量小。尺寸大、结构复杂、精度不易保证的铸件，比尺寸小、形状简单的铸件加工余量要大些。表 8-1 列出了灰口铸铁的机械加工余量。

表 8-1　与铸件尺寸公差配套使用的铸件机械加工余量

CT		11		12			13			14		15	
MA		G	H	G	H	J	G	H	J	H	J	H	J
基本尺寸		加工余量数值											
大于	至												
—	100	4.0 3.0	4.5 3.5	4.5 3.0	5.0 3.5	6.0 4.5	6.0 4.0	6.5 4.5	7.5 5.5	7.5 5.0	8.5 6.0	9.0 5.5	10 6.5
100	160	4.5 3.5	5.5 4.5	5.5 4.0	6.5 5.0	7.5 6.0	7.0 4.5	8.0 5.5	9.0 6.5	9.0 6.0	10 7.0	11 7.0	12 8.0
160	250	6.0 4.5	7.0 5.5	7.0 5.0	8.0 6.0	9.5 7.5	8.5 6.0	9.5 7.0	11 8.5	11 7.5	13 9.0	13 8.5	15 10
250	400	7.0 5.5	8.5 7.0	8.0 6.0	9.5 7.5	11 9.0	9.5 6.5	11 8.0	13 10	13 9.0	15 11	15 10	17 12
400	630	7.5 6.0	9.5 8.0	9.0 6.5	11 8.5	14 11	11 7.5	13 9.5	16 12	15 11	18 13	17 12	20 14

注：表中每栏有两个加工余量数值，上面数值是一侧为基准，另一侧是进行单侧加工的加工余量值；下面数值是进行双侧加工的加工余量值。

机械零件上往往有许多孔，一般来说，应尽可能在铸造铸出，这样既可节约金属，减少机械加工的工作量，又可使铸件壁厚比较均匀，减少形成缩孔、缩松等铸造缺陷的倾向。但是，当铸件上的孔尺寸太小，而铸件的壁厚又较厚和金属压力头较高时反而会使铸件产生黏砂。有的孔为了铸出，必须采用复杂而且难度较大的工艺措施，而实现这些措施还不如用机械加工的方法制出更为方便和经济，有时由于孔距要求很精确，铸孔很难保证质量。因此在确定零件上的孔是否铸出时，必须考虑铸出这些孔的可能性和必要性、经济性。

最小铸出孔和铸件和生产批量、合金种类、铸件大小、孔的长度及孔的直径等有关。表 8-2 所列出最小铸孔的数值，仅供参考。

表 8-2　铸件的最小铸出孔径

生产批量	最小铸造出孔直径/mm	
	灰　铸　铁　件	铸　钢　件
大量生产	12～15	
成批生产	15～30	30～50
单件小批生产	30～50	50

注：①若是加工孔，则孔的直径应为加上加工余量后的数值；
②有特殊要求的铸件除外。

2）收缩余量

收缩余量是指为了补偿铸件收缩，模样比铸件尺寸增大的数值。收缩余量一般根据线收缩率来确定：

$$\varepsilon = \frac{L_{模} - L_{件}}{L_{件}} \times 100\%$$

式中，$L_{模}$ 和 $L_{样}$ 分别表示模样和铸件的尺寸。

收缩余量大小与合金的种类有关，同时还受铸件结构、大小、壁厚、铸型种类及收缩时受阻情况等因素的影响。表 8-3 所示为砂型铸造时各种合金的铸造收缩率的经验数据。

表 8-3　铸造合金的线收缩率

铸件种类			收缩率/(%)	
			阻碍收缩	自由收缩
灰铸铁	中小型铸件		0.8～1.0	0.9～1.1
	大中型铸件		0.7～0.9	0.8～1.0
	特大型铸件		0.6～0.8	0.7～0.9
球墨铸铁	珠光体球墨铁铸件		0.6～0.8	0.9～1.1
	铁素体球墨铁铸件		0.4～0.6	0.8～1.0
蠕墨铸铁	蠕墨铸铁件		0.6～0.8	0.8～1.2
可锻铸铁	黑心可锻铸铁件	壁厚>25 mm	0.5～0.6	0.6～0.8
		壁厚<25 mm	0.6～0.8	0.8～1.0
	白心可锻铸铁件		1.2～1.8	1.5～2.0
铸钢	碳钢与合金结构钢铸件		1.3～1.7	1.6～2.0
	奥氏体、铁素体钢铸件		1.5～1.9	1.8～2.2
	纯奥氏体钢铸件		1.7～2.0	2.0～2.3

3）起模斜度（拔模斜度）

起模斜度是指为使模样容易从铸型中取出或型芯自芯盒脱出，平行于起模方向，在模样或芯盒壁上所增加的斜度。起模斜度的大小与模样壁的高度、模样的材料、造型方法等有关，通常为 $0°15'$～$3°$。壁越高，斜度越小；外壁斜度比内壁小；金属模的斜度比木模小；机器造型的比手工造型的小。

起模斜度的设计方法：对于加工面当壁厚<8 mm 时可采用增加壁厚法；当壁厚为 8～12 mm 时可采用加减壁厚法。对开非加工面，常采用减少壁厚法。

4）芯头

芯头是指伸现铸件以外不与金属接触的砂芯部分。作用是定位、支撑和排气。为了承受砂芯本身重力及浇注时液体对砂芯的浮力，芯头的尺寸应足够大才不致破损；浇注后砂芯所产生的气体，应能通过芯头排至铸型以外。在设计芯头时，除了要满足上面的要求外，还要考虑下芯、合箱方便，应留有适当斜度，芯头与芯座之间要留有 1～4 mm 的间隙。图 8-22 所示为芯头的类型及芯头与芯座之间的间隙。

4. 铸造工艺图

铸造工艺图是表示分型号面、砂芯的结构尺寸、浇冒口系统和各需工艺参数的图形。单件

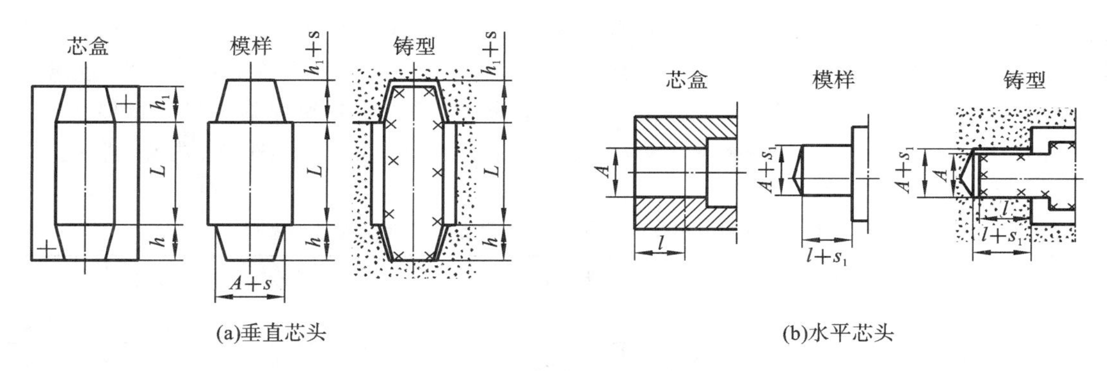

(a)垂直芯头　　(b)水平芯头

图 8-22　芯头和芯座之间的间隙

小批量生产时，铸造工艺图是用红蓝色线条按规定的符号和文字画在零件图上，如图 8-23 所示。

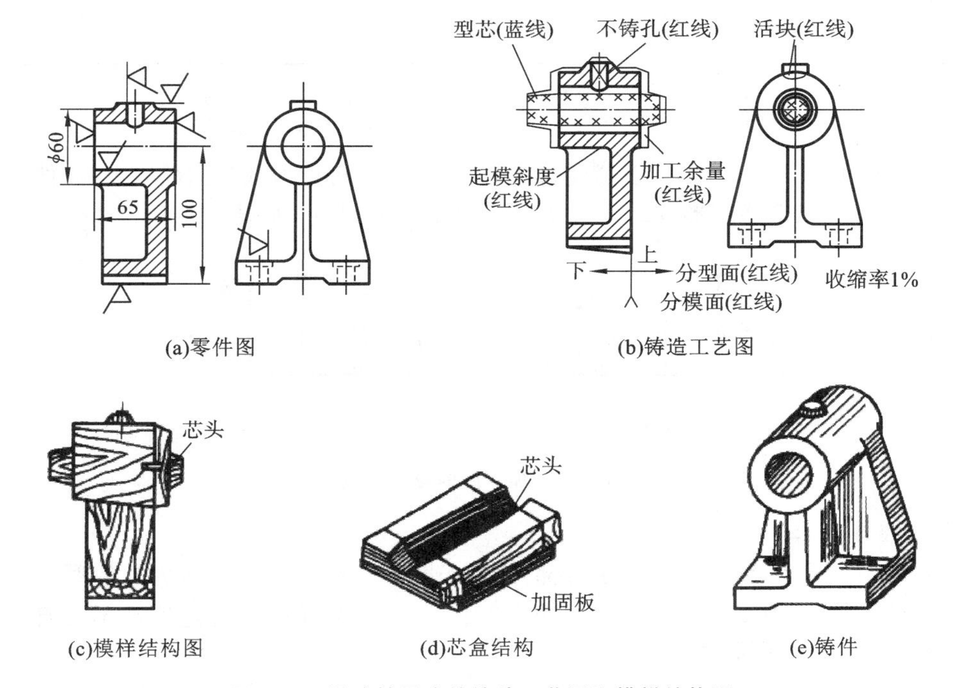

(a)零件图　　(b)铸造工艺图

(c)模样结构图　　(d)芯盒结构　　(e)铸件

图 8-23　滑动轴承座的铸造工艺图和模样结构图

8.1.5　铸件的结构工艺性

进行铸件结构设计时，不仅要考虑能否满足使用性能的要求，而且必须考虑结构是否符合铸造工艺和铸件质量的要求。合理的铸件结构将简化铸造工艺过程，减少和避免产生铸造缺陷，提高生产率，降低材料消耗及生产成本。

1. 铸件质量对结构的要求

为了避免铸造缺陷的产生，在设计铸件结构时，根据铸造质量的要求，考虑以下因素。

1）铸件的壁厚应合理

铸件壁厚过薄易产生浇不足、冷隔等缺陷；过厚易在壁中心处形成粗大晶粒，并产生缩孔、缩松等缺陷。因此铸件壁厚应在保证使用性能的前提下合理设计。每一种铸造合金钢，采用某种铸造方法，要求铸件有其合适的壁厚范围。因此每种铸造合金在规定的铸造条件下所浇注铸件的“最小壁厚”均不同(见表8-4)；相应的各种铸造合金也有一个最大临界壁厚，超过此壁厚，铸件承载能力不再按比例地随壁厚的增加而增加。通常，最大临界壁厚约为最小壁厚的三倍。为使铸件各部分均匀冷却，一般外壁厚度大于内壁，内壁大于肋，外壁、内壁、肋之比约为1∶0.8∶0.6。

表8-4　铸造合金在规定的铸造条件下所浇注铸件的最小壁厚

铸型种类	铸件尺寸(长×宽)	铸钢	灰铸铁	球墨铸铁	可锻铸铁	铝合金	铜合金
砂型	<200×200	6～8	5～6	6	4～5	3	3～5
	200×200～500×500	10～12	6～10	12	5～8	4	6～8
	>500×500	18～25	15～20	—	—	5～7	—
金属型	<70×70	5	4	—	2.5～3.5	2～3	3
	70×70～150×150	—	5	—	3.5～4.5	4	4～5
	>150×150	10	6	—	—	5	6～8

注：① 结构复杂的铸件及高强度灰铸铁件，选取较大值；
② 最小壁厚是指未加工壁的最小壁厚。

为保证铸件的强度和刚度，又要避免过大的截面，一般可根据载荷的性质，将铸件截面设计成T字形、工字形、槽形或箱形等结构，在脆弱处可设置加强肋，如图8-24所示。

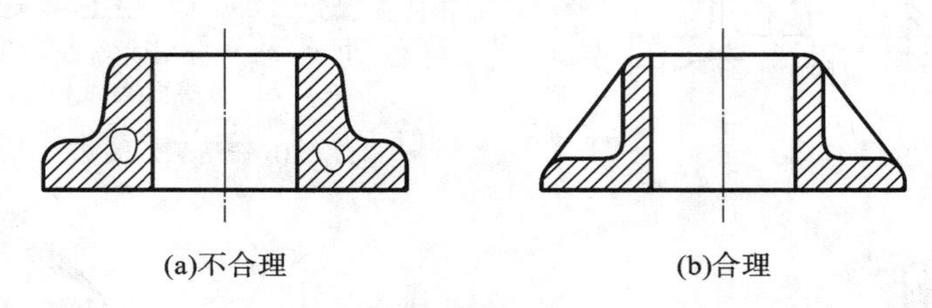

(a)不合理　　(b)合理

图8-24　加强肋的应用示例

2）铸件壁厚力求均匀

铸件各部位壁厚若相差过大，由于各部位冷却速度不同，易形成热应力而使厚壁与薄壁连接处产生裂纹，同时在厚壁处形成热节而产生缩孔、缩松等缺陷。因此应取消不必要的厚大部分，减小、减少热节，如图8-25所示。

3）铸件壁的连接和圆角

铸件的壁厚应力求均匀，如果因结构所需，不能达到厚薄均匀，则铸件各部分不同壁厚的连接应采用逐渐过渡。壁厚过渡形式如图8-26所示。图8-27列举了两种铸钢件的结构。图8-27(a)所示结构由于两截面交接处成直角形拐弯而形成热节，故在此处易形成热裂。改进设计后如图8-27(b)所示，采用圆角过渡可以有效地消除热裂倾向。

4）防止铸件产生变形

为了防止某些细长易挠曲的铸件产生变形，应将其截面设计成对称结构，利用对称截面的相互抵消作用减小变形。为防止大而薄的平板铸件产生翘曲变形，可设置加强肋以提高其刚度，防止变形，如图8-28所示。

5）铸件应避免有过大的水平面

铸件上过大的水平面不利于金属液的充填，不利于气体和夹杂物的排除，容易使铸件产生冷隔、浇不足、气孔、夹渣等缺陷。并且，铸型内水平型腔的上表面受高温金属液长时间烘烤，易

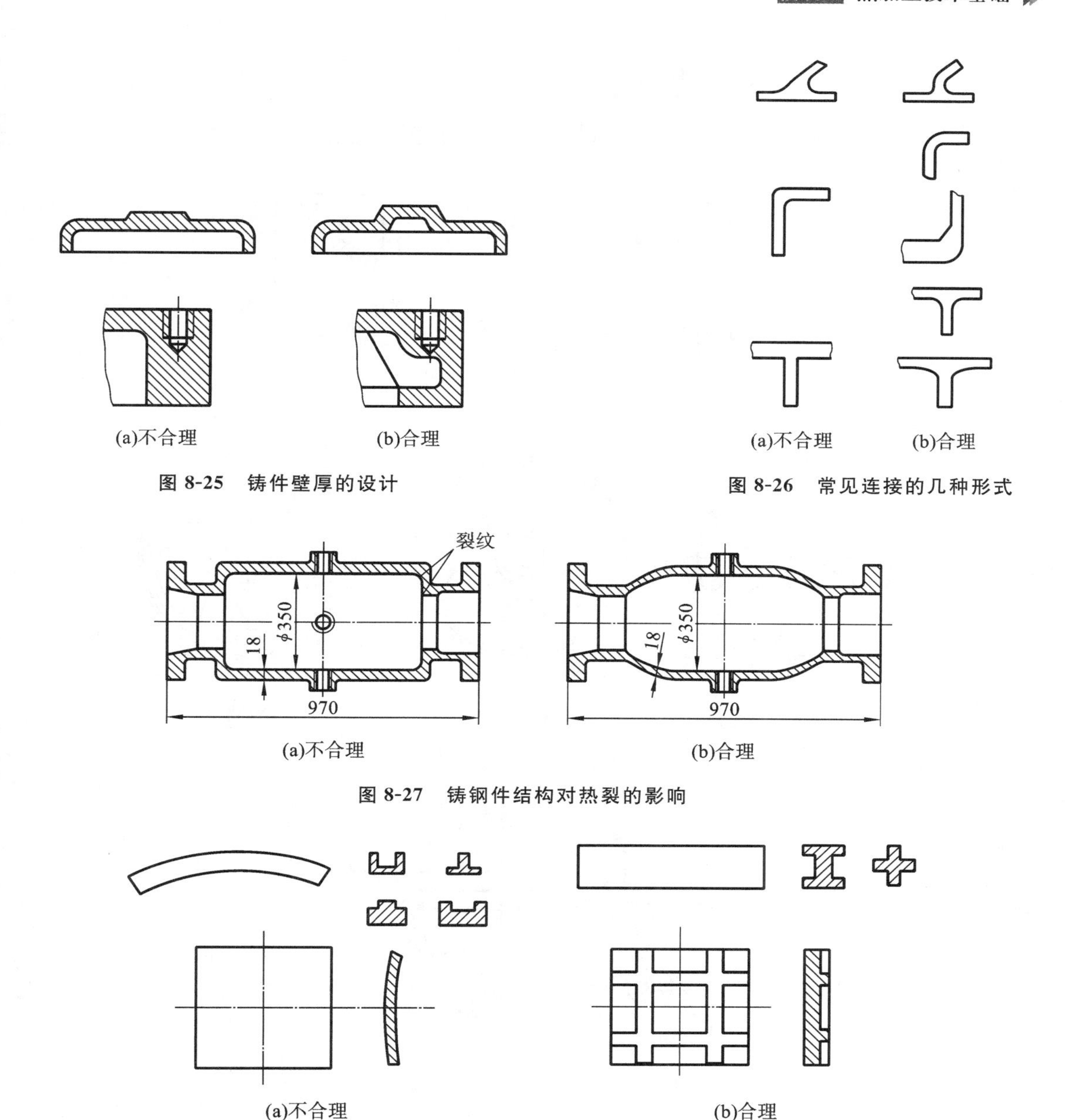

(a)不合理　(b)合理

图 8-25　铸件壁厚的设计

(a)不合理　(b)合理

图 8-26　常见连接的几种形式

(a)不合理　(b)合理

图 8-27　铸钢件结构对热裂的影响

(a)不合理　(b)合理

图 8-28　防止变形的铸件结构

开裂而产生夹砂、结疤等缺陷。因此，应尽量将其设计成倾斜壁，如图 8-29 所示。

6）铸件结构应有利于自由收缩

铸件收缩受到阻碍时将产生应力，当应力超过合金的强度极限时将产生裂纹。因此设计铸件时应尽量使其自由收缩。图 8-30(a)所示轮形铸件的轮辐为偶数、直线形，对于线收缩很大的合金，会因为应力过大而产生裂纹。将其改为奇数轮辐，或如图 8-30(b)、(c)所示的带孔辐板和弯曲轮辐，则可借轮辐和轮缘的微量变形来减小应力，防止裂纹。

7）铸件结构应符合凝固原则

对于小型或中型薄壁铸铁件或其他合金铸件，可采用同时凝固，铸件壁厚应均匀，过渡要平缓，如图 8-31(a)所示；对于致密度和气密度要求高的铸件或收缩大、易产生缩孔的合金铸件，可采用定向凝固，铸件壁厚应下薄上厚呈倒锥状，如图 8-31(b)所示，以便于在铸件上部安置冒口

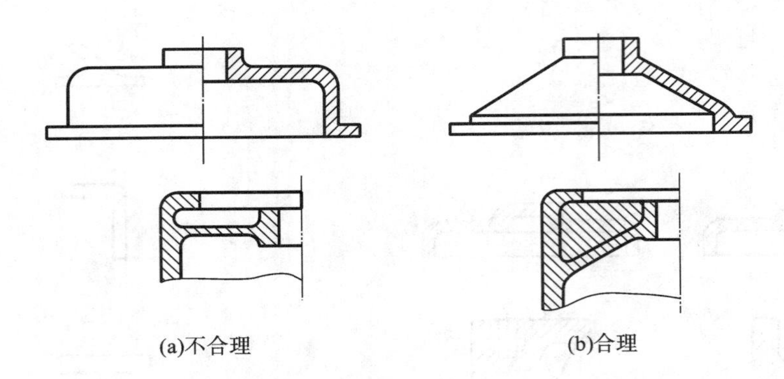

图 8-29　过大水平面的设计

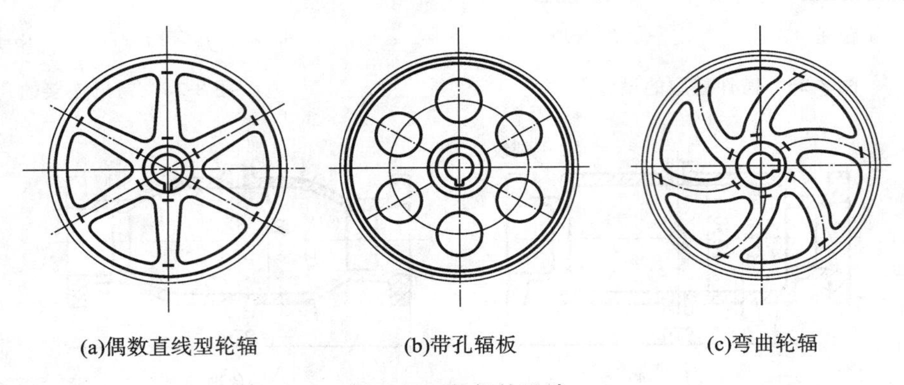

图 8-30　轮辐的设计

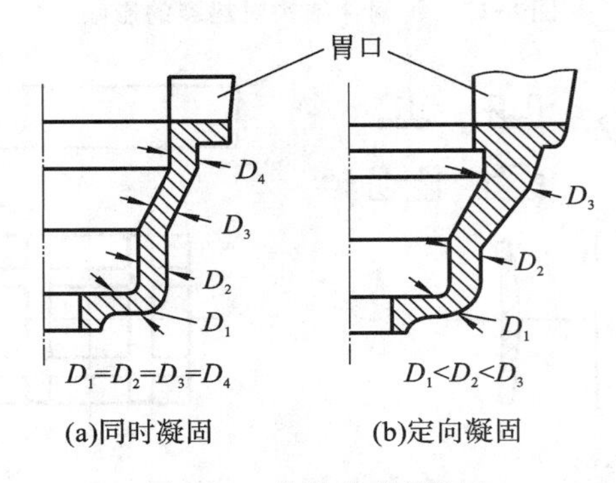

图 8-31　铸件的凝固顺序

进行补缩。

2. 铸造工艺对结构的要求

在满足使用性能的前提下，铸件结构应尽量简化制模、造型、制芯、合箱和清理等铸造生产工序。设计铸件结构时，应考虑以下因素。

(1) 尽量减少分型面的数量，并使分型面为平面。分型面的数量少，可相应减少砂箱数量，以避免因错型而造成的尺寸误差，提高铸件精度，如图 8-32 所示。分型面为平面可省去挖砂等操作，简化造型工序。

(2) 尽量取消铸件外表侧凹。铸件侧凹入部分则必然妨碍起模，这时需要增加砂芯才能形成凹入部分的形状，如若改进铸件结构，即能避免侧凹部分，如图 8-33 所示。

(3) 有利于型芯固定、排气和清理。将轴承支架的原设计图 8-34(a)改为图 8-34(b)所示的

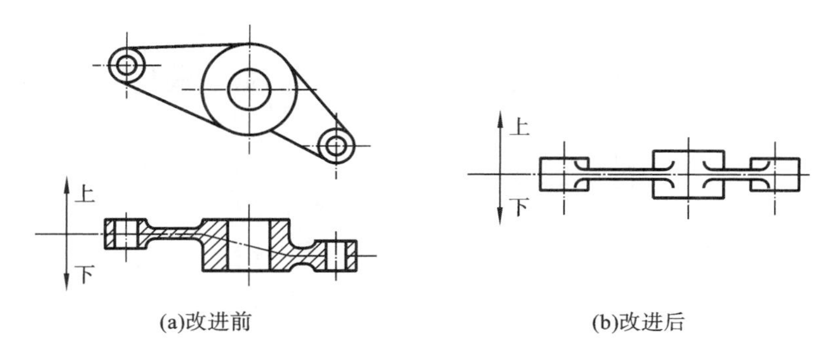

(a)改进前　　(b)改进后

图 8-32　摇臂铸件的结构设计

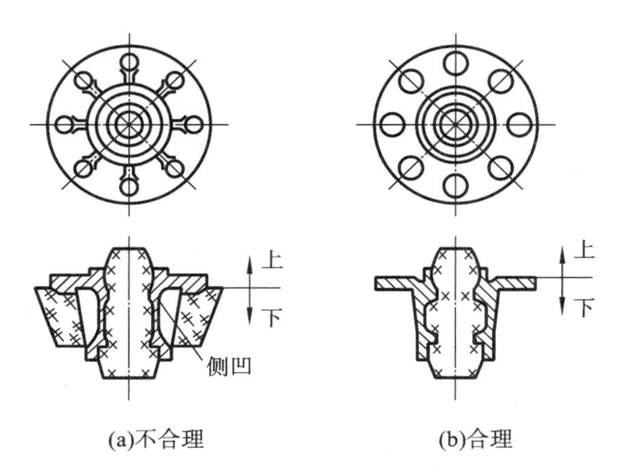

(a)不合理　　(b)合理

图 8-33　带有外表侧凹的铸件结构改进

结构，型芯为具有三个芯头的整体结构，避免了原设计中型芯难以固定、排气和清理的问题。型芯只能用型芯撑支承，型芯的稳定性不够，排气不好，且铸件不易清理。在不影响使用性能的前提下，将其改为图 8-35 所示的结构，在铸件底部增设两工艺孔，可简化铸造工艺。若零件不允许有此孔，可在机械加工时用螺钉或柱塞堵死，如为铸钢件可用钢板焊死。

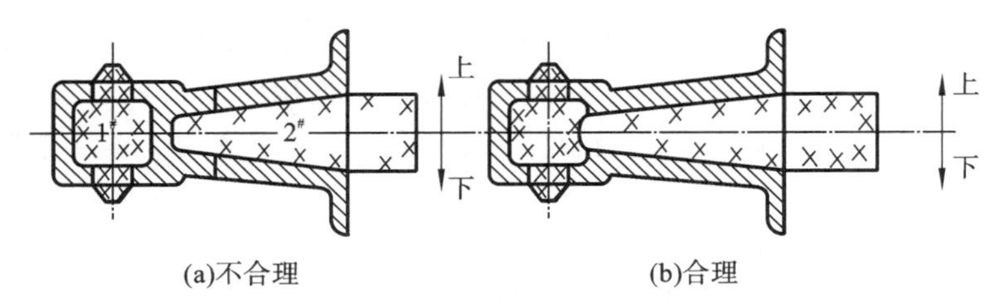

(a)不合理　　(b)合理

图 8-34　轴承支架的结构设计

(4) 结构斜度。铸件上凡垂直于分型面的非加工表面均应设计出斜度，即结构斜度，如图 8-36 所示。结构斜度使起模方便，不易损坏型腔表面，延长模具使用寿命；起模时模样松动小，铸件尺寸精度高；有利于采用吊砂或自带型芯；还可以使铸件外形美观。结构斜度的大小与壁的高度、造型方法、模样的材料等很多因素有关。一般凸台或壁厚过渡处的斜度为 30°～45°，随铸件高度增加，其斜度减小；铸件内侧斜度大于外侧；木模或手工造型的斜度（1°～3°）大于金属模或机器造型的斜度（0°30′～1°）

(5) 去除不必要的圆角。虽然铸件的转角处几乎都希望用圆角相连接，这是由铸件的结晶和凝固合理性决定的。但是有些外圆角对铸件质量影响并不大，反而对造型或制芯等工艺过程

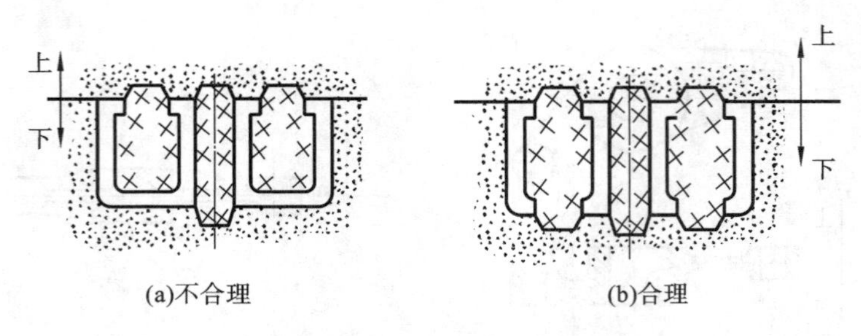

(a)不合理　　(b)合理

图 8-35　增设工艺孔的铸件结构

有不良效果，这时就应将圆角取消，如图 8-37 所示。

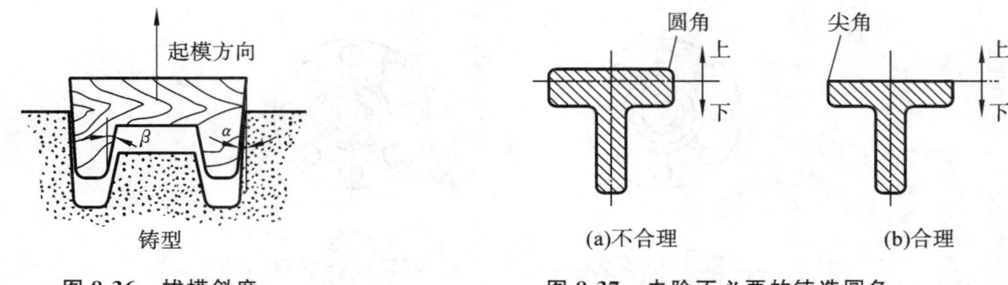

图 8-36　拔模斜度

(a)不合理　　(b)合理

图 8-37　去除不必要的铸造圆角

8.1.6　铸造成型技术发展简介

铸造是人类掌握比较早的一种金属热加工工艺，已有约 6000 年的历史。中国在公元前 1700 年—前 1000 年之间已进入青铜铸件的全盛期，工艺上已达到相当高的水平。中国商朝的重 875 kg 的司母戊方鼎，战国时期的曾侯乙尊盘，西汉的透光镜，都是古代铸造的代表产品。

早期的铸件大多是农业生产、宗教、生活等方面的工具或用具，艺术色彩浓厚。那时的铸造工艺是与制陶工艺并行发展的，受陶器的影响很大。

中国在公元前 513 年，铸出了世界上最早见于文字记载的铸铁件——晋国铸型鼎，重约 270 kg。欧洲在公元 8 世纪前后也开始生产铸铁件。铸铁件的出现，扩大了铸件的应用范围。例如在 15—17 世纪，德、法等国先后敷设了不少向居民供饮用水的铸铁管道。18 世纪的工业革命以后，蒸汽机、纺织机和铁路等兴起，铸件进入为大工业服务的新时期，铸造技术开始有了大的发展。

进入 20 世纪，铸造的发展速度很快，其重要因素之一是产品技术的进步，要求铸件各种机械物理性能更好，同时仍具有良好的机械加工性能；另一个原因是机械工业本身和其他工业如化工、仪表等的发展，给铸造业创造了有利的物质条件。如检测手段的发展，保证了铸件质量的提高和稳定，并给铸造理论的发展提供了条件；电子显微镜等的发明，帮助人们深入金属的微观世界，探查金属结晶的奥秘，研究金属凝固的理论，指导铸造生产。

在这一时期内开发出大量性能优越、品种丰富的新铸造金属材料，如球墨铸铁，能焊接的可锻铸铁，超低碳不锈钢，铝铜、铝硅、铝镁合金，钛基、镍基合金等，并发明了对灰铸铁进行孕育处理的新工艺，使铸件的适应性更为广泛。

20 世纪 50 年代以后，出现了湿砂高压造型、化学硬化砂造型和造芯、负压造型以及其他特种铸造、抛丸清理等新工艺，使铸件具有很高的形状、尺寸精度和良好的表面光洁度，铸造车间的劳动条件和环境卫生也大为改善。20 世纪以来铸造业的重大进展中，灰铸铁的孕育处理和化学硬化砂造型这两项新工艺有着特殊的意义。这两项发明，冲破了延续几千年的传统方法，给铸造工艺开辟了新的领域，对提高铸件的竞争能力产生了重大的影响。

铸造一般按造型方法来分类，习惯上分为普通砂型铸造和特种铸造。普通砂型铸造包括湿砂型、干砂型、化学硬化砂型三类。特种铸造按造型材料的不同，又可分为两大类：一类以天然矿产砂石作为主要造型材料，如熔模铸造、壳型铸造、负压铸造、泥型铸造、实型铸造、陶瓷型铸造等；一类以金属作为主要铸型材料，如金属型铸造、离心铸造、连续铸造、压力铸造、低压铸造等。

铸造工艺可分为三个基本部分，即铸造金属准备、铸型准备和铸件处理。铸造金属是指铸造生产中用于浇注铸件的金属材料，它是以一种金属元素为主要成分，并加入其他金属或非金属元素而组成的合金，习惯上称为铸造合金，主要有铸铁、铸钢和铸造有色合金。

金属熔炼不仅仅是单纯的熔化，还包括冶炼过程，使浇进铸型的金属，在温度、化学成分和纯净度方面都符合预期要求。为此，在熔炼过程中要进行以控制质量为目的的各种检查测试，液态金属在达到各项规定指标后方能允许浇注。有时，为了达到更高要求，金属液在出炉后还要经炉外处理，如脱硫、真空脱气、炉外精炼、孕育或变质处理等。熔炼金属常用的设备有冲天炉、电弧炉、感应炉、电阻炉、反射炉等。

不同的铸造方法有不同的铸型准备内容。以应用最广泛的砂型铸造为例，铸型准备包括造型材料准备和造型造芯两大项工作。砂型铸造中用来造型造芯的各种原材料，如铸造砂、型砂黏结剂和其他辅料，以及由它们配制成的型砂、芯砂、涂料等统称为造型材料。造型材料准备的任务是按照铸件的要求、金属的性质，选择合适的原砂、黏结剂和辅料，然后按一定的比例把它们混合成具有一定性能的型砂和芯砂。常用的混砂设备有碾轮式混砂机、逆流式混砂机和叶片沟槽式混砂机。后者是专为混合化学自硬砂设计的，连续混合，速度快。

造型造芯是根据铸造工艺要求，在确定好造型方法，准备好造型材料的基础上进行的。铸件的精度和全部生产过程的经济效果，主要取决于这道工序。在很多现代化的铸造车间里，造型造芯都实现了机械化或自动化。常用的砂型造型造芯设备有高、中、低压造型机，抛砂机，无箱射压造型机，射芯机，冷和热芯盒机等。

铸件自浇注冷却的铸型中取出后，有浇口、冒口及金属毛刺披缝，砂型铸造的铸件还黏附着砂子，因此必须经过清理工序。进行这种工作的设备有抛丸机、浇口冒口切割机等。砂型铸件落砂清理是劳动条件较差的一道工序，所以在选择造型方法时，应尽量考虑为落砂清理创造方便条件。有些铸件因特殊要求，还要经铸件后处理，如热处理、整形、防锈处理、粗加工等。

铸造是比较经济的毛坯成形方法，对于形状复杂的零件更能显示出它的经济性。如汽车发动机的缸体和缸盖，船舶螺旋桨以及精致的艺术品等。有些难以切削的零件，如燃气轮机的镍基合金零件不用铸造方法无法成形。另外，铸造的零件尺寸和重量的适应范围很宽，金属种类几乎不受限制；零件在具有一般机械性能的同时，还具有耐磨、耐腐蚀、吸震等综合性能，是其他金属成形方法如锻、轧、焊、冲等所做不到的。因此在机器制造业中用铸造方法生产的毛坯零件，在数量和吨位上迄今仍是最多的。

铸造生产有与其他工艺不同的特点，主要是适应性广、需用材料和设备多、污染环境。铸造生产会产生粉尘、有害气体和噪声对环境造成污染，比起其他机械制造工艺来更为严重，需要采取措施进行控制。

铸造产品发展的趋势是要求铸件有更好的综合性能，更高的精度，更少的余量和更光洁的表面。此外，节能的要求和社会对恢复自然环境的呼声也越来越高。为适应这些要求，新的铸造合金将得到开发，冶炼新工艺和新设备将相应出现。

铸造生产的机械化自动化程度在不断提高的同时，将更多地向柔性生产方面发展，以扩大对不同批量和多品种生产的适应性。节约能源和原材料的新技术将会得到优先发展，少产生或不产生污染的新工艺新设备将首先受到重视。质量控制技术在各道工序的检测和应力测定等方面，将有新的发展。

铸造工作者在电子技术和测试手段不断进步的条件下，将对金属结晶凝固和型砂紧实等理论进行更深入的探索，以研究提高铸件性能和内部质量的有效途径。机器人和电子计算机在铸造生产和管理领域里的应用，也将日益广泛。

计算机在铸造生产中广泛使用，成功地采用EPC技术大批量生产汽车气缸体、缸盖等复杂铸件，生产率达180型/小时。在工艺设计、模具加工中，采用CAD/CAM/RPM技术；在铸造机械的专业化、成套化制备中，开始采用CIMS技术。用计算机求解铸造过程的数值解被称为铸造过程计算机数值模拟。应用这种数值计算方法，可以对极其复杂的铸造过程进行定量描述。铸造过程计算机数值模拟技术是利用数值分析技术、数据库技术、可视化技术并结合经典传热、流动及凝固理论对铸件成型过程进行仿真，以模拟出铸件充型、凝固及冷却中的各种物理场，并据此对铸件进行质量预报的技术。实际生产中铸造工艺的制订主要依靠经验，评价一个工艺是否可行则要通过实际浇注进行验证。对一个铸件来说，一个满意工艺的最后获得，常要通过多次的修改。通过采用计算机数值模拟技术，可以在制造铸造工艺装备及浇注铸件之前，综合评价各种铸造工艺方案与铸件质量的关系。并在计算机屏幕上显示出铸造全过程、预测铸造缺陷。这样可以使铸造工艺人员能够根据所存在的问题及时修改方案，从而确保获得合格铸件。

铸造过程计算机数值模拟技术的实质是对铸件成型系统进行几何上的有限离散，在物理模型的支持下，通过数值计算来分析铸造过程有关物理场（如流场、温度场、应力场等）的变化特点，并结合有关铸造缺陷的形成判据来预测铸件质量。这项技术正在得到工程应用领域的充分重视。

铸造技术的发展必然要被社会进步和经济发展的大局所左右，“绿色铸造”的概念体现了高速发展着的文明进程的人性化特征和经济可持续发展的总体要求。随着公众环境意识的不断提高及国家环境保护法律法规的进一步完善，“绿色铸造”的呼声正在迅速成为铸造技术发展的指挥棒，特别是国际标准化组织发布的有关环境管理体系的ISO14000系列标准，也在推动着“绿色铸造”的强势发展，目标都是使铸件从设计、制造、包装、运输、使用到报废处理的整个“产品生命”周期中，对环境的负面影响最小，资源效率最高。从而使企业经济效益和社会效益达到最优化。“绿色铸造”是社会可持续发展战略在制造业中的一个体现，是一种可持续发展的企业组织、管理和运行的新模式。和传统铸造生产模式相比，“绿色铸造”模式对企业信息化运作水平提出了相当高的要求，“绿色铸造”模式下铸件生产面临的关键是及时采用先进适用的铸造新技术来实现铸件“绿色生命周期”的全过程。

8.2 锻压成形

8.2.1 锻压基础知识

锻压是对坯料施加外力，使其产生塑性变形，改变尺寸、形状及改善性能，用以制造机械零件或毛坯的成形方法。锻压是锻造和冲压的总称。锻压和轧制、挤压、拉拔同属于金属塑性加工(或金属压力加工),轧制、挤压、拉拔主要用于生产型材、板材、线材等。

1. 锻压成形加工的特点和应用

(1) 锻压加工后,可使金属获得较细密的晶粒,可以压合铸造组织内部的气孔等缺陷,并能合理控制金属纤维方向,使纤维方向与应力方向一致,以提高零件的性能。

(2) 锻压加工后,坯料的形状和尺寸发生改变而其体积基本不变,与切削加工相比可节约金属材料和加工工时。

(3) 除自由锻造外,其他锻压方法如模锻、冲压等都有较高的劳动生产率。

(4) 能加工各种形状、重量的零件,使用范围广。

(5) 由于锻压是在固态下成形,金属流动受到限制,因此锻件形状所能达到的复杂程度不如铸件。

锻压是生产零件或毛坯的主要方法之一,金属锻压成形在机械制造、汽车、拖拉机、仪表、电子、造船、冶金工程及国防等工业中有着广泛的应用。机械中受力大而复杂的零件,一般都采用锻件作毛坯,如主轴、曲轴、连杆、齿轮、凸轮、叶轮、炮筒等。飞机的锻压件重量占全部零件重量的 80%,汽车上 70%的零件均是由锻压加工成形的。

2. 金属的塑性变形

1) 金属塑性变形原理

金属在外力作用下产生弹性变形和塑性变形,塑性变形是锻压成形的基础,塑性变形引起金属尺寸和形状的改变,对金属组织和性能有很大影响,具有一定塑性变形的金属才可以在热态或冷态下进行锻压成形。单晶体在外力 F 作用下被拉伸或压缩时,如图 8-38 所示,作用在某一晶面 M-N 上的拉力 F 可分解为垂直于该晶面的正应力 σ 和平行于该晶面的切应力 τ。正应力只能造成晶体的弹性变形或断裂,而切应力才会使晶体产生塑性变形。

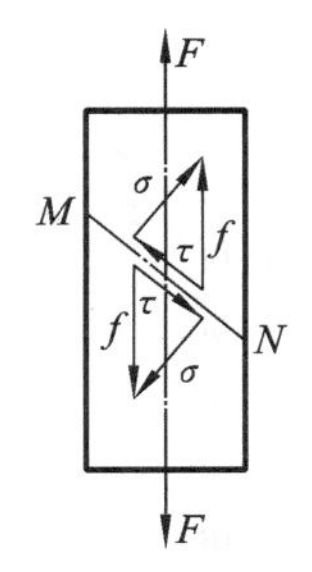

图 8-38 单晶体拉伸示意图

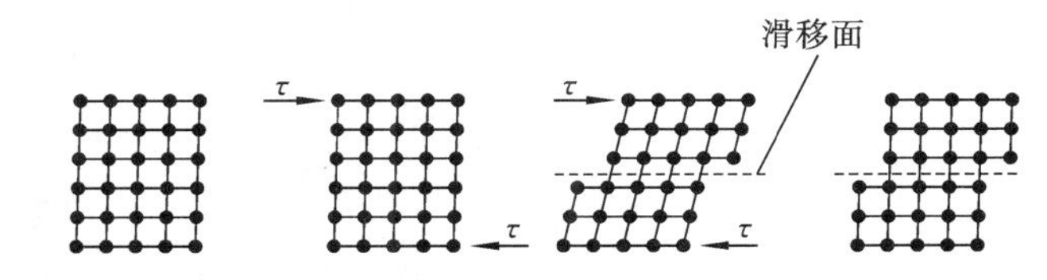

图 8-39 单晶体的变形过程

如图 8-39 所示为单晶体的变形过程,晶体未受到切应力作用时原子处于平衡状态,如图 8-39(a)所示。在切应力作用下,原子离开原来的平衡位置,改变了原子间的相互距离,产生了变形,原子位能增高。由于处于高位能的原子具有返回到原来低位能平衡位置的倾向,所以当应力去除后变形也随之消失,这种变形称为弹性变形,如图 8-39(b)所示。当切应力增加到大于原子间的结合力后,使某晶面两侧的原子产生相对滑移,如图 8-39(c)所示。滑移后,若去除切应力,晶格歪扭可恢复,但已滑移的原子不能恢复到变形前的位置,被保留的这部分变形即塑性变形,如图 8-39(d)所示。

单晶体的滑移是通过晶体内的位错运动来实现的,而不是沿滑移面所有的原子同时作刚性移动的结果,所以滑移所需要的切应力比理论值低很多。位错运动滑移机制的示意图如图 8-40

所示。

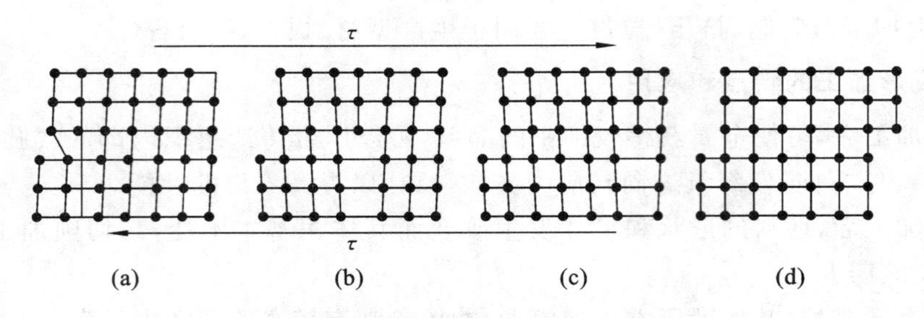

图 8-40　位错运动引起塑性变形

常用金属一般都是多晶体，其塑性变形可以看成是由许多单个晶粒产生塑性变形的综合作用。多晶体变形首先从晶格位向有利于滑移的晶粒内开始，然后随切应力增加，再发展到其他位向的晶粒。由于多晶体晶粒的形状、大小和位向各不相同，以及在塑性变形过程中还存在晶粒与晶粒之间的滑动与转动，即晶间变形，所以多晶体的塑性变形比单晶体要复杂得多。多晶体塑性变形中，晶内变形是主要的，晶间变形很小。

2）金属塑性变形后组织和性能的变化

（1）冷塑性变形后的组织变化。金属在常温下经塑性变形，其显微组织出现晶粒伸长、破碎、晶粒扭曲等特征，并伴随着内应力的产生。

（2）冷变形强化（加工硬化）。冷变形时，随着变形程度的增加，金属材料的所有强度指标和硬度都有所提高，但塑性有所下降，如图 8-41 所示，这种现象称为冷变形强化。冷变形强化是由于塑性变形时，滑移面上产生了很多晶格位向混乱的微小碎晶块，滑移面附近晶格也处于强烈的歪扭状态，产生了较大的应力，增加了继续滑移的阻力所造成的。

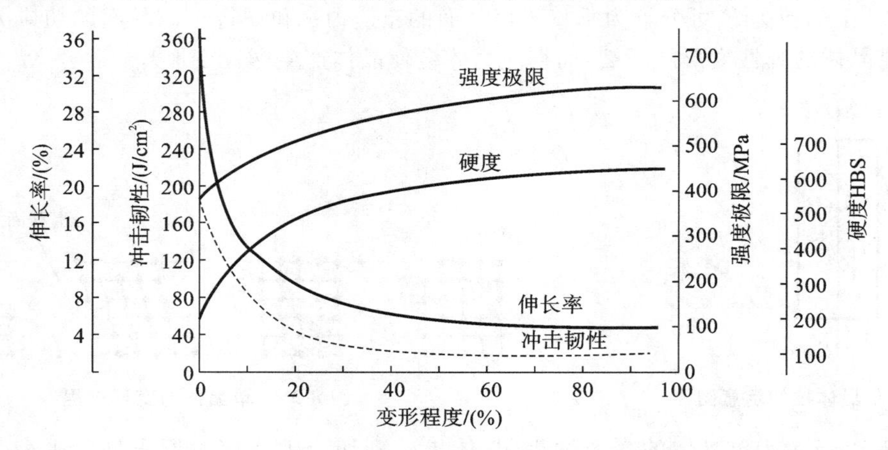

图 8-41　塑性变形对低碳钢性能的影响

冷变形强化在生产中很有实用意义，它可以强化金属材料，特别是一些不能用热处理进行强化的金属，如纯金属、奥氏体不锈钢、变形铝合金等，都可以用冷轧、冷挤、冷拔或冷冲压等加工方法来提高其强度和硬度。但是，冷变形强化会给金属进一步变形带来困难，所以常在变形工序之间安排中间退火，以消除冷变形强化，恢复金属塑性。

（3）回复与再结晶。冷变形强化的结果使金属的晶体结构处于不稳定的应力状态，畸变的晶格中处于高位能的原子有恢复到稳定平衡位置上去的倾向。但在室温下原子扩散能力小，这种不稳定状态能保持较长时间而不发生明显变化。只有将它加热到一定温度，使原子加剧运动，才会发生组织和性能变化，使金属恢复到稳定状态。当加热温度不高时，原子扩散能力较弱,不能引起明显的组织变化,只能使晶格畸变程度减轻,原子回复到平衡位置,残留应力明显下降,但晶粒形状和尺寸未发生变化,强度、硬度略有下降,塑性稍有升高,这一过程称为回复(或称为恢复)。使金属得到回复的温度称为 回复温度,用 $T_{回}$ 表示。纯金属 $T_{回}=(0.25\sim0.30)T_{熔}$($T_{熔}$为纯金属的熔点温度)。

生产中常利用回复现象对工件进行去应力退火,以消除应力,稳定组织,并保留冷变形强化性能。如冷拉钢丝卷制成弹簧后为消除应力使其定形,需进行一次去应力退火。

当加热到较高温度时,原子扩散能力增强,因塑性变形而被拉长的晶粒重新形核、结晶,变为等轴晶粒,消除了晶格畸形边、冷变形强化和应力,使金属组织和性能恢复到变形前状态,这个过程称为再结晶。开始产生再结晶现象的最低温度称为再结晶温度,用 $T_{再}$ 表示,纯金属再结晶温度 $T_{再}\approx0.40T_{熔}$。

如图 8-42 所示为冷变形后金属在加热过程中发生回复和再结晶的组织变化示意图。

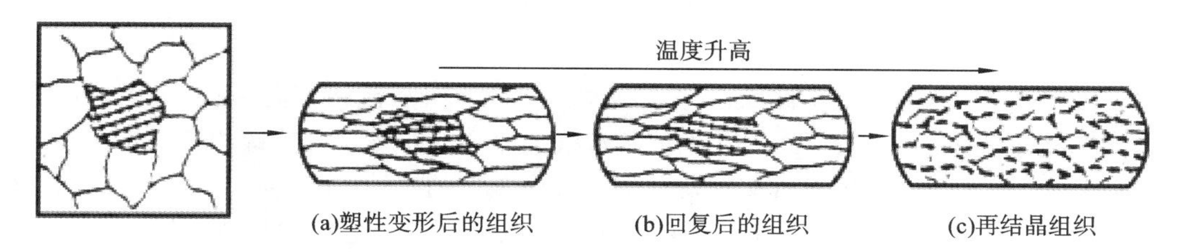

图 8-42 金属回复和再结晶过程中组织变化

再结晶是以一定速度进行的,因此需要一定时间。再结晶速度取决于变形时的温度和预先变形程度,变形金属加热温度越高,变形程度越大,再结晶过程所用时间越短。生产中为加快再结晶过程,再结晶退火温度要比再结晶温度高 100～200 ℃。再结晶过程完成后,若继续升高加热温度,或保温时间过长,则会发生晶粒长大现象,使晶粒变粗、力学性能变坏,故应正确掌握再结晶退火的加热温度和保温时间。

3) 冷变形和热变形(亦称成形与热成形)

金属在不同温度下变形后的组织和性能是不同的,因此塑性变形分为冷变形和热变形两类。再结晶温度以下的变形称为冷变形。冷变形过程中只有冷变形强化而无回复与再结晶现象。冷变形时变形抗力大,变形量不宜过大,以免产生裂纹。因变形是在低温下进行,无氧化脱碳现象,故可获得较高的尺寸精度和表面质量。再结晶温度以上的变形称为热变形。热变形后的金属具有再结晶组织而不存在冷变形强化现象,因为冷变形强化被同时发生的再结晶过程消除。热变形能以较小的功达到较大的变形,变形抗力通常只有冷变形的 1/10～1/5,所以金属压力加工多采用热变形。但热变形时因产生氧化脱碳现象,工件表面粗糙,尺寸精度较低。

3. 锻造流线与锻造比

热变形使铸锭中的脆性杂质粉碎,并沿着金属主要伸长方向呈碎粒状分布,而塑性杂质则随金属变形,并沿着主要伸长方向呈带状分布,金属中的这种杂质的定向分布通常称为锻造流线。

热变形对金属组织和性能的影响主要取决于热变形的程度,而热变形的大小可用锻造比 γ 来表示。锻造比是金属变形程度的一种表示方法,通常用变形前后的截面比、长度比或高度比来计算。

$$\gamma_{拔长}=A_0/A=L/L_0,\gamma_{镦粗}=h_0/h$$

式中:A_0、A——分别为坯料拔长变形前、后的截面积;

L_0、L——分别为坯料拔长变形前、后的长度；

h_0、h——分别为坯料镦粗变形前、后的高度。

锻造比越大，热变形程度越大，则金属的组织、性能改善越明显，锻造流线也越明显。锻造流线使金属的性能呈各向异性。当分别沿着流线方向和垂直流线方向拉伸时，前者有较高的抗拉强度。当分别沿着流线方向和垂直方向剪切时，后者有较高的抗剪强度。锻造流线使锻件在纵向（平行流线方向）上塑性增加，而在横向（垂直流线方向）上塑性和韧性降低。强度在不同方向上差别不大。表 8-5 所示为 45 钢力学性能与流线方向的关系。

表 8-5　45 钢力学性能与流线方向的关系

取样方向	σ_b/MPa	σ_s/MPa	δ/(%)	ψ/(%)	A_{KV}/J
纵向（平行流线方向）	715	470	17.5	62.8	49.6
横向（垂直流线方向）	675	440	10	31	24

设计和制造零件时，应使零件工作时的最大正应力方向与流线方向平行，最大切应力方向与流线方向垂直，从而得到较好的力学性能。流线的分布应与零件外轮廓相符而不被切断。

图 8-43(a)所示为采用棒料直接用切削加工方法制造的螺栓，受横向切应力时使用性能好，受纵向切应力时易损坏；若采用图 8-43(b)所示局部镦粗方法制造的螺栓，则其受横、纵切应力时使用性能均好。图 8-44(a)是用棒料直接切削成形的齿轮，齿根产生的正应力垂直纤维方向，质量最差，寿命最短；图 8-44(b)是用扁钢经切削加工的齿轮，齿 1 的根部正应力与纤维方向平行，切应力与纤维方向垂直，力学性能好。齿 2 的情况正好相反，性能差，该齿轮寿命也短；图 8-44(d)所示是用棒料镦粗后再经切削制成的齿轮，纤维方向呈放射状（径向），各齿的切应力方向均与纤维方向近似垂直，强度和寿命较高；图 8-44(d)是热轧成形的齿轮，纤维方向与齿廓一致，且纤维完整未被切断，质量最好，寿命最长。

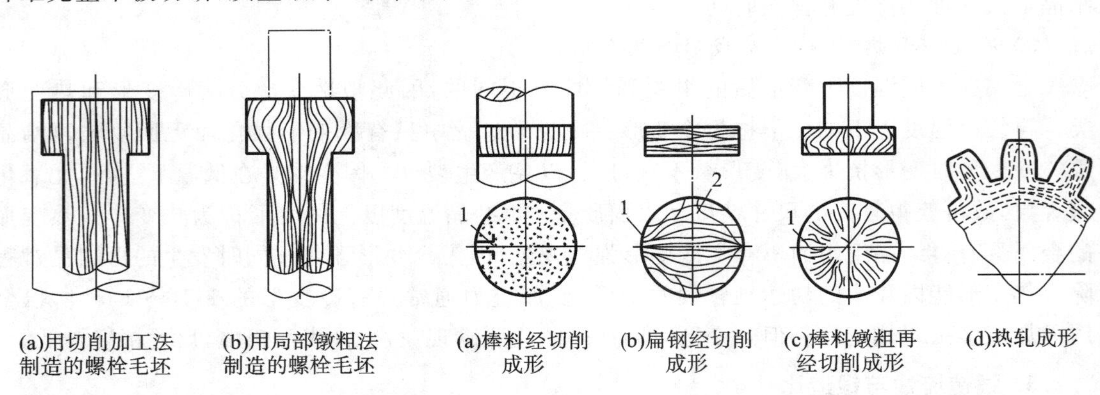

(a)用切削加工法制造的螺栓毛坯　(b)用局部镦粗法制造的螺栓毛坯

图 8-43　螺栓纤维组织与加工方法的关系

(a)棒料经切削成形　(b)扁钢经切削成形　(c)棒料镦粗再经切削成形　(d)热轧成形

图 8-44　不同成形工艺齿轮的纤维组织分布

4. 金属的锻压性能

金属锻压变形的难易程度称为金属的锻压性能。金属塑性越好，变形抗力越小，则金属的锻压性能越好。反之，锻压性能差。金属锻压性能是金属材料重要的工艺性能，金属的内在因素和外部条件是影响锻压性能的主要因素。

1）化学成分

纯金属的锻压性能比其合金好。碳素钢随含碳量增加，锻压性能变差。合金钢中合金元素种类和含量越多，锻压性能越差。特别是加入能提高高温强度的元素，如钨、钼、钒、钛等，锻压性能更差。

2）组织结构

固溶体（如奥氏体等）锻压性能好，化合物（如渗碳体等）锻压性能很差。单相组织的锻压性能比多相组织好。铸态的柱状组织及粗晶粒组织不如晶粒细小而均匀组织的锻压性能好。

3）变形温度

在不产生过热的条件下，提高金属变形温度，可使原子动能增加，结合力减弱，塑性增加，变形抗力减小。高温下再结晶过程很迅速，能及时克服冷变形强化现象。因此，适当提高变形温度可改善金属锻压性能。

4）变形速度

变形速度即单位时间内的相对变形量。随着变形速度的提高，金属的回复和再结晶不能及时克服冷变形强化现象，使塑性下降，变形抗力增加，锻压性能变差。但是，当变形速度超过临界值后，由于塑性变形的热效应，使金属温度升高，加快了再结晶过程，使塑性增加，变形抗力减小。

5）应力状态

用不同的锻压方法使金属变形时，其内部也可能不同。挤压是三向压应力状态；拉拔是轴向受拉，径向受压；自由锻镦粗时，锻件是三向压应力，而侧表面层、水平方向的压应力转化为拉应力。实践证明，变形区的金属在三个方向上的压应力数目越多，塑性越好，但压应力增加了金属内部摩擦，使变形抗力增大；受拉应力数目越多，塑性越差。这是因为拉应力易使滑移面分离，使缺陷处产生应力集中，促成裂纹的产生和发展，而压应力的作用与拉应力相反。

5. 坯料的加热和锻件的冷却

1）坯料加热

（1）加热的目的。加热的目的是提高坯料的塑性，降低变形抗力，改善锻压性能。在保证坯料均匀热透的条件下，应尽量缩短加热时间，以减少氧化和脱碳，降低燃料消耗。

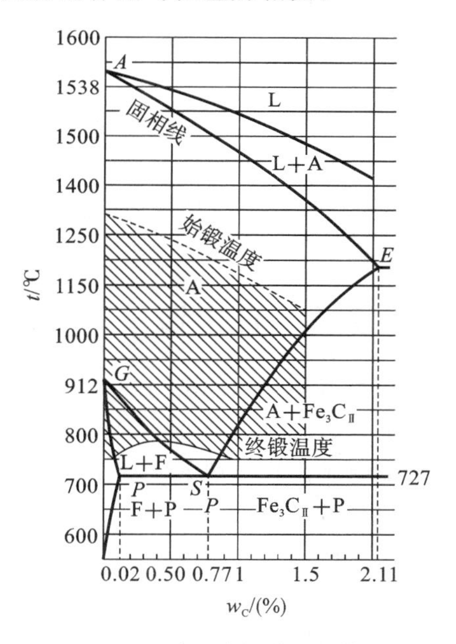

图 8-45 碳钢的锻造温度范围

（2）加热导致的缺陷。

① 氧化和脱碳：氧化时产生的氧化皮硬度很高，加剧了锻模的磨损，降低了模锻件精度和表面质量。脱碳使工件表层变软，强度和耐磨性降低，但脱碳层厚度小于加工余量时，不影响锻件质量。减少氧化和脱碳的方法是严格控制送风量，快速加热，或采用少、无氧化加热等。

②过热和过烧：过热使金属的锻压性能和力学性能降低，应尽量避免。过热的工件可通过反复锻击把晶粒打碎，或锻后进行热处理，将晶粒细化。过烧破坏了晶体间的连接，使金属完全失去塑性。过烧的坯料无法挽救，只能报废。

③裂纹：在加热过程中，热应力和相变应力超过金属本身的抗拉强度时将产生裂纹。

（3）加热规范。规定坯料装炉时的炉温，预热、升温和保温时间，以及锻造温度范围，是提高锻压质量的保证。

① 始锻温度。坯料开始锻造时的温度，称始锻温度。在不出现过热的前提下，应尽量提高始锻温度以使坯料具有最佳的锻压性能，并能减少加热次数，提高生产率。碳钢的始锻温度比

固相线低 200 ℃左右，如图 8-45 所示。

②终锻温度。坯料锻造成形后，停锻时的瞬时温度，称终锻温度。终锻温度应高于再结晶温度，以保证金属有足够的塑性以及锻后能获得再结晶组织。但终锻温度过高，易形成粗大晶粒，降低力学性能；终锻温度过低，锻压性能变差。碳钢的终锻温度为 800 ℃左右，如图 8-45 所示。锻造时的温度可用仪表测量，但生产中一般用观察金属火色来大致判断。常用金属材料的锻造温度范围如表 8-6 所示。

表 8-6　45 常用金属材料的锻造温度范围

金属材料	始锻温度/℃	终锻温度/℃	金属材料	始锻温度/℃	终锻温度/℃
碳素结构钢	1200～1250	800～850	高速工具钢	1100～1150	900
碳素工具钢	1050～1150	750～800	弹簧钢	1100～1150	800～850
合金结构钢	1100～1200	800～850	轴承钢	1080	800
合金工具钢	1050～1150	800～850	硬铝	470	380

2）锻件冷却

锻件冷却是锻造工艺过程中必不可少的工序。若锻件冷却不当，易产生翘曲，表面硬度 增高，甚至产生裂纹。一般情况下，碳及合金元素含量越高，锻件尺寸越大，形状越复杂，冷却速度应越慢。锻件冷却方式主要有以下三种。

(1) 空冷。空冷指热态锻件在空气中冷却的方法。空冷速度较快，多用于碳钢和低合金钢小型锻件的冷却。

(2) 坑冷。坑冷指热态锻件埋在地坑或铁箱中缓慢冷却的方法，常用于碳素工具钢和合金钢锻件的冷却。

(3) 炉冷。炉冷指锻后的锻件放入炉中缓慢冷却的方法，常用于合金钢大型锻件，高合金钢重要锻件的冷却。

8.2.2　自由锻

自由锻是利用冲击力或压力使金属在上下两个砧铁之间产生塑性变形，从而得到所需锻件的锻造方法。自由锻分手工锻造和机器锻造两种，手工锻造只能生产小型锻件，生产率也较低，机器锻造则是自由锻的主要生产方法。

自由锻工艺灵活，所用工具、设备简单，通用性大，成本低，可锻造小至几克大到数百吨的锻件。但自由锻尺寸精度低，加工余量大，生产率低，劳动条件差，劳动强度大，要求工人技术水平较高。

水轮发电机机轴、涡轮盘、发动机曲轴、轧辊等重型锻件在工作中都承受很大的载荷，要求具有较高的力学性能，而用自由锻方法来制造的毛坯，力学性能都较高，自由锻是唯一可行的生产方法，所以在重型机械制造厂中占有重要的地位。

1. 自由锻设备

1）自由锻锤

自由锻锤是利用其冲击力锻造坯料的设备。自由锻锤的规格以其下落部分的总重量来表示，落下部分产生的能量并非全部消耗在坯料的变形上，其中一部分消耗于锻造工具的弹性变形和砧座的振动中，砧座的重量越大，打击效率越高。

(1) 空气锤。空气锤的结构由锤身、压缩缸、工作缸、传动机构、操纵机构、落下部分及砧座几个部分组成。锤身、压缩缸及工作缸铸成一体,传动机构包括减速机构、曲柄连杆机构等,操纵机构包括操纵手柄(或踏杆),上、下旋阀及其连接杠杆,落下部分包括工作缸活塞、锤杆、锤头及上砧铁,如图 8-46 所示。电动机 3 通过减速器 2 带动活塞 5 上下往复运动。作为动力介质的空气通过旋转气阀 7、10 交替地进入工作气缸 8 的上部或下部,使活塞 9 连同上砧铁 11 一起作上下运动。控制旋转气阀的位置,可使锤头完成上悬、下压、单次打击和连续打击等动作。

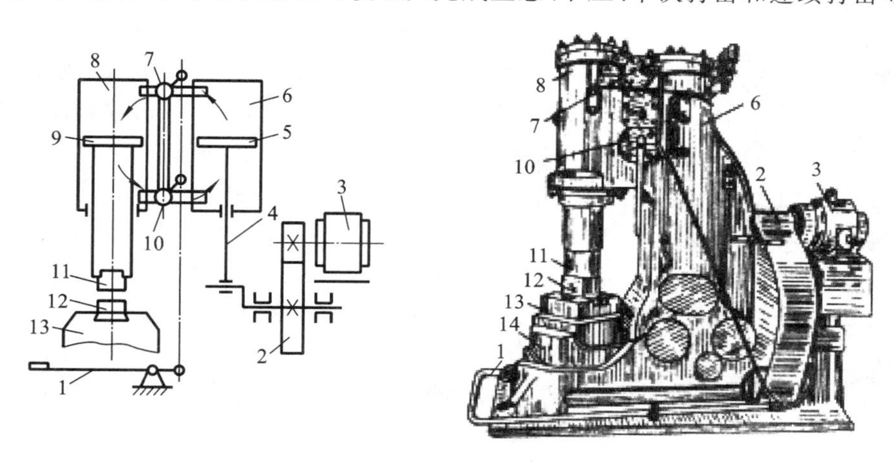

图 8-46 空气锤

1—踏杆;2—减速器(齿轮);3—电动机;4—连杆;5—压缩活塞;6—压缩气缸;7、10—旋转气阀
8—工作气缸;9—工作活塞;11—上砧铁;12—下砧铁;13—砧垫;14—砧座

该空气锤结构简单、操作方便、设备投资少、维修容易,其规格为 650~7500 N,适用于锻造 50 kg 以下的小型锻件。

(2) 蒸汽-空气自由锻锤。蒸汽-空气自由锻锤是利用压力为 0.70~0.90 MPa 的蒸汽或压缩空气为动力的锻锤。蒸汽-空气锤主要由机架、工作缸、落下部分和配气机构等几部分组成,如图 8-47 所示。按机架结构形式不同分为单柱式、双柱拱式和桥式三种。

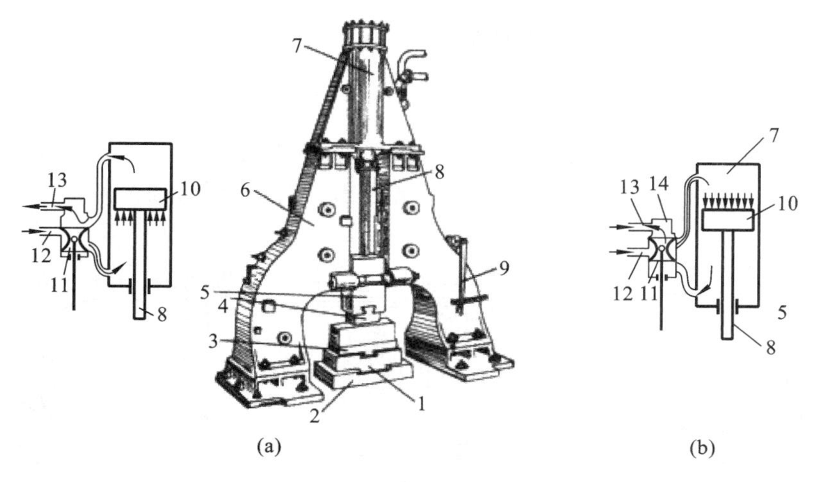

图 8-47 蒸汽-空气锤

1—砧垫;2—底座;3—下砧;4—上砧;5—锤头;6—机架;7—工作气缸
8—锤杆;9—操纵手柄;10—活塞;11—滑阀;12—进气管;13—排气管;14—滑阀气缸

蒸汽或压缩空气从进气管 12 经滑阀 11 的中间细颈与阀套壁所形成的气道,进入活塞 10

的下面，使锤杆 8、锤头 5、上砧 4 向上运动，如图 8-47(a)所示。气缸上部的蒸汽经排气管 13 排出。提起滑阀 11，蒸汽进入气缸 7 上部，使锻锤向下运动，如图 8-47(b)所示。气缸下部蒸汽经滑阀内孔从排气管 13 排出。操纵手柄使滑阀上下运动，可完成各种动作。该锻锤结构紧凑，刚度好，锤头两旁有导轨，可保证锤头运动的准确性，打击时较为平稳，但操作空间较小。蒸汽-空气锤规格为 10～50 kN，可锻造中等重量(50～700 kg)的锻件。

2) 水压机

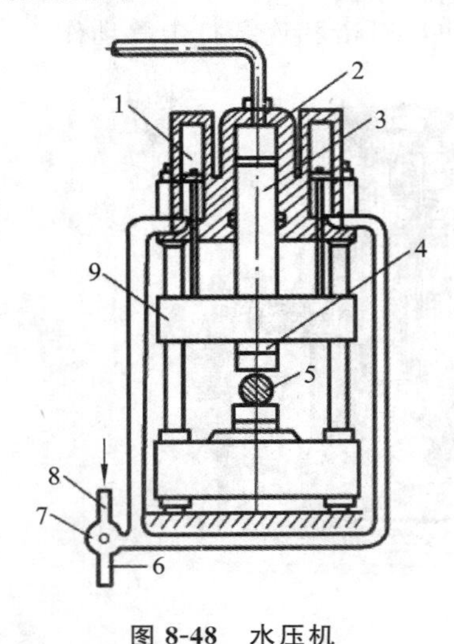

图 8-48　水压机

1—回升筒；2—工作缸；3—柱塞；4—上砧铁；5—坯料；6—出口；7—阀；8—进口；9—横梁

水压机是用静压力使金属变形的锻压设备，与锻锤相比，有以下特点：工作时没有震动，不需沉重的砧座作基础，锻锤的打击能量大部分传到地基和地上，因而效率比水压机低，由于水压机震动小，能量消耗也小，水压机变形速度较慢，有利于金属的再结晶，提高了塑性，降低了变形抗力，并使锻件易锻透。故目前大型和重型锻件，大都用水压机锻造。自由锻造用的水压机有两种，即纯水压式及蒸汽水压式两种，目前纯水压式水压机应用较多，其结构如图 8-48 所示。水压机是根据帕斯卡原理工作的，其加在密闭容器中液体的压强，能够按照它原来的大小由液体向各个方向传递。水压机的高压水由高压水泵供给，泵室和水压机工作缸通过管道连接成密闭的连通容器。当需要锻压金属时，高压水沿着管道进入工作缸，在水压作用下，柱塞上部就产生增大的压力，而使金属坯料变形。当需要将活动横梁上升时，转动配水阀使高压水由导管进入提升缸，将柱塞向上推起，因而带动活动横梁上升。

水压机的规格用其产生的最大压力来表示，一般为 5000～125000 kN，主要用于大型锻件和高合金钢锻件的锻造。

2. 自由锻工序

自由锻工序分为基本工序、辅助工序和精整工序。基本工序包括镦粗、拔长、冲孔、切割和弯曲等；辅助工序包括压钳口、倒棱、压肩等；精整工序是对已成形的锻件表面进行平整，清除毛刺和飞边等，使其形状、尺寸符合要求的工序。

1) 镦粗

使坯料的整体或一部分高度减小、截面积增大的工序称为镦粗。

(1) 镦粗的种类。镦粗分为完全镦粗、局部镦粗和垫环镦粗等，如图 8-49 所示。

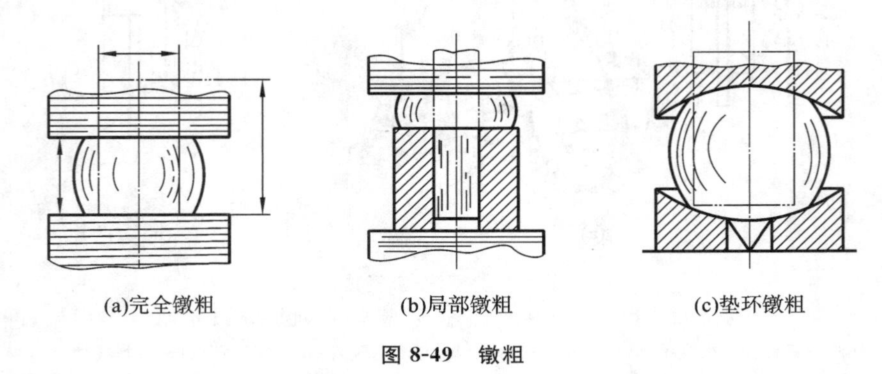

(a)完全镦粗　　(b)局部镦粗　　(c)垫环镦粗

图 8-49　镦粗

(2) 镦粗操作要点。坯料高径比 $h_0/d_0 \leqslant 2.5$，以免镦弯，坯料两端面要平整且垂直于轴线，坯料加热要均匀，且锻打时经常绕自身轴线旋转，以使变形均匀。

(3) 镦粗应用。制造高度小、截面大的盘类工件，如齿轮、圆盘等。作为冲孔前的准备工序，以减小冲孔深度，增加某些轴类工件的拔长锻造比，提高力学性能，减少各向异性。

2) 拔长

减小坯料截面积、增加其长度的工序称为拔长。

(1) 拔长的种类。拔长有平砥铁拔长、芯棒拔长、芯棒扩孔等，如图 8-50 所示。

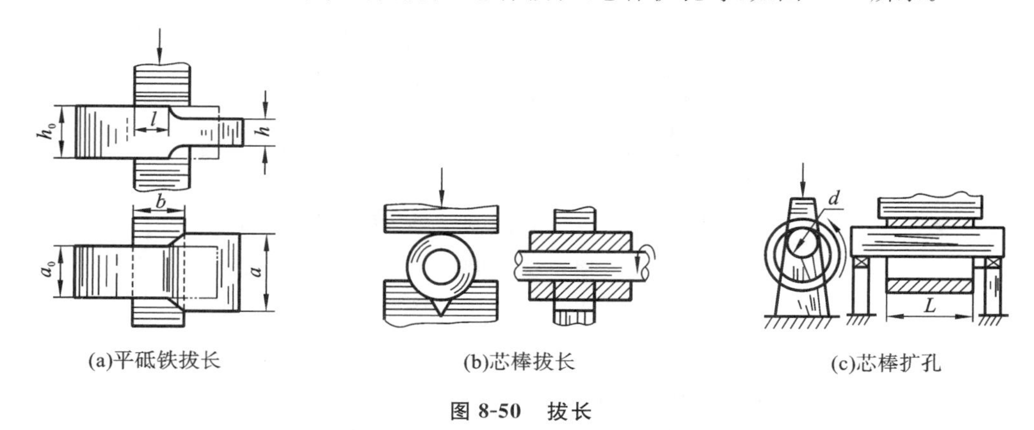

(a)平砥铁拔长　(b)芯棒拔长　(c)芯棒扩孔

图 8-50　拔长

(2) 拔长操作要点。坯料在平砥铁上拔长时应反复作 90°翻转，圆轴应逐步成形最后摔圆；应选用适当的送进量，以提高拔长效率，一般取送进量 $l=(0.4\sim0.8)b$；拔长后的宽高比 $a/h\leqslant2.5$，以免翻转 90°后再拔长时弯折；芯棒上扩孔时，芯棒要光滑，而且直径 $d\geqslant0.35\ L$。

(3) 拔长应用。它主要用于制造长轴类的实心或空心工件，如轴、拉杆、曲轴、炮筒、套筒以及大直径的圆环等。

3) 冲孔

在实心坯料上冲出通孔或不通孔的工序称为冲孔。

(1) 冲孔的种类。冲孔有空心冲子冲孔、实心冲子冲孔、板料冲孔等，其中实心冲子冲孔有单面冲孔和双面冲孔，如图 8-51 所示。

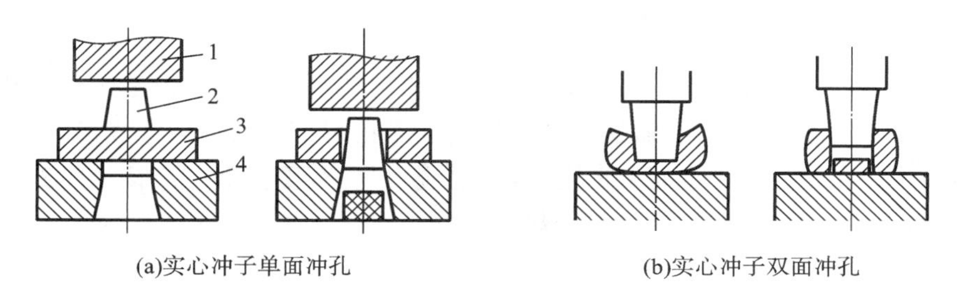

(a)实心冲子单面冲孔　(b)实心冲子双面冲孔

图 8-51　冲孔

1—上砧；2—冲子；3—坯料；4—漏盘

(2) 冲孔操作要点。冲孔前应先镦平端面；采用双面冲孔时，正面冲到底部留 $\Delta h=(0.15\sim0.2)h$ 时，将坯料翻转后再冲通，如图 8-51(b) 所示；直径 $d<25$ mm 的孔一般不冲出；直径 $d<450$ mm 的孔用实心冲子冲孔；直径 $d>450$ mm 的孔用空心冲子冲孔。

(3) 冲孔应用。它主要用于制造空心工件，如齿轮坯、圆环、套筒等。有时用于去除铸锭中心质量较差的部分，以便锻制高质量的大工件。

4）切割

切割是将坯料分割开或部分割裂的锻造工序。最常用的为单面切割法，如图 8-52(a)所示，利用剁刀 1 锤击切入坯料 3，直至仅存一层很薄连皮时加以翻转，锤击方铁 2 除去连皮。方铁应略宽于连皮，避免产生毛刺。薄坯料亦用直接锤击刀口略有错开的两个方铁 2 的剪性切割法，如图 8-52(b)所示。

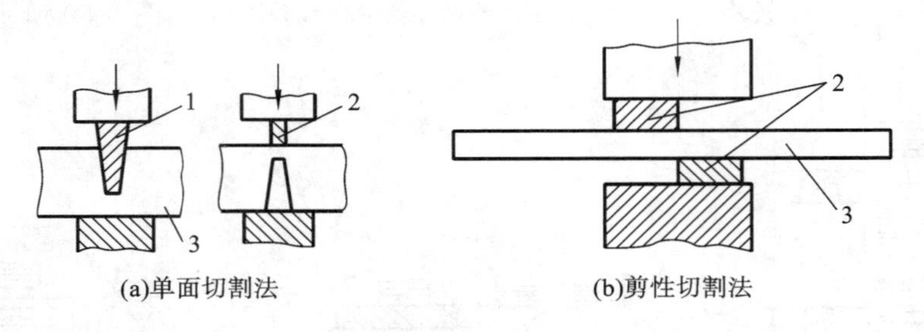

(a)单面切割法　(b)剪性切割法

图 8-52　切割

1—剁刀；2—方铁；3—坯料

5）弯曲

弯曲是将坯料弯成所需形状的锻造工序。与其他工序联合使用，可以得到如吊钩、舵杆、角尺、曲栏杆等弯曲形状的锻件。弯曲方法如图 8-53 所示，可以在砧角上用大锤弯曲，也可用吊车弯曲，近年来广泛采用与截面相适应的胎模弯曲。

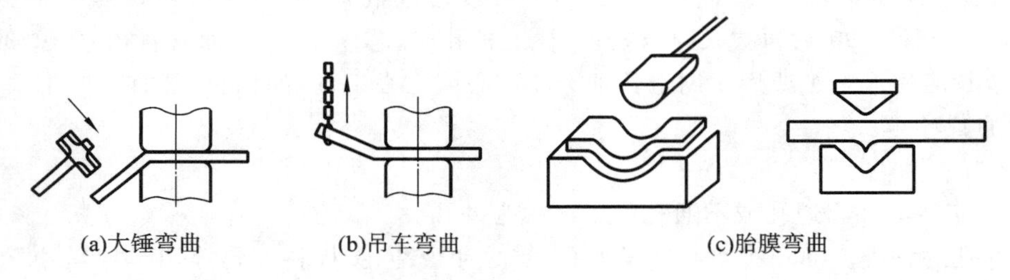
(a)大锤弯曲　(b)吊车弯曲　(c)胎膜弯曲

图 8-53　弯曲

6）扭转

扭转是将坯料的一部分相对于另一部分绕其轴线旋转一定角度的锻造工序。扭转主要用于锻制曲柄位于不同平面内的曲轴，这时整个坯料首先在一个平面内锻造成形，然后用夹叉或扳手等扭转。由于扭转过程中金属变形剧烈，所受应力复杂，受扭部分应该加热到塑性最好的高温温度范围，并均匀热透，扭转后缓慢冷却，最好进行退火处理。

7）错移

错移是将坯料一部分相对于另一部分平行错开的锻造工序。错移前先在需错移的部分压痕，并用三角刀切肩。对于小型坯料通过锤击错移，如图 8-54(a)所示，对于大型坯料通过水压机加压错移，如图 8-54(b)所示。为防止坯料弯曲，可用链式垫块支承，随着错移的进行，逐渐去掉支承垫块。

3. 自由锻工艺规程的制订

自由锻工艺规程是锻造生产的基本技术文件。自由锻工艺规程主要有以下内容。

1）绘制锻件图

锻件图是锻造加工的依据，它是以零件图为基础并考虑机械切削加工余量 、锻件公差、工

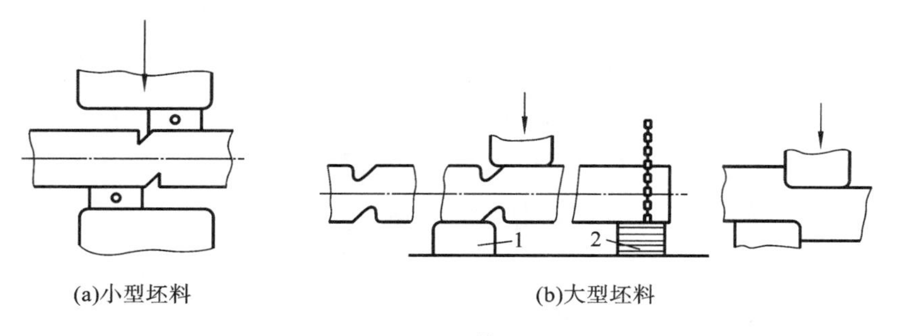

图 8-54 错移

1—下砧；2—链式垫块

艺余块等绘制的。绘制锻件图时，锻件形状用粗实线绘制；零件图外线用双点画线或细实线绘制；锻件尺寸和公差标注在尺寸线上面。零件尺寸加括号标注在尺寸线下面，如图 8-55 所示。

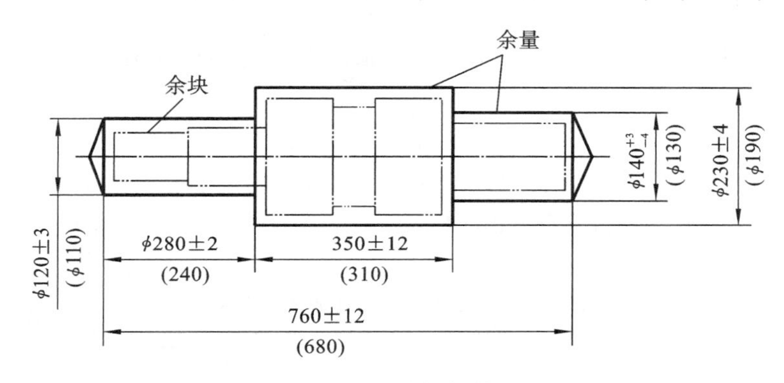

图 8-55 自由锻锻件图

(1) 机械切削加工余量。锻件上凡需切削加工的表面应留加工余量。加工余量大小与零件形状、尺寸、精度、表面粗糙度和生产批量有关，还受生产条件和工人技术水平等因素的影响，具体数值可参阅有关手册。

(2) 锻件公差。零件的基本尺寸加上机械切削加工余量，为锻件的基本尺寸。锻件实际尺寸超过基本尺寸的称上偏差，小于基本尺寸的称下偏差，上、下偏差的代数差的绝对值为锻件公差。一般公差值取加工余量的 1/4～1/3，具体数值可根据锻件形状、尺寸、生产批量、精度要求等，从有关手册中查出。

(3) 余块。在锻件的某些难以锻出的部分加添一些大于余量的金属体积，以简化锻件外形及锻件的制造过程，这种加添的体积叫作余块。

2) 计算坯料质量与尺寸

(1) 计算坯料质量。生产大型锻件用钢锭作坯料，中、小型锻件采用钢坯和各种型材，如方钢、圆钢、扁钢等。坯料的质量可按下式计算：

$$m_{坯}=m_{锻}+m_{烧}+m_{芯}+m_{切}$$

式中：$m_{坯}$——坯料质量；

$m_{锻}$——锻件质量；

$m_{烧}$——加热时坯料表面氧化烧损的质量，与坯料性质、加热次数有关；

$m_{芯}$——冲孔时的芯料质量，与冲孔方式、冲孔直径和坯料高度有关；

$m_{切}$——锻造过程中被切掉的多余金属质量，如修切端部产生的料头等。

(2) 确定坯料尺寸。确定坯料尺寸时，应满足锻造比要求，并考虑变形工序对坯料尺寸的限制。

① 采取镦粗法锻造时，为避免镦弯，坯料高径比 $h_0/d_0 \leqslant 2.5$，为下料方便，应使 $h_0/d_0 \geqslant 1.25$。将此关系代入体积计算公式，可求出坯料直径 d_0 或边长 l_0。

对于圆截面坯料：$$d_0=(0.8\sim1.0)\sqrt[3]{V_0}$$

对于方截面坯料：$$l_0=(0.75\sim0.90)\sqrt[3]{V_0}$$

② 采用拔长法锻造时，拔长后的最大截面积应达到规定的锻造比 γ，即 $A_0=\gamma_{拔长}A_{max}$。利用此公式求出 A_0，再求出坯料直径 d_0 或边长 l_0。

式中：A_0——坯料截面积；

A_{max}——坯料经过拔长后最大截面积，γ 拔长取 1.1～1.3。

对于圆截面坯料：$$d_0=1.13\sqrt{A_0}$$

对于方截面坯料：$$l_0=\sqrt{A_0}$$

初步算出直径或边长后，还应按照国家标准加以修正，选用标准值。最后，根据 V_0 和 A_0 算出坯料长度。

3）选择锻造工序

锻造工序应根据锻件形状、尺寸、技术要求和生产批量等进行选择。其主要内容是：确定锻件成型所必需的工序；选择所用工具；确定工序顺序和工序尺寸等。自由锻件的分类及其所用基本工序如表 8-7 所示。

表 8-7 自由锻件分类及锻造用工序

类别	图例	锻造用工序	实例
轴类零件		拔长（镦粗及拔长）、压肩、锻台阶、滚圆	主轴、传动轴
轴杆类零件		拔长（镦粗及拔长）、压肩、锻台阶和冲孔	连杆等
曲轴类零件		拔长（镦粗及拔长）、错移、压肩、滚圆和扭转	曲轴、偏心轴等
盘类、圆环类零件		镦粗（镦粗及拔长）、冲孔、在芯轴上扩孔、定径	圆环、齿圆、端盖、套筒
筒类零件		镦粗（镦粗及拔长）、冲孔、芯棒拔长、滚圆	圆筒、套筒等

续表

类　别	图　例	锻造用工序	实　例
弯曲件		拔长、弯曲	吊钩、弯杆、轴瓦盖等

4. 自由锻零件的结构工艺性

按照自由锻特点和工艺要求，在满足使用性能要求的条件下，应使自由锻零件形状简单，易于锻造。自由锻零件的结构工艺性如表 8-8 所示。

表 8-8　自由锻零件的结构工艺性

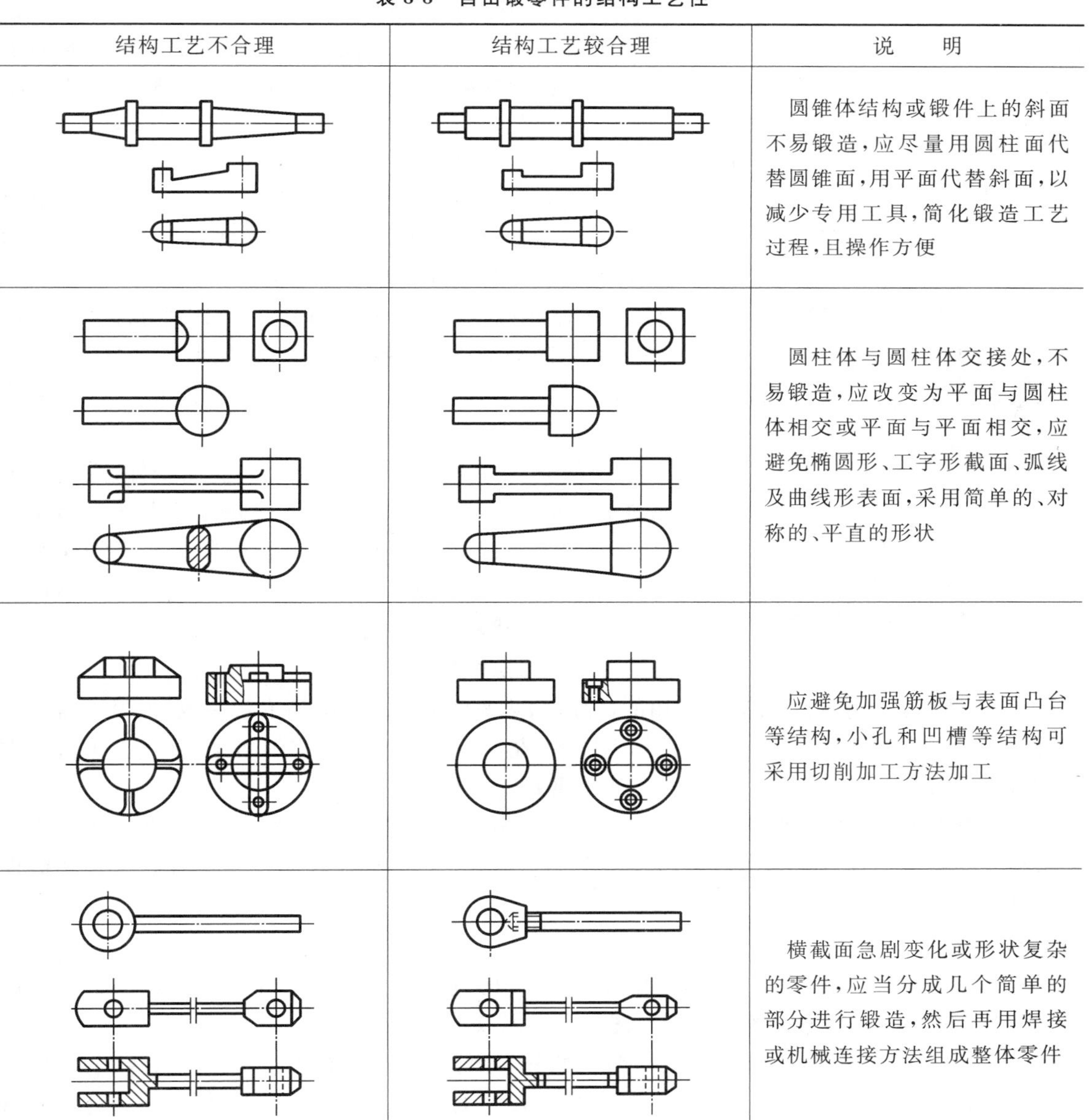

结构工艺不合理	结构工艺较合理	说　明
		圆锥体结构或锻件上的斜面不易锻造，应尽量用圆柱面代替圆锥面，用平面代替斜面，以减少专用工具，简化锻造工艺过程，且操作方便
		圆柱体与圆柱体交接处，不易锻造，应改变为平面与圆柱体相交或平面与平面相交，应避免椭圆形、工字形截面、弧线及曲线形表面，采用简单的、对称的、平直的形状
		应避免加强筋板与表面凸台等结构，小孔和凹槽等结构可采用切削加工方法加工
		横截面急剧变化或形状复杂的零件，应当分成几个简单的部分进行锻造，然后再用焊接或机械连接方法组成整体零件

8.2.3 模锻

模锻是利用高强度的模具使坯料变形而获得锻件的锻造方法。模锻与自由锻相比，其优点是：锻件尺寸精度高，表面粗糙度值小，能锻出形状复杂的锻件；余量小，公差仅是自由锻件公差的1/4～1/3，材料利用率高，节约机加工工时；锻造流线分布更合理，力学性能高；生产率高，操作简单，易于机械化，锻件成本低。但模锻设备投资大，锻模成本高，每种锻模只可加工一种锻件；受模锻设备吨位的限制，模锻件重量一般在150 kg以下。模锻适用于中、小型锻件的成批和大量生产，广泛用于汽车、拖拉机、飞机、机床和动力机械等行业中。

1. 锤上模锻

1）模锻锤

锤上模锻所用设备主要是蒸汽-空气模锻锤，其工作原理与蒸汽-空气自由锻锤基本相同。但模锻锤的机架直接与砧座连接，形成封闭结构；锤头与导轨之间的间隙比自由锻锤小，提高了锤头运动的精确性，保证上、下模能对准。模锻锤的规格一般为10～60 kN，可锻造0.5～150 kg的锻件。

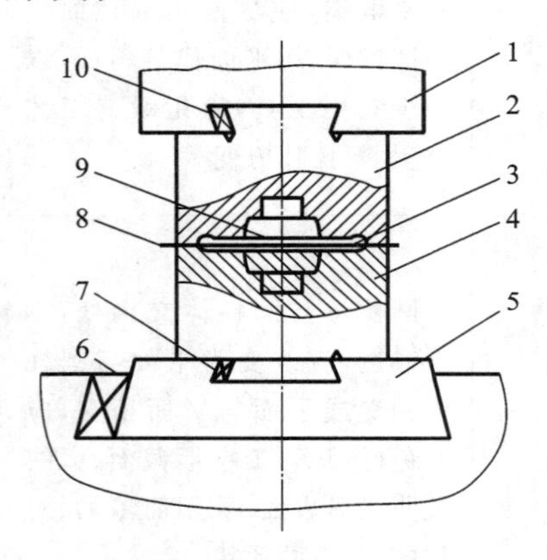

图8-56 锤上模锻

1—锤头；2—上模；3—飞边槽；4—下模；5—模垫；6、7、10—紧固楔铁；8—分模面；9—模膛

2）锻模

锤上模锻用的锻模如图8-56所示。由上模2和下模4组成。上、下模接触时所形成的空间为模膛9。根据功用不同，锻模模膛分为制坯模膛和模锻模膛。

（1）制坯模膛。按锻件变形要求，对坯料体积进行合理分配的模膛，分为拔长模膛、滚压模膛、弯曲模膛等。

（2）模锻模膛。模锻模膛分为预锻模膛和终锻模膛两种。

① 预锻模膛。为改善终锻时金属流动条件，避免产生充填不满和折叠，使锻坯最终成形前获得接近终锻形状的模膛，它可提高终锻模膛的寿命。预锻模膛比终锻模膛高度略大，宽度小，容积大，模锻斜度大，圆角半径大，不带飞边槽。对于形状复杂的锻件（如连杆、拨叉等），大批量生产时常采用预锻模膛预锻。

② 终锻模膛。模锻时最后成形用的模膛，和热锻件上相应部分的形状一致，但尺寸需要按锻件放大一个收缩量。沿模膛四周设有飞边槽，在上下模合拢时能容纳多余的金属，飞边槽靠近模膛处较浅，可增大金属外流阻力，促使金属充满模膛。

（3）锻模类型。根据锻件的复杂程度，锻模又分为单膛锻模和多膛锻模。单膛锻模是在一副锻模上只有终锻模膛。多膛锻模则有两个以上模膛，如图8-57所示为弯曲连杆锻件的锻模及弯曲连杆的锻造工序。

3）模锻件图

根据零件图，考虑模锻工艺特点，绘制模锻件图。它是设计和制造锻模、计算坯料、检验锻件的依据，如图8-58所示。绘制模锻件图时应考虑以下几个问题。

（1）分模面。分模面即上下模或凸凹模的分界面，可以是平面或曲面。其选择原则是：便于锻件从模膛中取出，一般分模面选在锻件最大尺寸的截面上，如图8-59所示。*a-a*处取不出锻件，*b-b*处模膛深度大，内孔余块多，*c-c*处不易发现错模，*d-d*处是合理的分模面；保证金属易

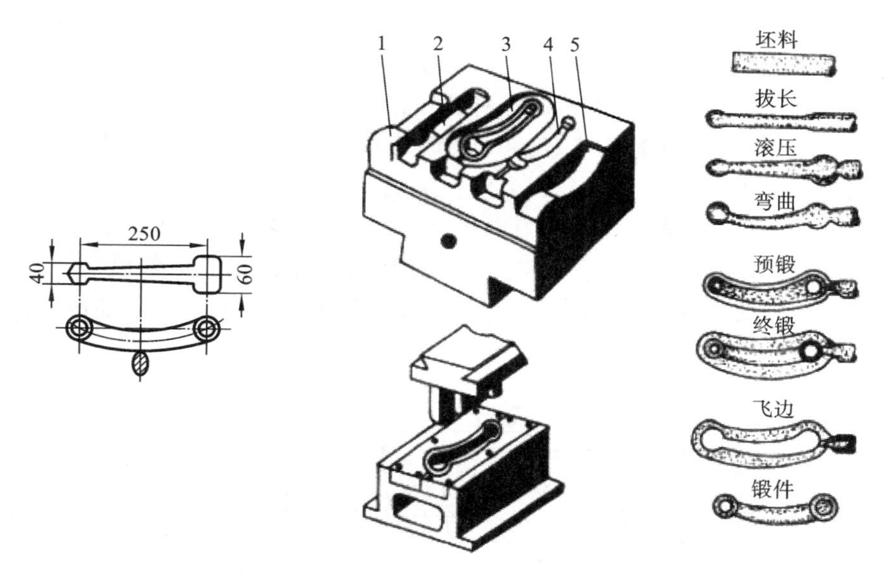

图 8-57 连杆的锻模过程

1—拔长模膛;2—滚压模膛;3—终锻模膛;4—顶锻模膛;5—弯曲模膛

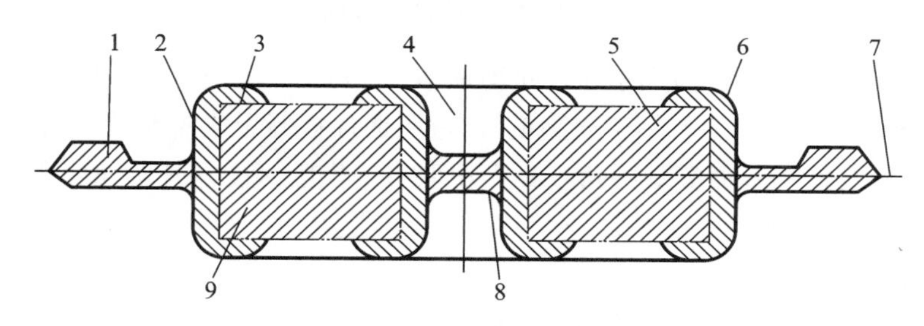

图 8-58 齿轮坯模锻件图

1—毛边;2—模锻斜度;3—加工余量;4—不通孔;5—凹圆角;
6—凸圆角;7—分模面;8—冲孔连皮;9—零件

于充满模膛,有利于锻模制造,分模面应选在使模膛具有宽度最大和深度最浅的位置上;便于发现上、下模错移现象,分模面应使上、下模膛沿分模面具有相同的轮廓;分模面最好是平面,并使模膛上下深浅基本一致,以便于锻模制造;分模面应使锻件上所加的余块最少。

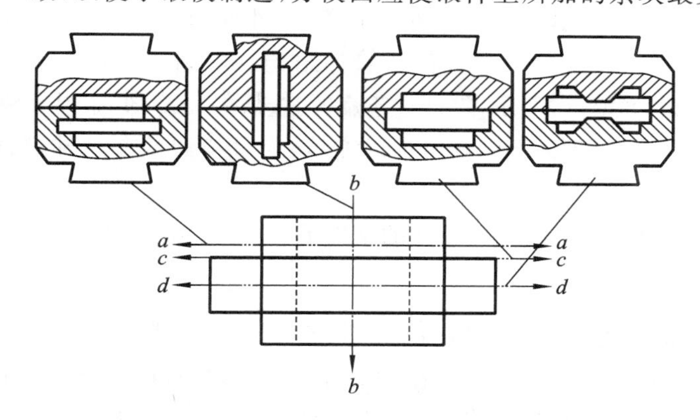

图 8-59 分模面的选择

(2) 加工余量、公差、余块和连皮。模锻件加工余量一般为 1～4 mm,偏差为±(0.3～3)mm。

模锻件均为批量生产，应尽量减少或不加余块，以节约金属。模锻时，锻件上的透孔不能直接锻出，只能锻成盲孔，中间留有一层较薄的金属，称为连皮，如图 8-60 所示。连皮不宜太薄，以免损坏模锻。连皮厚度 δ 与孔径 d 和孔深 H 有关，当 $d=30\sim80$ mm 时，连皮厚度为 4～8 mm。当 $d<30$ mm 或冲孔深度大于冲头直径的 3 倍时，只在冲孔处压出凹穴，孔不锻出，连皮在锻造后与飞边一同切除。

(3) 模锻斜度。为便于锻件从模膛中取出，锻件与模膛侧壁接触部分需带一定斜度，此斜度称为模锻斜度，如图 8-33 所示。模锻斜度不包括在加工余量之内，一般取 5°、7°、10°、12°等标准值。模膛深度与宽度比值(h/b)越大，斜度值越大。内壁斜度 β 比外壁斜度 α 大。

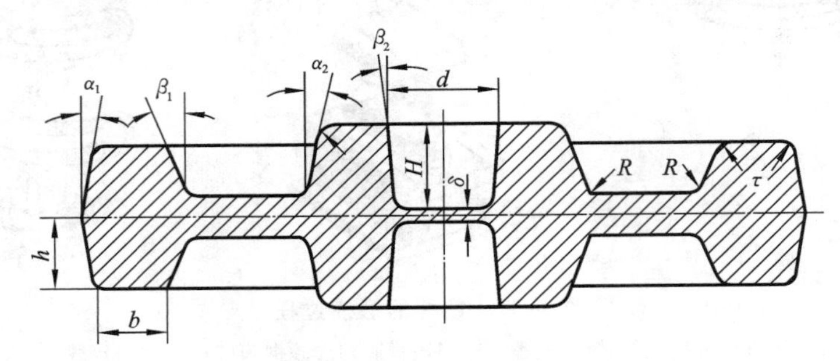

图 8-60　连皮、模锻斜度、圆角半径

(4) 圆角半径。锻件上两个面的相交处均应以圆角过渡，如图 8-60 所示。圆角可以减小坯料流入模槽的摩擦阻力，使坯料易于充满模膛，避免锻件被撕裂或流线被拉断，减少模具凹角处的应力集中，提高模具使用寿命等。圆角半径大小取决于模膛深度。外圆角半径 r 取 1～12 mm，内圆角半径 R 为 r 的 3～4 倍。

4) 模锻件的结构设计

对模锻件的结构进行设计时，为便于模锻件生产和降低成本，应根据模锻特点和工艺要求使其结构符合下列原则。

(1) 由于模锻件精度较高，表面粗糙度较低，因此零件的配合表面可留有加工余量；非配合表面一般不需要进行加工，不留加工余量。

(2) 模锻件要有合理的分模面、模锻斜度和圆角半径。

(3) 应避免有深孔或多孔结构。

(4) 为了使金属容易充满模膛、减少加工工序，零件外形应力求简单、平直和对称，尽量避免零件截面间相差过大或具有薄壁、高筋、凸起等结构。如图 8-61(a)所示，零件凸缘太薄、太高，中间下凹过深。如图 8-61(b)所示，零件过于扁薄，金属易于冷却，不易充满模膛，如图 8-61(c)所示，零件有一个高而薄的凸缘，不仅金属难以充填，而且模锻的制造和锻件的取出也不容易，如改为如图 8-61(d)所示形状，就易于锻造。

(5) 为减少余块，简化模锻工艺，在可能的条件下，尽量采用锻-焊组合工艺，如图 8-62 所示。

2. 胎模锻

胎模锻是在自由锻设备上使用可移动模具生产模锻件的锻造方法。胎模锻一般用自由锻方法制坯，在胎模中最后成形。胎模固定在锤头或砧座上，需要时放在下砧铁上。

胎模锻与自由锻相比，具有生产率高、操作简便、锻件尺寸精度高、表面粗糙度值小、余块少、节省金属、锻件成本低等优点。与模锻相比具有胎模制造简单、不需贵重的模锻设备、成本低、使用方便等优点。但胎模锻件尺寸精度和生产率不如锤上模锻高，劳动强度较大，胎模寿

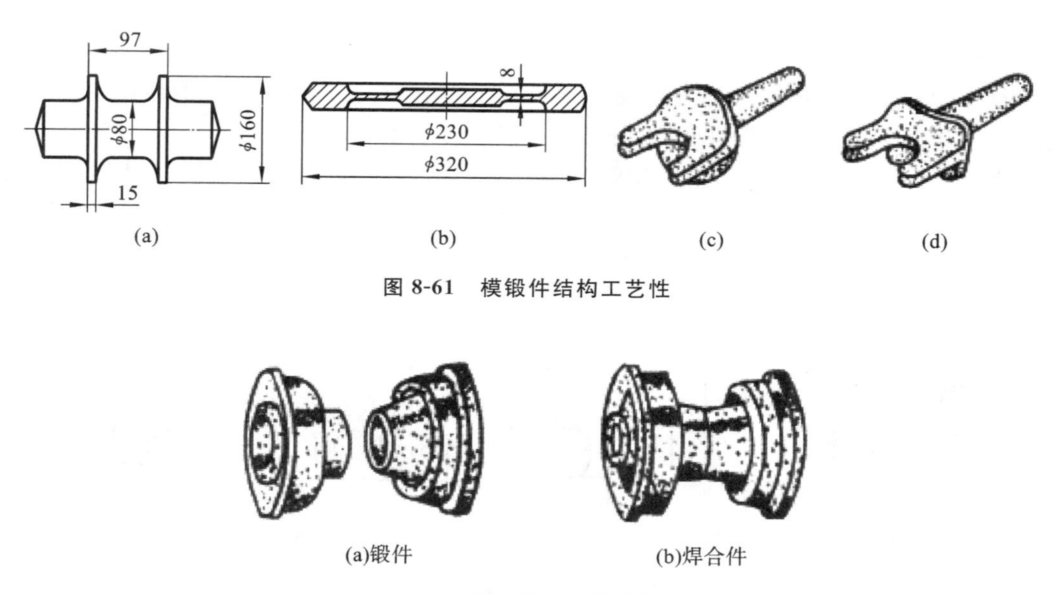

图 8-61　模锻件结构工艺性

图 8-62　锻-焊结构模锻件

命短。

胎模锻适于中、小批量生产，在缺少模锻设备的中、小型工厂应用广泛。常用的胎模结构有以下三种。

1）扣模

扣模由上、下扣组成，如图 8-63(a)所示，或只有下扣，上扣由上砧代替。锻造时锻件不转动，初步成形后锻件翻转 90°在锤砧上平整侧面。扣模常用来生产长杆非回 转体锻件的全部或局部扣形，也可用来为合模制坯。

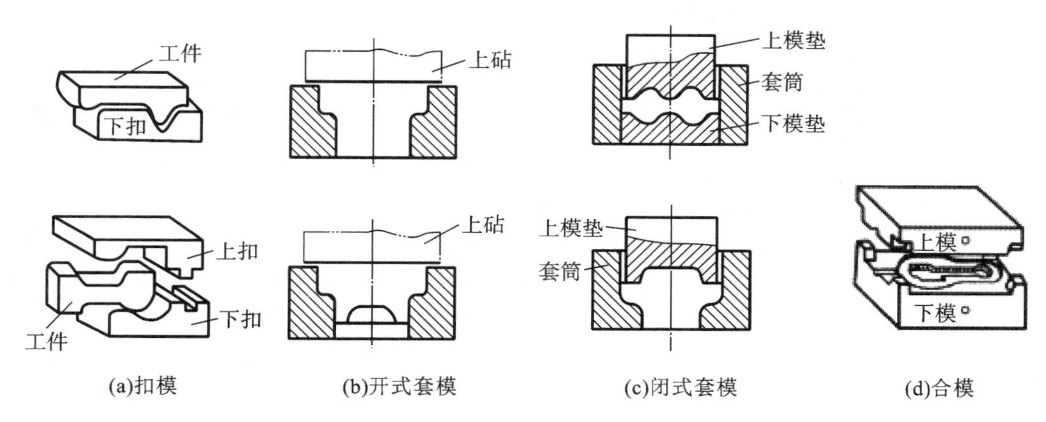

图 8-63　胎模的几种结构

2）套模

开式套模只有下模，上模用上砧代替，如图 8-63(b)所示。它主要用于回转体锻件(如端盖、齿轮等)的最终成形或制坯。当用于最终成形时，锻件的端面必须是平面。闭式套模由套筒、上模垫及下模垫组成，下模垫也可由下砧代替，如图 8-63(c)所示，主要用于端面有凸台或凹坑的回转体类锻件的制坯和最终成形，有时也用于非回转体类锻件。

3）合模

合模由上下模及导柱或导销组成，如图 8-63(d)所示。合模适用于各类锻件的终锻成形，尤其是非回转体类复杂形状的锻件，如连杆、叉形件等。

如图 8-64 所示为端盖毛坯的胎模锻过程。所用胎模为套筒模，它由模筒、模垫和冲头组成。原始坯料加热后，先用自由锻镦粗，然后将模垫和模筒放在下砧铁上，再将镦粗的坯料平放在模筒中，压上冲头后终锻成形，最后将连皮冲掉。

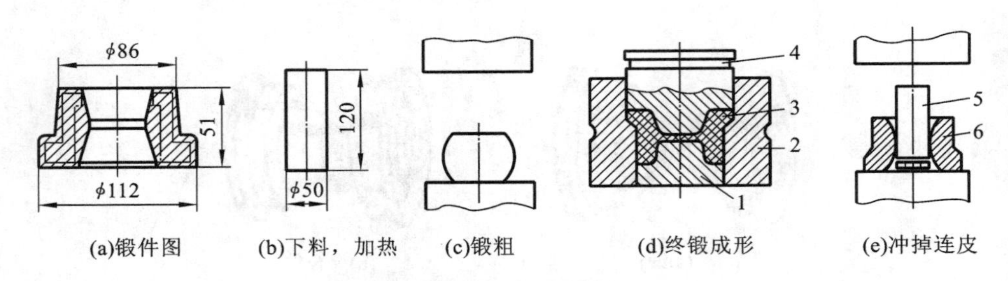

图 8-64　端盖毛坯的胎模锻过程

1—模垫；2—模筒；3、6—锻件；4—冲头；5—冲子；6—连皮

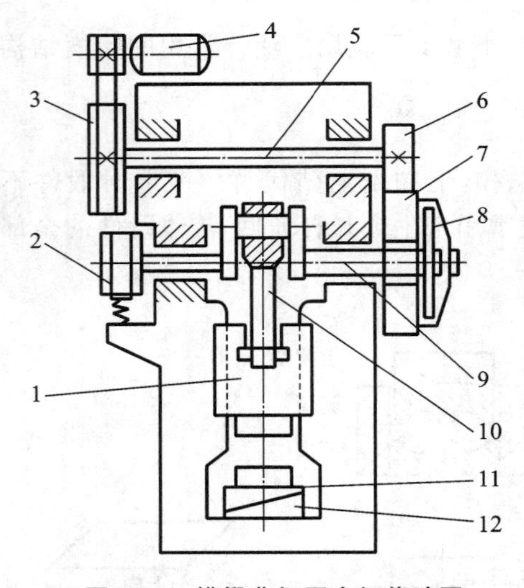

图 8-65　模锻曲柄压力机传动图

1—滑块；2—制动器；3—带轮；4—电机；5—转轴；6—小齿轮；7—大齿轮；8—离合器；9—曲轴；10—连杆；11—工作台；12—楔形垫块

3. 曲柄压力机上模锻

曲柄压力机上模锻传动系统如图 8-65 所示，曲柄压力机上的动力是电动机，通过减速和离合器装置带动偏心轴旋转，再通过曲柄连杆机构，使滑块沿导轨作上下往复运动。下模块固定在工作台上，上模块则装在滑块下端，随着滑块的上下运动，就能进行锻造。曲柄压力机上模锻有以下特点。

(1) 曲柄压力机作用于金属上的变形力是静压力，且变形抗力由机架本身承受，不传给地基。因此，曲柄压力机工作时震动与噪声小，劳动条件好。

(2) 曲柄压力机的机身刚度大，滑块导向精确，行程一定，装配精度高，因此能保证上下模膛准确对合在一起，不产生错模。

(3) 锻件精度高，加工余量和公差小，节约金属。在工作台及滑块中均有顶出装置，锻造结束可自动把锻件从模膛中顶出，因此锻件的模锻斜度小。

(4) 因为滑块行程速度低，作用力是静压力，有利于低塑性金属材料的加工。

(5) 曲柄压力机上不适宜进行拔长和滚压工步，这是由于滑块行程一定，不论用什么模膛都是一次成形，金属变形量过大，不易使金属填满终锻模膛所致。因此，为使变形逐渐进行，终锻前常用预成形、预锻工步。

(6) 曲柄压力机设备复杂，造价高，但生产率高，锻件精度高，适合于大批量生产。

4. 平锻机上模锻

平锻机的锻模由固定模、活动模、凸模组成。固定模与活动模组成凹模，坯料被夹紧在凹模中，经凸模冲压成形。

平锻机传动系统如图8-66所示。电机1经带轮5、齿轮7传至曲轴8，带动主滑块9和凸模10作往复直线运动。同时通过一对凸轮6、杠杆14带动副滑块和活动模13，向固定模12运动。挡料板11通过辊子与主滑块上的轨道相连，当主滑块向前运动时，轨道斜面迫使辊子上升，并使挡料板绕其轴线转动，给凸模让出路来。

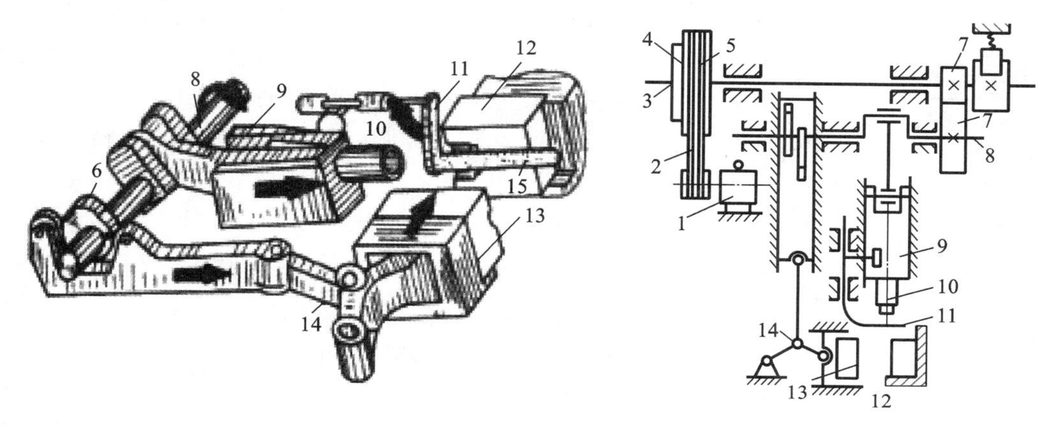

图8-66 平锻机传动图

1—电机；2—V形带；3—传动轴；4—离合器；5—带轮；6—凸轮；7—齿轮；8—曲轴；9—主滑块；10—凸模；11—挡料板；12—固定模；13—副滑块和活动模；14—杠杆；15—坯料

平锻机上模锻有如下特点：扩大了模锻的范围，可以锻出锤上模锻和曲柄压力机上模锻无法锻出的锻件，还可以进行切飞边、切断和弯曲等工步；锻件尺寸精确，表面粗糙度值小，生产率高；节省金属，材料利用率高；对非回转体及中心不对称的锻件较难锻造，平锻机的造价也较高，适用于大批量生产。

8.2.4 板料冲压

板料冲压是指用冲模使板料经分离或成形得到制件的工艺方法，它通常是在室温下进行，所以又称为冷冲压，简称冲压。

1. 板料冲压的特点及应用

冲压用原材料必须具有足够的塑性，广泛应用的金属材料有低碳钢、高塑性合金钢、铝、铜及其合金等；非金属材料有石棉板、硬橡皮、绝缘纸、纤维板等。它广泛应用于汽车、拖拉机、航空、电器、仪表、国防等行业或部门。

板料冲压具有以下特点。

(1) 冲压件的尺寸精度高，表面质量好，互换性好，一般不需切削加工即可直接使用，且质量稳定。

(2) 可压制形状复杂的零件，且材料的利用率高、产品的重量轻、强度和刚度较高。

(3) 冲压生产生产率高，操作简单，其工艺过程易于实现机械化和自动化，成本低。

(4) 冲压用模具结构复杂，精度要求高，制造费用高。冲压只有在大批量生产时，才能显示其优越性。

(5) 冲压件的质量为一克至几十千克,尺寸为一毫米至几米。

2. 冲压设备

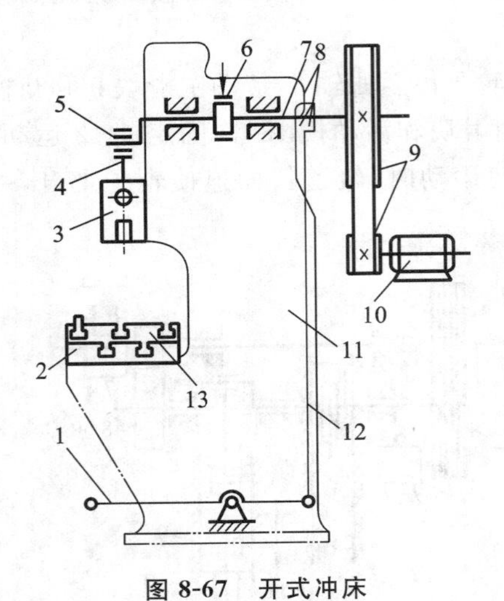

图 8-67 开式冲床

1—脚踏板;2—工作台;3—滑块;4—连杆;5—偏心套;6—制动器;7—偏心轴;8—离合器;9—皮带轮

冲压设备主要有剪床和冲床两大类。剪床是完成剪切工序,为冲压生产准备原料的主要设备。冲床是进行冲压加工的主要设备,按其床身结构不同,有开式和闭式两类冲床。按其传动方式不同,有机械式冲床与液压压力机两大类。图 8-67 所示为开式机械式冲床的工作原理及传动示意图。冲床的主要技术参数是以公称压力来表示的,公称压力(kN)是以冲床滑块在下止点前工作位置所能承受的最大工作压力来表示的。我国常用开式冲床的规格为 63～2000 kN,闭式冲床的规格为 1000～5000 kN。

3. 板料冲压的基本工序

1) 分离工序

分离工序是使坯料的一部分相对另一部分相互分离的工序,如剪切、落料、冲孔、修整等。

(1) 剪切。

剪切是使坯料按不封闭轮廓分离的工序,其任务是将板料切成具有有一定宽度的坯料,主要用于为下一步工序备料。

(2) 落料和冲孔。

落料和冲孔是坯料按封闭轮廓分离的工序,落料是为了获得冲下的部分即所要的工件,而周边是废料;冲孔则相反,冲下的部分是废料,周边为所需的零件。

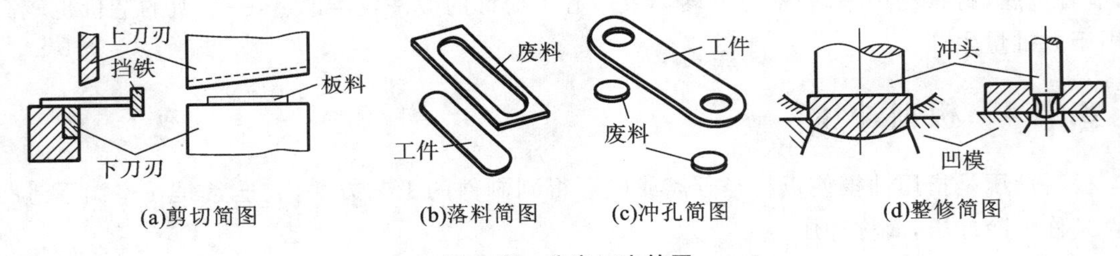

图 8-68 分离工序简图

(3) 整修。

整修是将冲裁件的余量以切削的形式切除,以提高加工精度、降低表面粗糙度值的工序。主要用于精度和表面质量要求高的零件。

分离工序简图如图 8-68 所示。

2) 成形工序

成形工序是使坯料的一部分相对于另一部分发生位移而不破裂的工序,如弯曲、拉深等。

(1) 弯曲。

弯曲是将板料、型材或管材在弯矩作用下弯成一定曲率和角度的工序,如图 8-69 所示。弯曲时坯料外层受拉,内层受压,为防止外层拉裂,冲头的圆角半径 R 不能太小。同时,应尽可能使弯曲部分的拉伸和压缩顺着坯料的纤维方向进行。

(2) 拉深。

拉深是使平面板料成形为中空形状零件的冲压工序,如图 8-70 所示。拉深工艺可分为不变薄拉深和变薄拉深两种,不变薄拉深件的壁厚与毛坯厚度基本相同,工业上应用较多,变薄拉深件的壁厚则明显小于毛坯厚度。有些高度与直径之比较大的零件,一次不能拉成,则可分几次拉深,在多次拉深时,往往需要进行中间退火,以消除冷变形强化,恢复塑性。

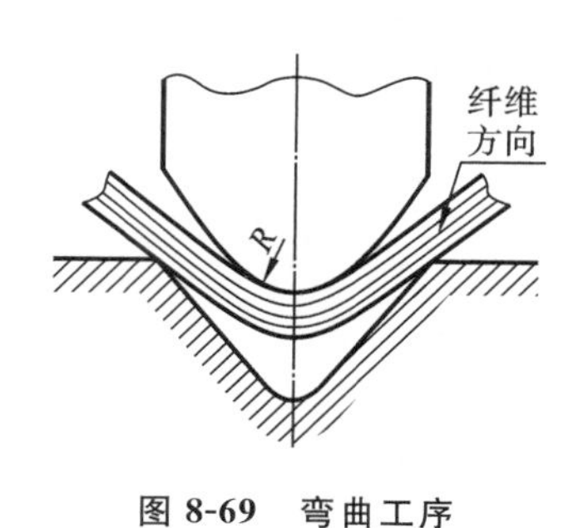

图 8-69 弯曲工序

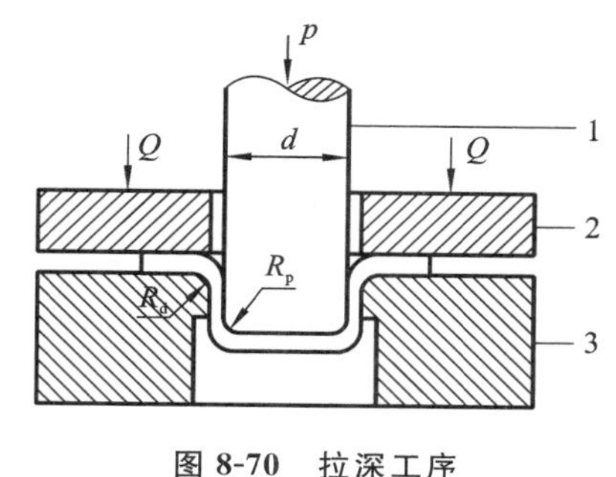

图 8-70 拉深工序

1—凸模;2—压边圈;3—凹模

在拉深时,由于坯料边缘在切线方向受到压缩,可能产生波浪形,最后形成折皱。用压板把坯料周边压紧进行拉深,可防止这一现象出现。如果拉应力超过拉深件底部的抗拉强度,拉深件底部会被拉裂。

3) 其他成形工序。

其他成形工序如翻边、胀形、缩口,如图 8-71 所示。翻边:将工件上的孔或边缘翻出竖立或有一定角度的直边,翻边的种类较多,常用的是圆孔翻边;胀形:利用模具使空心件或管状件由内向外扩张的成形方法,是冲压成形的一种基本形式,也常和其他方式结合出现于复杂形状零件的冲压过程之中;缩口:利用模具使空心件或管状件的口部直径缩小的局部成形工艺。

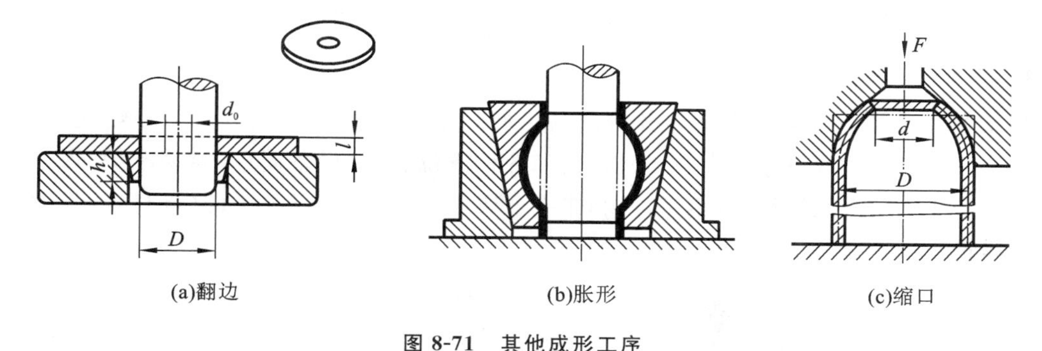

图 8-71 其他成形工序

8.3 焊接成形

焊接是现代工业生产中应用广泛的一种金属连接方法,其实质是用加热或加压等措施,借助于原子间的结合与扩散作用,使两块分离的金属连接成一个牢固整体。焊接与铆接等其他连接方法相比具有减小结构质量、节省金属材料;生产效率高、生产周期短;气密性高、质量好;能化"大"为"小"或以"小"拼"大";可以制造双金属结构;易于实现机械化、自动化等优点。焊接方法在制造大型结构件或复杂机器部件时更显得优越。焊接的方法很多,按焊接生产过程的特点可分为熔化焊、压力焊、钎焊三大类。常用焊接方法如下：

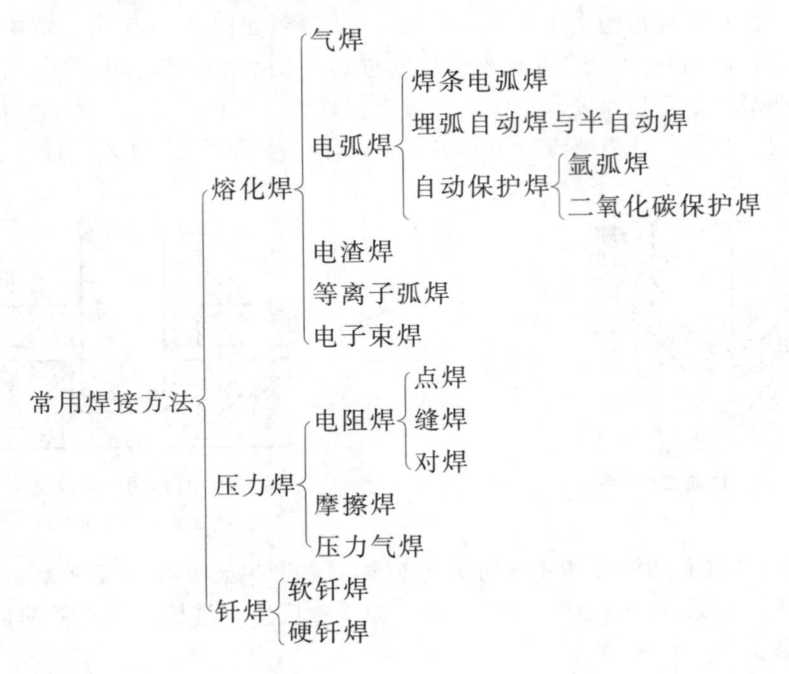

8.3.1 熔化焊

熔化焊是将金属的接头处加热到熔化或半熔化状态，形成共同的熔池，并加入填充金属，从而连接成整体的焊接工艺方法。熔化焊适用于焊接各种碳钢、低合金钢、不锈钢及耐热钢，也可以焊接铸铁和非铁金属。焊接接头的力学性能高，气密性好，是焊接生产中应用最广泛的一类方法。常见的熔化焊有电弧焊、气焊、电渣焊等，其中电弧焊是应用极其普遍的焊接方法。

1. 焊条电弧焊

焊条电弧焊即手工电弧焊，是利用焊条与工件间产生电弧热，将工件和焊条熔化而进行焊接的方法。焊条电弧焊可在室内、室外、高空和各种方位进行，设备简单，容易维护，焊钳小，使用灵活。适于焊接高强度钢、铸钢、铸铁和非铁金属，其焊接接头可与工件（母材）的强度相近，是焊接生产中应用最为泛的方法。

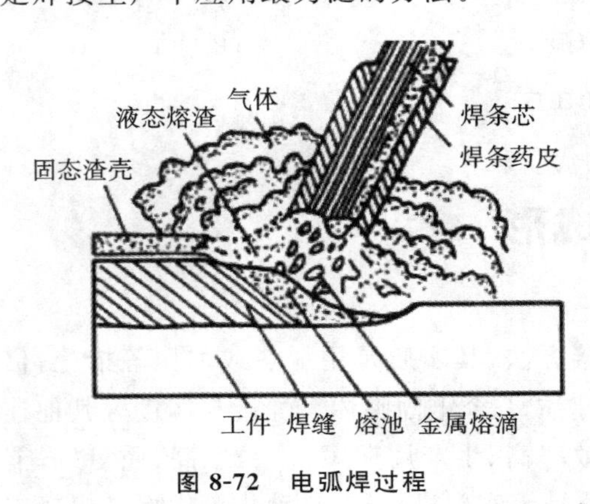

图 8-72 电弧焊过程

1）电弧焊原理

焊接电弧是在焊条与工件间的气体介质中产生的强放电现象。焊接操作时，先将电焊条与焊件短时接触，由于短路产生高热，使接触处金属迅速融化并产生金属蒸气，然后将焊条提起，离开焊条 2～4 mm 时，在焊条与焊件之间充满了高温气体和金属蒸气，由于焊接电压的作用，从高温金属表面发射出电子，电子撞击气体分子和金属蒸气，使其电离成正离子和负离子，正离子流向阴极，负离子和电子流向阳极，于是便形成了电弧。焊条电弧焊的焊接过程如图 8-72 所示：电弧在焊条与被焊工件之间燃烧，电弧使工件和焊芯同时熔化形成熔池，也使焊条的药皮熔化和分解；药皮熔化后与液态金属发生物理化学反应，所形成的熔渣不断从熔池中浮起；药皮受热分解产生大量的保护气体，围绕在电弧周围，熔渣和气体能防止空气中氧和氮的侵入，起保护熔化金属的作用。

当电弧向前移动时，工件和焊条不断熔化汇成新的熔池，原来的熔池则不断冷却凝固，构成连续的焊缝，覆盖在焊缝表面的熔渣也逐渐凝固成为固态渣壳。

2）手工电弧焊设备

手工电弧焊设备有交流弧焊机、直流弧焊机及整流器式直流电焊机等。

（1）交流弧焊机。交流弧焊机是一种装有特殊变压器的电弧焊设备。常用的有 BX1-330 型漏磁式交流弧焊机，焊接空载电压为 60～70 V，工作电压为 30 V，工作电流可在 50～450 A 范围内调节。

（2）直流弧焊机。直流弧焊机是提供直流电进行焊接的电弧焊没备。直流弧焊机有两种类型：一种是发电机式直流弧焊机，常用型号为 AX-330，其焊接空载电压为 50～80 V，工作电压为 30 V，电流调节范围为 45～320 A；另一种是整流器式直流电焊机，其原理是用大功率整流元件组成整流器，将工频交流电整流成符合焊接需要的直流电，这种弧焊机结构简单，维修方便，噪声小。直流弧焊机输出端有正、负两极之分，弧焊机与焊条、工件有两种不同的接线法（如图 8-73 所示）。将工件接焊机正极，焊条接焊机负极，这种接法称为正接，反之称为反接。焊接厚板时，一按采用直流正接。焊接薄板时，为防止烧穿，常采用反接，在使用碱性焊条时均采用直流反接。

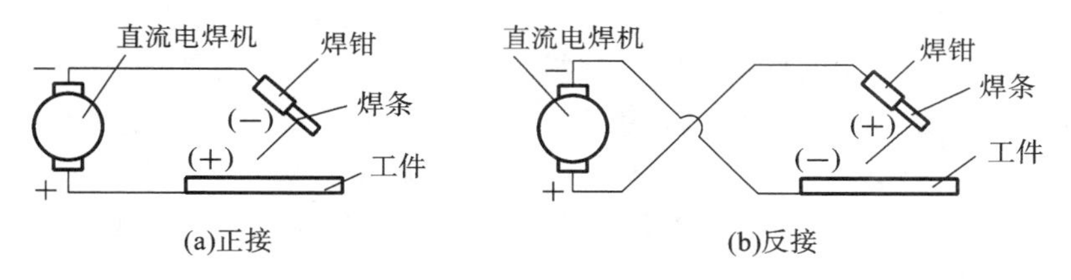

图 8-73　直流弧焊电源的正接与反接

3）焊条

（1）焊条组成与作用。

如图 8-74 所示，焊条是由金属焊芯和涂覆在焊条芯外面的药皮组成，焊芯在焊接过程中既是导电的电极，同时本身又熔化作为填充金属，与熔化的母材共同形成焊缝金属，焊芯的质量直接影响焊缝质量，因此要严格控制焊芯的化学成分和非金属夹杂物的含量，几种常用结构钢焊芯的牌号和成分如表 8-9 所示。焊条药皮在焊接过程中的作用主要是：提高电弧燃烧的稳定性，防止空气对熔化金属的有害作用，保证焊缝金属的脱氧和加入合金元素，以保证焊缝金属的化学成分和力学性能。焊条药皮原料的种类、名称及其作用如表 8-10 所示。

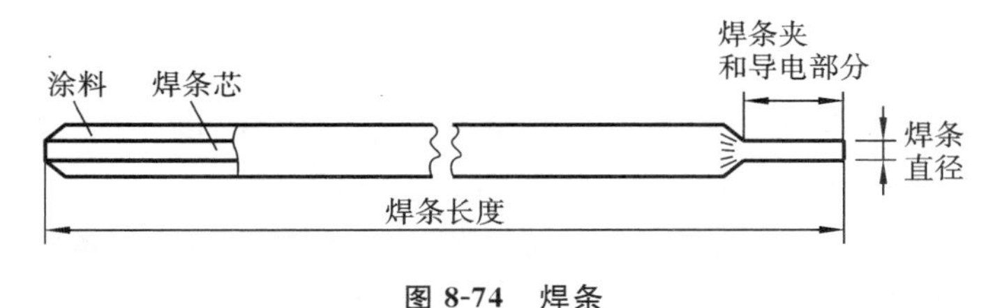

图 8-74　焊条

表 8-9 常用结构钢焊芯的牌号和成分

钢号	化学成分							用途
	碳	锰	硅	铬	镍	硫	磷	
H08	⩽0.10	0.30～0.55	⩽0.30	⩽0.30	⩽0.30	<0.04	<0.04	一般焊接结构
H08A	⩽0.10	0.30～0.55	⩽0.30	⩽0.20	⩽0.30	<0.03	<0.03	重要的焊接结构
H08MnA	⩽0.10	0.80～1.10	⩽0.07	⩽0.20	⩽0.30	<0.03	<0.03	用作埋弧自动焊钢铁

表 8-10 焊条药皮原料的种类、名称及其作用

原料种类	原料名称	作用
稳弧剂	碳酸钾、碳酸钠、长石、大理石、钛白粉、钠水玻璃、钾水玻璃	改善引弧性能，提高电弧燃烧的稳定性
造气剂	淀粉、木屑、纤维素、大理石	造成一定量的气体，隔绝空气，保护焊接熔滴与熔池
造渣剂	大理石、萤石、菱苦土、长石、锰矿、钛铁矿、黏土、钛白粉、金红石	造成具有一定物理-化学性能的熔渣，保护焊缝。碱性渣中的 CaO 还可起脱硫、脱磷作用

（2）焊条种类。

①焊条按熔渣的化学性质分为两大类：酸性焊条和碱性焊条。酸性焊条的熔渣呈酸性，药皮中含有大量 SiO_2、TiO_2、MnO 等氧化物，烧损较大。保护气氛主要是 CO 和 H_2。其优点是熔渣呈玻璃状，容易脱渣，工艺性能较好，电弧稳定，交、直流弧焊机均可使用。其缺点是由于保护气氛中 H_2 质量分数大，约占 50%，焊缝金属中氧、氮的质量分数也比较高。脱硫能力小，所以焊缝力学性能，尤其是塑韧性差，故酸性焊条常应用于一般焊接结构。典型的酸性焊条型号为 E4303。碱性焊条的熔渣呈碱性，药皮的主要成分为 $CaCO_3$ 和 CaF_2，其优点是除硫作用强于酸性焊条，保护气氛主要为 CO_2、CO 和 H_2，H_2 的质量分数很低（<5%），又称低氢型焊条。且这种焊条药皮中含强氧化物少，合金元素烧损少。由于这种焊条少硫低氢，所以焊缝金属的塑性、韧性好，抗裂性强，故应用于重要压力容器等的焊接。其缺点是药皮中的 CaF_2 化学性质极活泼，对油、锈、污敏感；电弧不稳定；熔渣为结晶状，不易脱渣；HF 是一种有毒气体，对人体危害较酸性焊条大。为了更好地发挥碱性焊条的抗裂作用，要求采用直流弧焊机、反接，且尽量采用短弧焊，以提高电弧气氛的保护效果。

②焊条按用途可分为十一大类：碳钢焊条、低合金钢焊条、钼和铬耐热钢焊条、低温钢焊条、不锈钢焊条、堆焊焊条、铸铁焊条、镍及镍合金焊条、铜及铜合金焊条、铝及铝合金焊条、特殊用途焊条。每种类型的焊条又因药皮类型不同，具有不同的焊接工艺性能和不同的焊缝力学性能。

（3）焊条类型。

根据国标 GB/T 5117—2012《非合金钢及细晶粒钢焊条》和 GB/T 5118—2012《热强钢焊条》的规定，两种焊条型号用大写字母“E”和数字表示，如 E4303、E5015 等。“E”表示焊条，型号中四位数字的前两位表示熔敷的最小抗拉强度值，第三位数字表示焊条适用的焊接位置（“0”及“1”表示适用于各种焊接位置、“2”表示适用于平焊及平角焊、“4”表示适用于向下立焊），第三位与第四位数字组合表示药皮类型和电流种类。低合金钢焊条型号中在四位数字之后，还标上

附加合金元素的化学成分。如 E515-B2-V，属低氢钠型、适用直流反接进行各种焊接位置的焊条，并且 $\omega_{Si}=0.6\%$，$\omega_V=0.01\%\sim0.35\%$。

（4）焊条选用原则。

选用焊条通常是根据焊件化学成分、力学性能、抗裂性、耐腐蚀性以及高温性能等要求，选用相应的焊条种类。再考虑焊接结构形状、受力情况、焊接设备条件和焊条售价来选定具体型号。

①低碳钢和普通低合金钢构件，一般都要求焊缝金属与母材等强度，因此可根据钢材的强度等级来选用相应的焊条。但应注意，钢材是按屈服强度确定等级的，而碳钢、低合金钢焊条的等级是指抗拉强度的最低保证值。

②同一强度等级的酸性焊条或碱性焊条的选定，主要应考虑焊接件的结构形状（简单或复杂）、钢板厚度、载荷性质（静载或动载）和钢材的抗裂性能而定。通常，对要求塑性好、冲击韧度高、抗裂能力强或低温性能好的结构，要选用碱性焊条。如果构件受力不复杂、母材质量较好，应尽量选用较经济的酸性焊条。

③ 低碳钢与低合金结构钢焊接，可按异种钢接头中强度较低的钢材来选用相应的焊条。

④ 铸钢的碳质量分数一般比较高，而且厚度较大，形状复杂，很容易产生焊接裂纹。一般应选用碱性焊条，采取适当的工艺措施（如预热）进行焊接。

⑤ 焊接不锈钢或耐热钢等有特殊性能要求的钢材，应选用相应的专用焊条以保证焊缝的主要化学成分及性能与母材相同。

（5）焊条电弧焊焊接工艺规范。

焊接工艺规范指制造焊件所有有关的文件和实践要求的细则文件。焊接工艺规范包括焊条型号（牌号）、焊条直径、焊接电流、坡口形状、焊接层数等参数的选择。这里仅对焊条直径、焊接电流及焊接层数的选择做简要阐述。

① 焊条直径的选择。焊条直径主要取决于焊件厚度、接头形式、焊缝位置、焊层（道）数等因素，根据焊件厚度平焊时焊条的选用如表 8-11 所示。

表 8-11　焊条直径的选择

焊件厚度/mm	＜2	2～4	4～10	12～14	＞14
焊条直径/mm	1.5～2.0	2.5～3.2	3.2～4	4～5	＞5

②焊接电流的选择。焊接电流主要根据焊条直径来选择，对平焊低碳钢和低合金钢焊件，焊条直径为 3～6 mm 时，电流大小可根据经验公式来选择，即：

$$I=(30\sim50)d$$

式中：I 为电流（A）；

d 为焊条直径（mm）

实际焊接工作时，电流的大小还应考虑焊件厚度、接头形式、焊接位置和焊条种类等因素。焊件厚度较薄、横焊、立焊、仰焊以及不锈钢焊条等条件下，焊接电流均应比平焊时电流小 10%～15%，也可以通过试焊来调节电流的大小。

③ 焊接层数。厚件、易过热的材料焊接时，常采用开坡口、多层多道焊的方法，每层焊缝厚度以 3～4 mm 为宜，也可按以下公式来安排层数：

$$n=\delta/d$$

式中：n 为焊接层数（取整数）；

δ 为焊条直径(mm)；

d 为焊件厚度(mm)。

2. 埋弧自动焊

手工电弧焊的生产率低，对工人操作技术要求高，工作条件差，而且焊接质量不稳定。埋弧自动焊(简称埋弧焊)是电弧在焊剂层内燃烧进行焊接的方法，其引燃、焊丝的送进和电弧沿焊缝的移动，是由设备自动完成的。

1）埋弧自动焊设备与焊接材料的选用

(1) 设备。埋弧自动焊的动作程序和焊接过程弧长的调节都是由电气控制系统来完成的。埋弧焊设备由焊车、控制箱和焊接电源三部分组成。埋弧焊电源有交流和直流两种。

(2) 焊接材料。埋弧焊的焊接材料有焊丝和焊剂。焊丝和焊剂选配的总原则是根据母材金属的化学成分和力学性能选择焊丝，再根据焊丝选配相应的焊剂。例如，焊接普通结构低碳钢，选用 H08A 焊丝，配合 HJ431 焊剂，焊接较重要低合金结构钢，选用 H08MnA 或 H10Mn2 焊丝，配合 HJ431 焊剂。焊接不锈钢，选用与母材成分相同的的焊丝配合低锰焊剂。

2）埋弧焊的过程

埋弧焊的焊接过程如图 8-75 所示，焊剂均匀地堆覆在焊件上，形成厚度为 40～60 mm 的焊剂层，焊丝连续地进入焊剂层下的电弧区，维持电弧平稳燃烧，随着焊车的匀速行走，完成电弧焊缝自行移动。

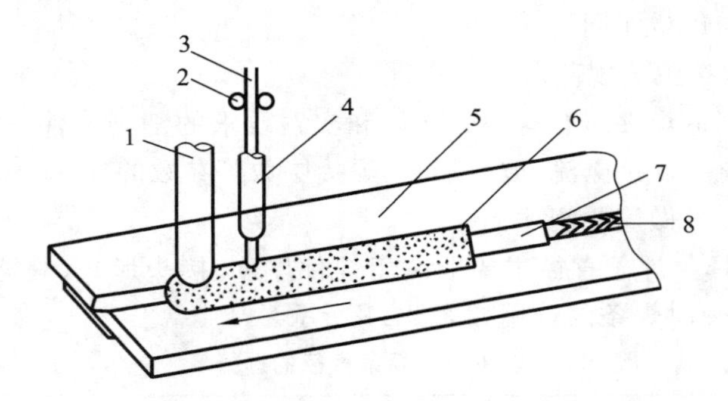

图 8-75　埋弧自动焊焊接过程示意图

1—焊剂漏斗；2—送丝滚轮；3—焊丝；4—导电嘴；5—焊件；6—焊剂；7—渣壳；8—焊缝

埋弧焊焊缝形成过程如图 8-76 所示，在颗粒状焊剂层下燃烧的电弧使焊丝、焊件熔化形成熔池，焊剂熔化形成熔渣，蒸发的气体使液态熔渣形成封闭的熔渣泡，能有效阻止空气侵入熔池和熔滴，使熔化金属得到焊剂层和熔渣泡的双重保护，同时阻止熔滴向外飞溅，既能减少电弧热能损失，又阻止了弧光四射，加大熔深。随着焊丝沿焊缝前行，熔池凝固成焊缝，密度小的熔渣结成覆盖焊缝的渣壳。

埋弧焊焊丝从导电嘴伸出的长度较短，所以可大幅度提高焊接电流，使熔深明显加大。一般埋弧焊电流强度比焊条电弧焊高 4 倍左右。当板厚在 24 mm 以下对接焊时，不需要开坡口。

3）特点和应用

埋弧自动焊与手工电弧焊相比，有以下特点。

(1) 生产率高、成本低，由于埋弧焊时电流大，电弧在焊剂层下稳定燃烧，无熔滴飞溅，热量集中，焊丝熔敷快，比手工电弧焊效率提高 5～10 倍；焊件熔深大，较厚的焊件不开坡口也能焊透，节省加工坡口的工时和费用，减少焊丝填充量，没有焊条头，焊剂可重用，节约焊接材料。

(2) 焊接质量好、稳定性高，埋弧焊时，熔滴、熔池金属得到焊剂和熔渣泡的双重保护，有害

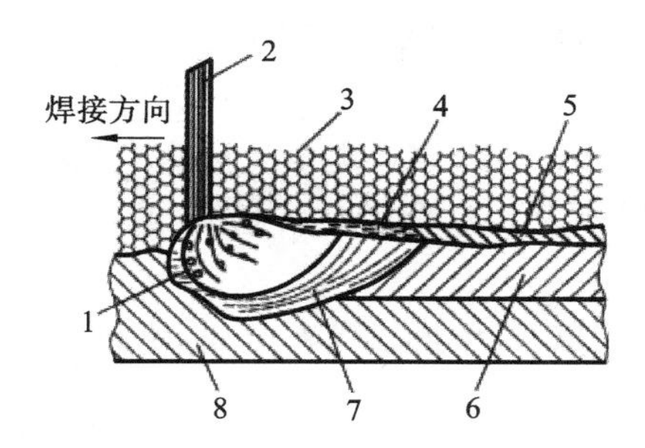

图 8-76 埋弧焊焊缝形成过程示意图

1—电弧;2—焊丝;3—焊剂;4—熔化的焊剂;5—渣壳;6—焊缝;7—熔池;8—焊件

气体浸入减少,焊接操作自动化程度高,工艺参数稳定,焊缝成形美观,内部组织均匀。

(3) 劳动条件好,没有弧光和飞溅,操作过程的自动化使劳动强度降低。

(4) 埋弧焊适应性较差,通常只适于焊接长直的平焊缝或较大直径的环焊缝,不能焊空间位置焊缝及不规则焊缝。

(5) 设备费用一次性投资较大。

因此,埋弧自动焊适用于成批生产的中、厚板结构件的长直及环焊缝的平焊。

3. 气体保护焊

气体保护焊是用外加气体作为电弧介质并保护电弧和焊接区的电弧焊。按照保护气体的不同,气体保护焊分为两类:使用惰性气体作为保护的称惰性气体保护焊,包括氩弧焊、氦弧焊、混合气体保护焊等;使用 CO_2 作为保护气体的称为 CO_2 气体保护焊。

1) 氩弧焊

氩弧焊是以氩气作为保护气体的电弧焊,氩气是惰性气体,可保护电极和熔化金屑不受空气的有害作用。在高温条件下,氩气与金属既不发生反应,也不溶入金属中。

根据所用电极的不同,氩弧焊可分为非熔化极氩弧焊和熔化极氩弧焊两种,如图 8-77 所示。

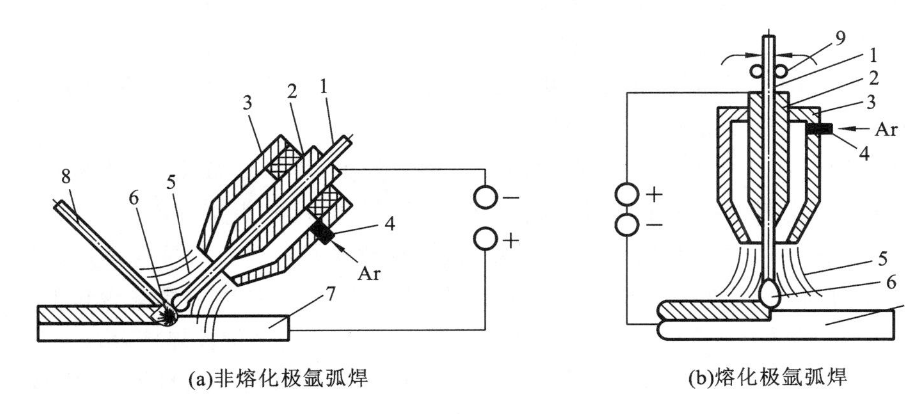

图 8-77 氩弧焊示意图

1—电极或焊丝;2—导电嘴;3—喷嘴;4—进气管;5—氩气;6—电弧;7—工件;8—填充焊丝;9—送丝辊轮

(1) 钨极氩弧焊。常以高熔点的铈钨棒作电极,焊接时,钨极不熔化(也称非熔化极氩弧焊),只起导电和产生电弧的作用。焊接钢材时,多用直流电源正接,以减少钨极的烧损;焊接铝、镁及其合金时采用反接,此时,铝工件作阴极,有“阴极破碎”作用,能消除氧化膜,焊缝成形美观。钨极氩弧焊需要加填充金属,它可以是焊丝,也可以在焊接接头中填充金属条或采用卷边接头。为防止钨合金熔化，钨极氩弧焊焊接电流不能太大，所以一般适于焊接小于 4 mm 的薄板件。

(2) 熔化极氩弧焊。用焊丝作电极，焊接电流比较大，母材熔深大，生产率高，适于焊接中厚板，比如 8 mm 以上的铝容器。为了使焊接电弧稳定，通常采用直流反接。这对于焊铝工件正好有“阴极破碎”作用。

氩弧焊主要适于焊接铝、镁、钛及其合金，稀有金属，不锈钢，耐热钢。脉冲钨极氩弧焊还适于焊接 0.8 mm 以下的薄板。

2) CO_2 气体保护焊

CO_2气体保护焊简称 CO_2焊。CO_2焊是利用廉价的 CO_2作为保护气体，既可降低焊接成本，又能充分利用气体保护焊的优势，CO_2焊的焊接过程如图 8-78 所示。

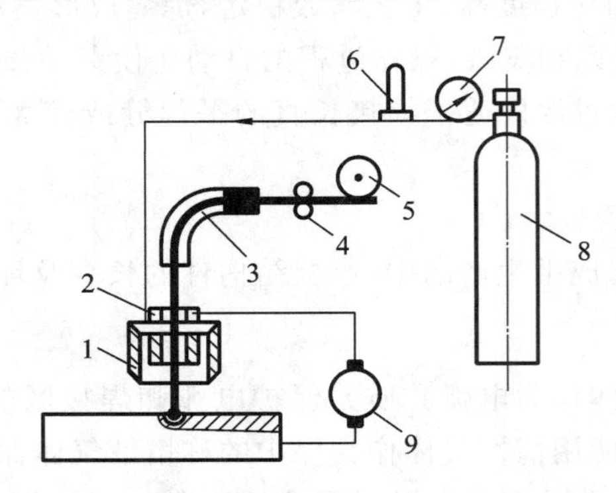

图 8-78　CO_2 焊示意图

1—焊炬喷嘴；2—导电嘴；3—送丝软管；4—送丝机构；5—焊丝盘；6—流量计；7—减压器；8—CO_2 气瓶；9—电焊机

CO_2气体经焊枪的喷嘴沿焊丝周围喷射，形成保护层，使电弧、熔滴和熔池与空气隔绝。由于 CO_2气体是氧化性气体，在高温下能使金属氧化，烧损合金元素，所以不能焊接易氧化的非铁金属和不锈钢。因 CO_2气体冷却能力强，熔池凝固快，焊缝中易产生气孔，若焊丝中含碳量高，则飞溅较大。因此要使用冶金中能产生脱氧和渗合金的特殊焊丝来完成 CO_2焊。常用 CO_2焊的焊丝是 H08Mn2SiA，适于焊接抗拉强度小于 600MPa 的低碳钢和普通低合金结构钢。为了稳定电弧，减少飞溅，CO_2焊采用直流反接。

CO_2气体保护焊具有以下特点：生产率高。焊接电流大，焊丝熔敷快，焊件熔深大，易于自动化，生产率比手工电弧焊提高 1～4 倍；成本低。CO_2气体价廉，焊接时不需要涂料焊条和焊剂，总成本仅为焊条电弧焊和埋弧焊的 45%左右；焊缝质量较好。CO_2焊电弧热量集中，加上 CO_2气流冷却能力强，焊接热影响区小，焊后变形小，采用合金焊丝，焊缝中氢含量低，焊接接头抗裂性好，焊接质量较好；适应性强。焊缝操作位置不受限制，能全位置焊接，易于实现自动化；由于是氧化性保护气体，不宜焊接非铁金属和不锈钢；焊缝成形稍差，飞溅较大；焊接设备较复杂，使用和维修不方便。

CO_2焊主要适用于焊接低碳钢和强度级别不高的普通低合金结构钢焊件，焊件厚度最厚可达 50 mm(对接形式)。

4. 其他熔化焊

除了上述常用的焊接方法，还有电渣焊、等离子弧焊、电子束焊、激光焊等熔化焊。读者可通过查阅其他专业书籍进行了解，本节不作详细阐述。

8.3.2 其他焊接方法

在工业生产中应用较多的焊接方法，除熔化焊外，还有压焊和钎焊等。

1. 压焊

压力焊是在焊接过程中需要加压的一种焊接方法，简称压焊，主要包括电阻焊、摩擦焊、爆炸焊、扩散焊和冷压焊等，本节只介绍电阻焊和摩擦焊。

1）电阻焊

电阻焊是将焊件组合后通过电极施加压力，利用电流通过焊件及其接触处所产生的电热，将焊件局部加热到塑性或熔化状态，然后在压力下形成焊接接头的焊接方法。由于工件的总电阻很小，为使工件在极短时间内迅速加热，必须采用很大的焊接电流（几千到几万安培）。与其他焊接方法相比，电阻焊具有生产率高、焊接变形小、不需另加焊接材料、劳动条件好、操作简便、易实现机械化等优点。但其设备较一般熔焊复杂，耗电量大，可焊工件厚度（或断面尺寸）及接头形式受到限制。按照工件接头形式和电极形状不同，电阻焊分为点焊、缝焊和对焊三种形式。

（1）点焊。点焊是利用柱状电极加压通电，在搭接工件接触面之间产生电阻热，将焊件加热并局部熔化，形成一个熔核（周围为塑性状态），然后在压力下熔核结晶成焊点，如图 8-79 所示，点焊焊件都采用搭接接头，图 8-80 为几种典型的点焊接头形式。

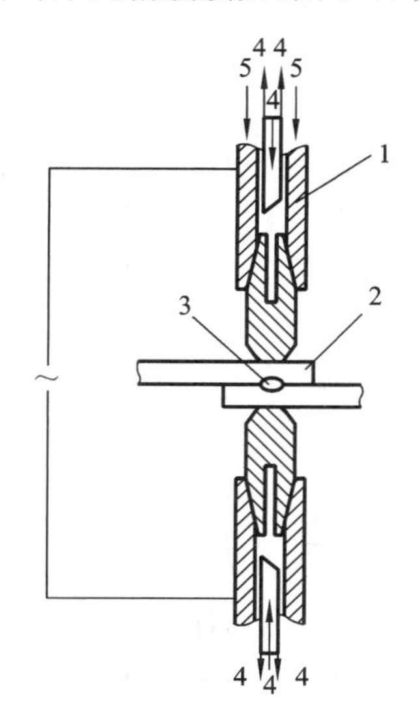

图 8-79　点焊示意图

1—电极；2—焊件；3—熔核；4—冷却水；5—压力

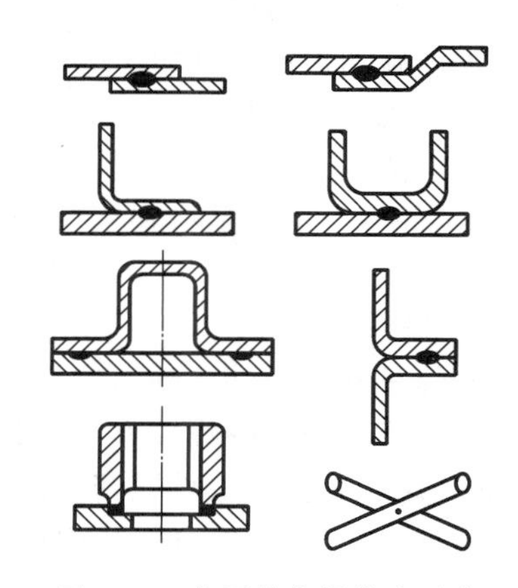

图 8-80　典型的点焊接头形式

点焊主要适用于厚度为 0.05～6 mm 的薄板、冲压结构及线材的焊接。目前，已广泛用于制造汽车、飞机、车厢等薄壁结构以及罩壳、轻工和生活用品等。

（2）缝焊。缝焊过程与点焊相似。只是用旋转的圆盘状波动电极代替柱状电极。焊接时，盘状电极压紧焊件并转动（也带动焊件向前移动），配合断续通电，即形成连续重叠的焊点，因此称为缝焊，如图 8-81 所示。

缝焊时，焊点相互重叠 50%以上，密封性好，主要用于制造要求密封性的薄壁结构，如油箱、小型容器与管道等。但因缝焊过程分流现象严重，焊接相同厚度的工件时焊接电流为点焊的 1.5～2 倍，因此要使用大功率电焊机，一般只适用于厚度 3 mm 以下的薄板结构。

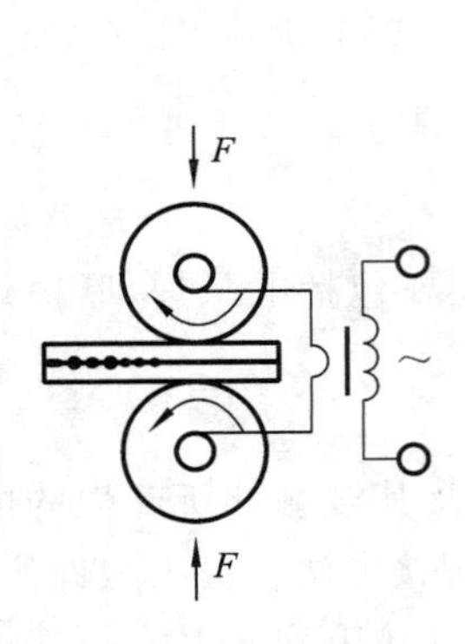

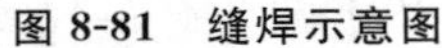
图 8-81 缝焊示意图

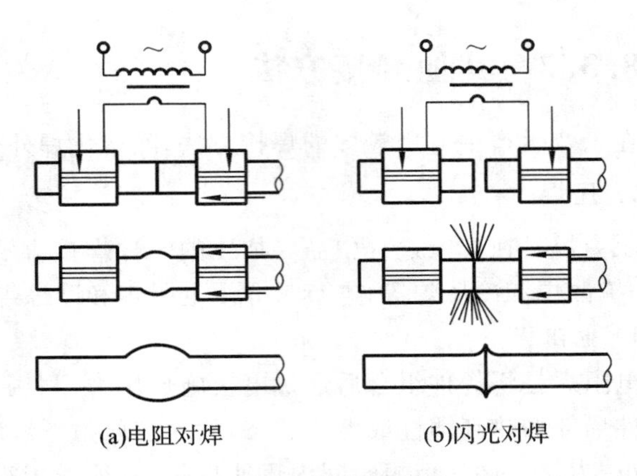

图 8-82 对焊示意图

(3) 对焊。对焊是利用电阻热使两个工件整个接触面焊接起来的一种方法,可分为电阻对焊和闪光对焊,主要用于对刀具、管子、钢筋、钢轨、锚链、链条等进行焊接。

①电阻对焊:将两个工件夹在对焊机的电极钳口中,施加预压力,使两个工件端面接触并被压紧,然后通电,当电流通过工件和接触端面时产生电阻热。将工件接触处迅速加热到塑性状态(碳钢为 1000～1250 ℃),再对工件施加较大的顶锻力并同时断电,使接头在高温下产生一定的塑性变形而焊接起来,如图 8-82(a)所示。电阻对焊操作简单,接头比较光滑。一般只用于焊接截面形状简单、直径(或边长)小于 20 mm 和强度要求不高的杆件。

② 闪光对焊:将两工件先不接触,接通电源后使两工件轻微接触,因工件表面不平,首先只是某些点接触,强电流通过时,这些接触点的金属即被迅速加热熔化、蒸发、爆破,高温颗粒以火花形式从接触处飞出而形成"闪光",此时应保持一定闪光时间,待焊件端面全部被加热熔化时,迅速对焊件施加顶锻力并切断电源,焊件在压力作用下产生塑性变形而焊在一起,如图 8-82(b)所示。在闪光对焊的焊接过程中,工件端面的氧化物和杂质在最后加压时随液态金属挤出,因此接头中夹渣少。常用于重要工件的焊接,还可焊接一些异种金属,如铝与铜、铝与钢等的焊接,被焊工件直径可以是小到 0.01 mm 的金属丝,也可以是断面大到 20 mm^2 的金属棒和金属型材。

2) 摩擦焊

摩擦焊是利用焊件接触面的相对运动,强烈摩擦产生的热量,使接触面加热到塑性状态,在压力作用下连成一体的焊接方法,图 8-83 所示为摩擦焊原理示意图。焊件 1 和 2 被夹在焊机上,施加一定压力使两焊件紧密接触,再使焊件 1 旋转,两焊件接触面因相对摩擦而产生高热,待接触面加热成塑性状态时,使焊件 1 停转,在焊件 2 一侧加压力,使两焊件产生塑性变形而焊接起来。

摩擦焊的接头一般为等截面的,也可是不等截面的,但必须有一工件为圆形或管形。图 8-84为摩擦焊的常用接头形式。摩擦焊广泛用于圆形工件及管子(外径达数百毫米)的对接,可焊实心焊件(直径 2～100 mm)。

2. 钎焊

钎焊是利用燃点比焊件金属低的钎料作为填充金属,加热时钎料熔化而母材不熔化,利用液态钎料浸润母材,填充接头间隙并与母材相互扩散而将焊件连接起来的焊接方法。钎焊接头的承载能力很大程度上取决于钎料,根据钎科熔点的不同,钎焊可分为硬钎焊和软钎焊两类。

1) 硬钎焊

钎料熔点在 450 ℃以上,接头强度在 200 MPa 以上的钎焊,为硬钎焊。属于这类钎料的有

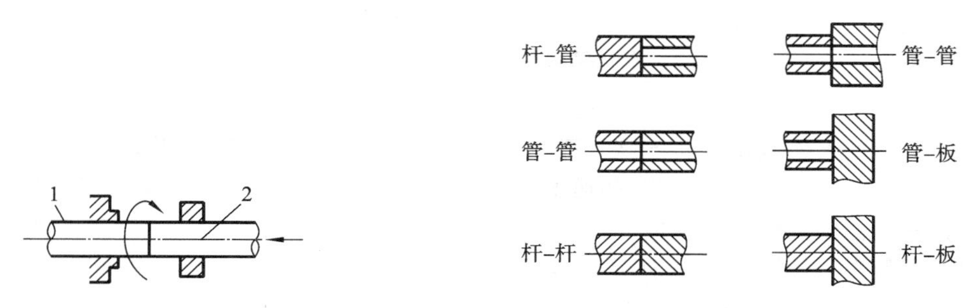

图 8-83 摩擦焊原理示意图

图 8-84 摩擦焊的常用接头形式

铜基、银基钎料等。钎剂主要有硼砂、硼酸、氟化物和氯化物等。硬钎焊主要用于受力较大的钢铁和铜合金构件的焊接，如自行车车架和刀具等。

2）软钎焊

钎料熔点在 450 ℃以下，焊接接头强度较低，一般不超过 70 MPa 的钎焊，为软钎焊。如锡焊是常见的软钎焊，所用钎料为锡铅，铅剂有松香、氧化锌溶液等。

与一般熔化焊相比，钎焊具有以下特点：工件加热温度较低，组织和力学性能变化很小，变形也小，接头光滑平整；可焊接性能差异很大的异种金属，对工件厚度的差别也没有严格限制；生产率高，工件整体加热时，可同时钎焊多条接缝；设备简单，投资费用少；钎焊的接头强度较低，尤其是动载强度低，允许的工作温度不高。

8.3.3 常用金属材料的焊接

1. 金属材料的焊接性

1）金属焊接性的概念

金属材料的焊接性是指被焊金属材料在一定的焊接工艺条件下获得优良焊接接头的难易程度，包括工艺焊接性和使用焊接性两方面。金属材料的焊接性是一个相对概念，同一种金属材料，采用不同的焊接方法，其焊性的区别较大。工艺焊接性是指某种材料在给定的焊接工艺条件下，形成完整而无缺陷的焊接接头的能力，对于熔焊而言，焊接过程一般都要经历热过程和冶金过程，焊接热过程主要影响焊接热影响区的组织性能，而冶金过程则影响焊缝的性能；使用焊接性是指在给定的焊接工艺条件下，焊接接头或整体结构满足使用要求的能力，其中包括焊接接头的常规力学性能、低温韧性、高温蠕变性能、抗疲劳性能，以及耐热、耐蚀、耐磨等特殊性能。

2）金属焊接性评价方法

碳当量法是根据钢材的化学成分粗略地估计其焊接性好坏的一种间接评估法。将钢中的合金元素（包括碳）的含量按其对焊接性影响程度换算成碳的影响，其总和称为碳当量，用符号 C_E 表示。国际焊接学会推荐的碳钢和低合金高强钢碳当量计算公式为：

$$C_E = w_C + \frac{w_{Mn}}{6} + \frac{w_{Cr} + w_{Mo} + w_V}{5} + \frac{w_{Ni} + w_{Cu}}{15}(\%)$$

式中下角标注化学元素符号的量表示该元素在钢材中含量的百分数。

碳当量 C_E 值越高，钢材的淬硬倾向越大，冷裂敏感性也越大，焊接性越差。

（1）当 $C_E < 0.4\%$ 时，钢材的淬硬倾向和冷裂敏感性不大，焊接性良好，焊接时一般可不预热。

（2）$C_E = 0.4\% \sim 0.6\%$ 时，钢材的淬硬倾向和冷裂敏感性增大，焊接性较差，焊接时需要采取预热、控制焊接工艺参数、焊后缓冷等工艺措施。

(3) 当 $C_E>0.6\%$时，钢材的淬硬倾向大，容易产生冷裂纹，焊接性差。为保证焊缝质量，焊接时需要采用较高的预热温度、减少焊接应力和防止开裂的工艺措施，焊后需采用适当的热处理等措施。

由于碳当量计算公式是在某种试验情况下得到的，对钢材的适用范围有限，它只考虑了化学成分对焊接性的影响，没有考虑冷却速度、结构刚性等重要因素对焊接性的影响，所以利用碳当量只能在一定范围内粗略地评估焊接性。

常用金属的焊接性如表 8-12 所示。

表 8-12 常用金属的焊接性

焊接方法 金属材料	气焊	手弧焊	埋弧自动焊	二氧化碳焊	氩弧焊	电渣焊	点、缝焊	对焊	钎焊
铸铁	A	A	C	C	B	B	D	D	C
铸钢	A	A	A	A	A	A	D	B	B
低碳钢	A	A	A	A	A	A	A	A	A
高碳钢	A	A	B	B	B	B	B	A	C
低合金钢	A	A	A	A	A	A	A	A	A
	A	A	B	B	A	B	A	A	A
	B	A	C	D	A	D	B	C	A
	B	A	C	C	A	D	C	A	A
	B	C	D	D	A	D	A	A	C
	D	D	D	D	A	D	B~C	C	B

2. 常见金属材料的焊接

1）碳钢的焊接

(1) 低碳钢焊接。低碳钢的焊接性好，适用于各种焊接方法，一般不需采取特殊工艺措施就能获得良好的焊接接头。当焊件厚度大于 30 mm 或环境温度低于 −10 ℃时，若采用普通手工电弧焊，焊前应将焊件适当预热。

(2) 中碳钢焊接。随着碳的质量分数的增加，钢的焊接性逐渐变差。中碳钢的焊接性不如低碳钢，焊缝和热影响区中容易产生脆性的淬火组织，若工艺措施不当，还可能出现裂纹。为了获得优质焊接接头，焊前应将焊件预热 150～250 ℃，焊后缓冷，采用抗裂性能好的低氢型电焊条。

(3) 高碳钢焊接。高碳钢由于钢中碳的质量分数高，淬硬倾向大，焊接性差。这类钢一般只用于进行修补性焊接。补焊时要注意焊接工艺，选用碳的质量分数低的小直径焊条，直流反接，焊前预热 300～500 ℃，慢速焊，焊后缓冷。

2）普通低合金钢的焊接

普通低合金钢因含有一定量的合金元素，热影响区淬硬倾向和焊接接头的开裂倾向较大，焊接性较差。钢中碳与合金元素的质量分数越高，焊接性就越差。此类钢焊接前须预热 300～500 ℃，选用抗裂性好的低氢型碱性焊条，焊条使用前应用 300～400 ℃烘干，采用较大的焊接电流和较慢的焊接速度，焊后及时回火(550～650 ℃)以消除应力。

3）不锈钢的焊接

奥氏体型不锈钢如 0Cr18Ni9 等，虽然 Cr、Ni 元素含量较高，但 C 含量低，焊接性良好，焊接时一般不需要采取特殊的工艺措施，因此它在不锈钢焊接中应用最广。进行焊条电弧焊、埋弧焊、钨极氩弧焊时，焊条、焊丝和焊剂的选用应保证焊缝金属与母材成分类型相同，焊接时采用小电流、快速不摆动焊，焊后加大冷速，接触腐蚀介质的表面应最后施焊。

铁素体型不锈钢如1Cr17等，焊接时热影响区中的铁素体晶粒易过热粗化，使焊接接头性能下降。一般采取低温预热(不超过150 ℃)，缩短在高温停留时间。此外，采用小电流、快速焊等工艺可以减小晶粒长大倾向。

马氏体型不锈钢焊接时，因空冷条件下焊缝就能转变为马氏体组织，焊后淬硬倾向大，易出现冷裂纹。如果碳含量较高，淬硬倾向和冷裂纹现象更严重。因此，焊前要预热(200～400 ℃)，焊后要进行热处理。如果不能实施预热或热处理，应选用奥氏体不锈钢焊条。

铁素体型不锈钢和马氏体型不锈钢焊接的常用方法是手工电弧焊和氩弧焊。

4) 铸铁的焊接

铸铁焊接主要用于铸铁件的修复和焊补。铸铁因碳硅的质量分数高，组织不均匀，强度低，塑性差，焊接性不好。铸铁焊接的主要困难是焊接时碳硅元素易烧损，形成硬脆的白口组织，裂纹倾向大。因此，必须采取合理的焊接方法与工艺规范以保证焊补质量。铸铁的焊接常用方法如下。

(1) 热焊法。将待焊铸件先经600～700 ℃预热再施焊。灰铸铁热焊时宜采用钢芯或铸铁芯石墨型药皮电焊条，焊接电流要大，速度要慢。球墨铸铁热焊时宜采用细直径钢芯强石墨型药皮铸铁焊条，焊接电流要小，速度要慢。

(2) 冷焊法。铸件不预热或经低温预热(400 ℃以下)后施焊。用手弧焊进行冷焊时，焊条可用钢芯强石墨型药皮铸铁焊条或铸铁芯焊条，铜基、镍基、镍铜合金(蒙乃尔合金)焊条等。宜选用小电流断续焊法，焊后立即用小铁锤敲击焊缝，以减小焊接应力。

5) 非铁金属的焊接

常用的非铁金属有铝、铜、钛及其合金等。由于非铁金属具有许多特殊性能，在工业中应用越来越广，其焊接技术也越来越受到重视。

(1) 铝及铝合金的焊接。

工业中主要对纯铝、铝锰合金、铝镁合金和铸铝件进行焊接，铝合金的焊接具有极易氧化、易变形、开裂、易生成气孔、熔融状态难控制等特点。目前焊接铝及铝合金的常用方法有氩弧焊、气焊、点焊、缝焊和钎焊。其中，氩弧焊是焊接铝及铝合金较好的方法。

(2) 铜及铜合金的焊接。

铜及铜合金的焊接比低碳钢困难得多，具有其焊缝难熔合，易变形；热裂倾向大；易产生气孔；不适于电阻焊等特点。铜及铜合金可用氩弧焊、气焊、埋弧焊、钎焊等方法进行焊接。其中氩弧焊主要用于焊接紫铜和青铜件，气焊主要用于焊接黄铜件。

(3) 钛及钛合金的焊接

钛的熔点为1725 ℃，密度为4500 kg/m^3，钛合金具有高强度、低密度、强抗腐蚀性和优良的低温韧性，是航天工业的理想材料，因此，如何焊接该种材料成为在尖端技术领域中必然要遇到的问题。由于钛及钛合金的化学性质非常活泼，极易出现多种焊接缺陷，焊接性差，因此，主要采用氩弧焊，此外还可采用等离子弧焊、真空电子束焊和钎焊等。

练习与思考

一、选择题

1. 形状复杂，尤其是内腔特别复杂的毛坯最适合的生产方式是(   )。

A. 铸造　　B. 锻造　　C. 冲压　　D. 型材

2. 冒口的作用是(　　)。

A. 补缩和排气　　B. 散热　　C. 有利于造型　　D. 浇注系统的一部分

3. 选择金属材料生产锻件毛坯时，首先应满足(　　)。

A. 塑性好　　B. 硬度高　　C. 强度高　　D. 无特别要求

4. 锻造几吨重的大型锻件，一般采用(　　)。

A. 自由锻　　B. 模型锻造　　C. 胎膜锻造　　D. 辊锻

5. 下图各压力加工方法中，(　　)表示轧制工艺。

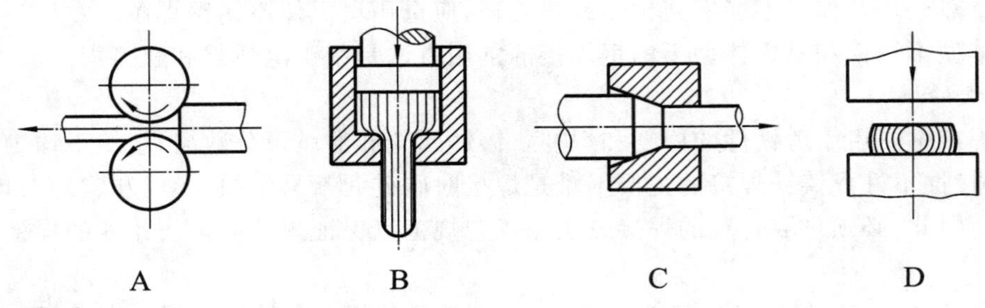

6. 直流电弧焊时，产生热量最多的是(　　)

A. 阳极区　　B. 阴极区　　C. 弧柱区　　D. 热影响区

7. 下列材料中，焊接性能最好的是(　　)

A. 20　　B. 45　　C. T10　　D. 65

二、简答题

1. 铸造生产有哪些特点？

2. 何谓金属材料的焊接性？影响金属材料焊接性的因素有哪些？

3. 何为加工硬化？有何利弊？

4. 什么是自由锻？自由锻有哪些基本工序？

模块九

机械零件材料及毛坯的选用

在机械制造工业中，要获得质量高且成本低的零部件，必须从结构设计、材料选择、毛坯制造及切削加工等方面进行全面考虑，才能达到预期的效果。合理选材是其中的一个重要因素。

要做到合理选用材料，就必须全面分析零件的工作条件、受力性质和大小，以及失效形式，然后综合各种因素，提出能满足零件工作条件的性能要求，再选择合适的材料并进行相应的热处理以满足性能要求。因此，零件材料的选用是一个复杂而重要的工作，须全面综合考虑。

9.1 零件的失效

9.1.1 失效及其形式

零件在工作中丧失或达不到预期功能称为失效。例如,齿轮在工作过程中磨损而不能正常啮合及传递动力;主轴在工作过程中变形而失去精度等,均属失效。

零件的失效,尤其是无明显预兆的失效,往往会带来巨大的危害,甚至造成严重事故。因此,对零件失效进行分析,查出失效原因,提出防止措施是十分重要的。通过失效分析,能对改进零件结构设计、修正加工工艺、更换材料等提出可靠依据。

常见零件的失效形式主要有以下三种。

1. 断裂失效

断裂失效是指零件完全断裂而无法工作的失效。例如,钢丝绳在吊运中的断裂。断裂方式有塑性断裂、疲劳断裂、蠕变断裂、低应力脆性断裂等。

2. 过量变形失效

过量变形失效是指零件变形量超过允许范围而造成的失效。过量变形失效主要有过量弹性变形失效和过量塑性变形失效。例如,螺栓发生松弛,就是过量弹性变形转化为塑性变形而造成的失效。

3. 表面损伤失效

表面损伤失效是指零件在工作中,因机械和化学作用,使其表面损伤而造成的失效。表面损伤失效主要有表面磨损失效、表面腐蚀失效、表面疲劳失效。例如,齿轮经长期工作轮齿表面被磨损,而使精度降低的现象,即属表面损伤失效。

同一零件可能有几种失效形式,往往其中必然有一种起决定性作用。例如,齿轮失效形式可能是轮齿折断、齿面磨损、齿面点蚀、硬化层剥落或齿面过量塑性变形等。在上述失效形式中,究竟以哪一种为主,则应具体分析。

9.1.2 失效原因

零件失效的原因很多,主要应从方案设计、材料选择、加工工艺、安装使用等方面来考虑。

1. 设计不合理

零件结构形状、尺寸等设计不合理,对零件工作条件(如受力性质和大小、温度及环境等)估计不足或判断有误,安全系数过小等,均会使零件的性能满足不了工作条件要求而失效。

2. 选材不合理

选用的材料性能不能满足零件工作条件要求,所选材料质量差,如含有过量的夹杂物、杂质元素及成分不合格等,这些都容易使零件造成失效。

3. 加工工艺不当

零件或毛坯在加工和成形过程中,由于工艺方法、工艺参数不正确等,常会出现某些缺陷,导致失效。

4. 安装使用不正确

机器在装配和安装过程中，不符合技术要求；使用中不按工艺规程操作和维修，保养不善或过载使用等，均会造成失效。

分析零件失效的原因是一项复杂、细致的工作，其合理的工作程序是：仔细收集失效零件的残体；详细整理失效零件的设计资料、加工工艺文件及使用、维修记录；对失效零件进行断口分析或必要的金相剖面分析，找出失效起源部位和确定失效形式，测定失效件的必要性能判据、材料成分和组织，检查内部是否有缺陷，有时还要进行模拟试验。最后，对上述分析资料进行综合，确定失效原因，提出改进措施，写出分析报告。

9.2 材料选择的方法

9.2.1 材料选择的原则

进行材料及成形工艺选择时要具体问题具体分析，一般是在满足零件使用性能要求的情况下，同时考虑材料的工艺性和总的经济性，并要充分重视、保障环境不被污染，符合可持续性发展要求。材料和成形工艺选择主要遵循以下原则。

1. 使用性原则

材料使用性是指机械零件或构件在正常工作情况下材料应具备的性能。满足零件的使用要求是保证零件完成规定功能的必要条件，是材料和成形工艺选择应主要考虑的问题。

零件的使用要求体现在对其形状、尺寸、加工精度、表面粗糙度等外部质量，以及对其化学成分、组织结构、力学性能、物理性能、化学性能等内部质量的要求上。在进行材料和成形工艺选择时，主要从以下三个方面加以考虑。

(1) 零件的负载和工作情况。

(2) 对零件尺寸和重量的限制。

(3) 零件的重要程度。

零件的使用要求也体现在产品的宜人化程度上，材料和成形工艺选择时要考虑外形美观、符合人们的工作和使用习惯。

由于零件工作条件和失效形式的复杂性，要求我们在选择时必须根据具体情况抓住主要矛盾，找出最关键的力学性能指标，同时兼顾其他性能。

零件的负载情况主要指载荷的大小和应力状态。工作状况指零件所处的环境，如介质、工作温度和摩擦等。若零件主要满足强度要求，且尺寸和重量又有所限制时，则选用强度较高的材料；若零件尺寸主要满足刚度要求，则应选择 E 值大的材料；若零件的接触应力较高，如齿轮和滚动轴承，则应选用可进行表面强化的材料；在高温下工作的零件，应选用耐热材料；在腐蚀介质中的零件，应选用耐腐蚀的材料。

需要注意的是：在材料的各种性能指标中，如只有屈服强度或疲劳强度等一个指标作为选择材料的依据，常常很不合理。当“减轻重量”也是机械设计的主要要求之一时，则需采用综合性能指标对零件重量进行评定。例如，从减轻重量出发，比强度越大越好。对于有加速运动的零件，由于惯性力与材料的密度成反比，它的重量指标是密度的倒数；由于铝合金的重量指标约为钢的2倍，因此，当有加速度时，铝合金、一些非金属材料和复合材料则是最合适的材料，所以活塞和高速带轮常用铝合金等来制造。

零件的尺寸和重量还可能影响到材料成形方法的选择。对小零件，使用切削加工成形可能是经济的，而大尺寸零件往往采用热加工成形；反过来，对利用各种方法成形的零件一般也有尺寸的限制，如采用熔模铸造和粉末冶金，一般仅限于几千克、十几千克重的零件。

各种材料的力学性能数值，一般可从手册中查到，但具体选用时应注意以下几点。

(1) 同种材料，若采用不同工艺，其性能判据数值不同。例如，同种材料采用锻压成形比用铸造成形强度高；采用调质比用正火的力学性能沿截面分布更均匀。

(2) 由手册查到的性能判据数值都是小尺寸的光滑试样或标准试样，在规定载荷下测定的。实践证明，这些数据不能直接代表材料制成零件后的性能。因为实际使用的零件尺寸往往较大，尺寸增大后零件上存在缺陷的可能性增加（如孔洞、夹杂物、表面损伤等）。此外，零件在使用中所承受的载荷一般是复杂的，零件形状、加工面粗糙度值也与标准试样有较大差异，故实际使用的数据一般随零件尺寸增大而减小。

(3) 因各种原因，实际零件材料的化学成分与试样的化学成分会有一定偏差，热处理工艺参数也会有差异。这些均可能导致零件性能判据的波动。

(4) 因测试条件不同，测定的性能判据数值会产生一定的变化。

综上所述，应对手册数据进行修正。在可能的条件下，尤其是对大量生产的重要零件，可用零件实物进行强度和寿命的模拟试验，为选材提供可靠数据。

2. 工艺性原则

工艺性原则是指所选用的材料能否保证顺利地加工制造成零件。例如，某些材料仅从零件的使用要求来考虑是合适的，但无法加工制造，或加工困难，制造成本高，这些均属于工艺性不好。因此，工艺性的好坏，对零件加工难易程度、生产率、生产成本等影响很大。

材料的工艺性能要求与零件制造的加工工艺路线密切相关，具体的工艺性能要求是结合制造方法和工艺路线提出来的。材料工艺性能主要包括以下几个方面。

1) 铸造性能

铸造性能常用流动性、收缩性等来综合评定。不同材料的铸造性能不同，铸造铝合金、铸造铜合金的铸造性能优于铸铁和铸钢，铸铁优于铸钢。铸铁中，灰铸铁的铸造性能最好。同种材料中成分靠近共晶点的合金铸造性能最好。

2) 锻压性能

锻压性能常用塑性和变形抗力来综合评定。塑性好，则易成形，加工面质量好，不易产生裂纹；变形抗力小，变形功小，金属易于充满模膛，不易产生缺陷。一般来说，碳钢比合金钢锻压性能好，低碳钢的锻压性能优于高碳钢。

3) 焊接性能

焊接性能常用碳当量W_{CE}来评定。$W_{CE}<0.4\%$的材料，不易产生裂纹、气孔等缺陷，且焊接工艺简便，焊缝质量好。低碳钢和低合金高强度结构钢焊接性能良好，碳与合金元素含量越高，焊接性能越差。

4) 切削加工性能

切削加工性能常用允许的最高切削速度、切削力大小、加工面Ra值大小、断屑难易程度和刀具磨损程度来综合评定。一般来说，材料硬度值在170～230HBS范围内，切削加工性好。

5) 热处理工艺性能

热处理工艺性能常用淬透性、淬硬性、变形开裂倾向、耐回火性和氧化脱碳倾向评定。一般来说，碳钢的淬透性差，强度较低，加热时易过热，淬火时易变形开裂，而合金钢的淬透性优于碳钢。

高分子材料成形工艺简便，切削加工性能较好，但导热性差，不耐高温，易老化。

3. 经济性原则

经济性原则是指所选用的材料加工成零件后能否做到价格便宜，成本低廉。在满足前面两条原则的前提下，应尽量降低零件的总成本，以提高经济效益。零件总成本包括材料本身价格、加工费、管理费等，有时还包括运输费和安装费。

碳钢、铸铁价格较低，加工方便，在满足使用性能前提下，应尽量选用。低合金高强度结构钢价格低于合金钢。有色金属、铬镍不锈钢、高速工具钢价格高，应尽量少用。应尽量使用简单设备、减少加工工序数量、采用少切削无切削加工等措施，以降低加工费用。

对于某些重要、精密、加工过程复杂的零件和使用周期长的工模具，选材时不能单纯考虑材料本身价格，而应注意制件质量和使用寿命。此时，采用价格较高的合金钢或硬质合金代替碳钢，从长远来看，因其使用寿命长、维修保养费用少，总成本反而更低。

此外，所选材料应立足于国内和货源较近的地区，并应尽量减少所用材料的品种规格，以便简化采购、运输、保管与生产管理等工作；所选材料应满足环境保护方面的要求，尽量减少污染。还要考虑到产品报废后，所用材料能否重新回收利用等问题。

9.2.2 材料选择的步骤

零件材料的合理选择通常是按照以下步骤进行的。

(1) 在分析零件的服役条件、形状尺寸与应力状态后，确定技术条件。

(2) 通过分析或试验，结合同类零件失效分析的结果，找出零件在实际使用中主要和次要的失效抗力指标，以此作为选材的依据。

(3) 根据力学计算，确定零件应具有的主要力学性能指标，正确选择材料。这时要综合考虑所选材料应满足失效抗力指标和工艺性的要求，同时还需考虑所选材料在保证实现先进工艺和现代生产组织方面的可能性。

(4) 决定热处理方法(或其他强化方法)，并提出所选材料在供应状态下的技术要求。

(5) 审核所选材料的生产经济性(包括热处理的生产成本等)。

(6) 试验、投产。

9.3 典型零件选材的实例分析

9.3.1 齿轮类零件的选材

1. 齿轮的工作条件及失效形式

齿轮主要用于传递转矩、换挡或改变运动方向，有的齿轮仅用来传递运动或起分度定位作用。齿轮种类多、用途广、工作条件复杂，但大多数重要齿轮仍有共同的特点。

1) 工作条件

通过齿面接触传递动力，在齿面啮合处既有滚动，又有滑动。接触处要承受较大的接触压应力与强烈的摩擦和磨损；齿根承受较大的交变弯曲应力；由于换挡、启动或啮合不良，齿轮会受到冲击力；因加工、安装不当或齿、轴变形等引起的齿面接触不良，以及外来灰尘、金属屑末等硬质微粒的侵入，都会产生附加载荷和使工作条件恶化。因此，齿轮的工作条件和受力情况是较复杂的。

2）失效形式

齿轮的失效形式是多种多样的，主要有轮齿折断、齿面磨损、齿面点蚀和过量塑性变形等。

2. 常用齿轮材料

1）对齿轮材料的性能要求

根据齿轮工作条件和失效形式，要求齿轮材料具备下列性能：良好的切削加工性能，以保证所要求的精度和表面粗糙度值；高的接触疲劳强度、弯曲疲劳强度、表面硬度和耐磨性，适当的心部强度和足够的韧性，以及最小的淬火变形；材质纯净，断面经侵蚀后不得有肉眼可见的孔隙、气泡、裂纹、非金属夹杂物和白点等缺陷，其缩松和夹杂物等级应符合有关材料规定的要求；价格适宜，材料来源广。

2）常用齿轮材料及热处理

(1) 锻钢。锻钢应用最广泛，通常重要用途的齿轮大多采用锻钢制作。对于低、中速和受力不大的中、小型传动齿轮，常采用 Q275 钢、40 钢、40Cr 钢、45 钢、40MnB 钢等。这些钢制成的齿轮，经调质或正火后再进行精加工，然后表面淬火、低温回火。因其表面硬度不是很高，心部韧性又不高，故不能承受大的冲击力；对于高速、耐强烈冲击的重载齿轮，常采用 20 钢、20Cr 钢、20CrMnTi 钢、20MnVB 钢、18Cr2Ni4WA 钢等。这些钢制成的齿轮，经渗碳并淬火、低温回火后，使齿面具有很高的硬度和耐磨性，心部有足够的韧性和强度。保证齿面接触疲劳强度高，齿根抗弯强度和心部抗冲击能力均比表面淬火的齿轮高。

(2) 铸钢。对于一些直径较大，形状复杂的齿轮毛坯，当用锻造方法难以成形时，可采用铸钢制作。常用的铸钢有 ZG270-500、ZG310-570 等。铸钢齿轮在机械加工前应进行正火，以消除铸造应力和硬度不均，改善切削加工性能；机械加工后，一般进行表面淬火。而对于性能要求不高、转速较低的铸钢齿轮通常不需淬火。

(3) 铸铁。对于一些轻载、低速、不受冲击、精度和结构紧凑要求不高的不重要齿轮，常采用灰铸铁 HT200、HT250、HT300 等。铸铁齿轮一般在铸造后进行去应力退火、正火或机械加工后表面淬火。灰铸铁齿轮多用于开式传动。近年来在闭式传动中，采用球墨铸铁 QT600-3、QT500-7 代替铸钢制造齿轮的趋势越来越明显。

(4) 有色金属。在仪器、仪表中，以及在某些接触腐蚀介质中工作的轻载齿轮，常采用耐蚀、耐磨的有色金属，如黄铜、铝青铜、锡青铜和硅青铜等制造。

(5) 非金属材料。受力不大，以及在无润滑条件下工作的小型齿轮(如仪器、仪表齿轮)，可用尼龙、ABS、聚甲醛等非金属材料制造。

3. 齿轮选材示例

1）机床齿轮

机床中的齿轮主要用来传递动力和改变速度。一般情况下，受力不大、运动平稳，工作条件较好，对轮齿的耐磨性及抗冲击性要求不高。常选用中碳钢制造，为提高淬透性，也可用中碳的合金钢，经高频淬火，虽然耐磨性和抗冲击性比渗碳钢齿轮差，但能满足要求，且高频感应淬火变形小，生产率高。

图 9-1 所示是卧式车床主轴箱中三联滑动齿轮，该齿轮主要是用来传递动力并改变转速。

通过拨动主轴箱外手柄使齿轮在轴上滑移，利用与不同齿数的齿轮啮合，可得到不同转速。该齿轮受力不大，在变速滑移过程中，同与其相啮合的啮轮有碰撞，但冲击力不大，转动过程平稳，故可选用中碳钢制造。但考虑到齿轮较厚，为提高淬透性，用合金调质钢 40Cr 更好，其加工工艺过程如下：

下料→锻造→正火→粗加工→调质→精加工→齿高频感应淬火及回火→精磨

正火是锻造齿轮毛坯必要的热处理工艺，它可消除锻件应力，均匀组织，使同批坯料硬度相同，利于切削加工，改善轮齿表面加工质量。一般情况下，齿轮正火可作为高频感应淬火前的预备热处理工艺。

调质可使齿轮具有较高的综合力学性能，改善齿轮心部强度和韧性，使齿轮能承受较大的弯曲应力和冲击力，并可减小高频感应淬火变形。

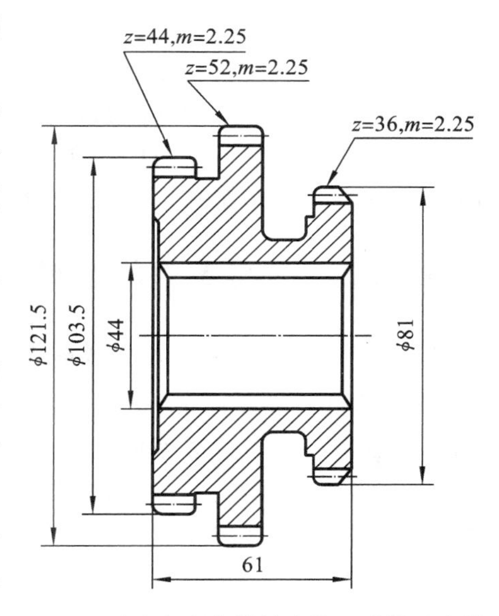

图 9-1 卧式车床主轴箱中的三联滑动齿轮

高频感应淬火及低温回火是决定齿轮表面性能的关键工序。高频感应淬火可提高轮齿表面的硬度和耐磨性，并使轮齿表面具有残留压应力，从而提高其抗疲劳的能力。低温回火是为了消除淬火应力，防止产生磨削裂纹和提高抗冲击能力。

2）汽车、拖拉机齿轮

汽车和拖拉机中的齿轮主要安装在变速箱和差速器中。在变速箱中齿轮用于传递转矩和改变传动速比。在差速器中齿轮用来增加转矩并调节左右两车轮的转速，将动力传到驱动轮，推动汽车、拖拉机运行，这类齿轮受力较大，受冲击频繁，工作条件比机床齿轮复杂。因此，对耐磨性、疲劳强度、心部强度和韧性等要求比机床齿轮高。实践证明，选用低碳钢或低碳的合金钢经渗碳、淬火和低温回火后使用最为适宜。

图 9-2 所示是载重汽车（承载质量 8 t）变速齿轮简图。该齿轮工作中承受重载和大的冲击力，故要求齿面硬度和耐磨性高，为防止在冲击力作用下轮齿折断，要求齿的心部强度和韧性高。

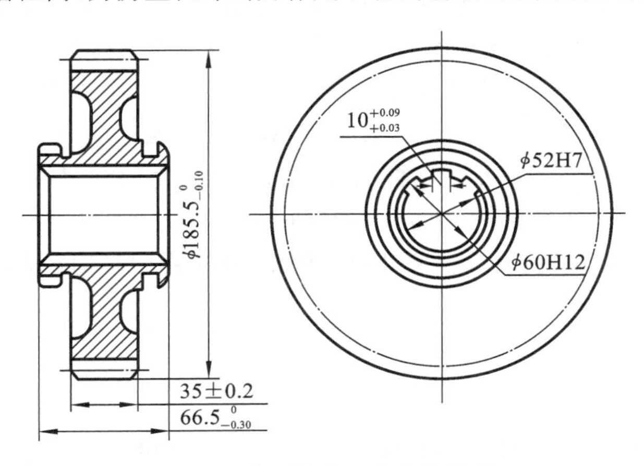

图 9-2 载重汽车变速齿轮简图

为满足上述性能要求，可选用低碳钢经渗碳、淬火和低温回火处理。但从工艺性能考虑，为提高淬透性，并在渗碳过程中不使晶粒粗大，以便于渗碳后直接淬火，应选用合金渗碳钢

(20CrMnTi 钢)。该齿轮加工工艺过程如下：

下料→锻造→正火→粗、半精加工→渗碳→淬火及低温回火→喷丸→校正花键孔＋精磨

正火是为了均匀和细化组织，消除锻造应力，改善切削加工性。渗碳后淬火及低温回火是使齿面具有高硬度(58～62HRC)及耐磨性，心部硬度可达 30～45 HRC，并有足够强度和韧性。喷丸可增大渗碳表层的压应力，提高疲劳强度，并可清除氧化皮。

9.3.2 轴类零件的选材

1. 轴类零件工作条件及失效形式

轴是机械中重要的零件之一，主要用于支承传动零件(如齿轮、凸轮等)、传递运动和动力。轴类零件工作时主要承受弯曲应力、扭转应力或拉压应力，有相对运动的表面其摩擦和磨损较大，多数轴类零件还承受一定的冲击力，若刚度不够会产生弯曲变形和扭曲变形。由此可见，轴类零件受力情况相当复杂。

轴类零件的失效形式有疲劳断裂、过量变形和过度磨损等。

2. 常用轴类零件材料

1) 对轴类零件材料的性能要求

根据工作条件和失效形式，要求轴类零件材料具备下列性能：足够的强度、刚度、塑性和一定的韧性；高的硬度和耐磨性；高的疲劳强度，对应力集中敏感性小；足够的淬透性，淬火变形小；良好的切削加工性；价格低廉。对特殊环境下工作的轴，还应具有特殊性能，如高温下工作的轴，抗蠕变性能要好；在腐蚀性介质中工作的轴，要求耐蚀性好等。

2) 常用轴类材料及热处理

常用轴类材料主要是经锻造或轧制的低、中碳钢或中碳的合金钢。常用牌号是 35 钢、40 钢、45 钢、50 钢等，其中 45 钢应用最广。为改善力学性能，这类钢一般均应进行正火、调质或表面淬火。对于受力小或不重要的轴，可采用 Q235 钢、Q275 钢等。当受力较大并要求限制轴的外形、尺寸和重量，或要求提高轴颈的耐磨性时，可采用 20Cr 钢、40Cr 钢、40CrNi 钢、20CrMnTi 钢、40MnB 钢等，并辅以相应的热处理才能充分发挥其作用。

近年来越来越多地采用球墨铸铁和高强度灰铸铁作为轴的材料，尤其是作曲轴材料。

轴类零件选材原则主要是根据承载性质及大小、转速高低、精度和粗糙度要求，以及有无冲击、轴承种类等综合考虑。例如，主要承受弯曲、扭转的轴(如机床主轴、曲轴、变速箱传动轴等)，因整个截面受力不均，表面应力大，心部应力小，故不需要选用淬透性很高的材料，常选用 45 钢、40Cr 钢、40MnB 钢等；同时承受弯曲、扭转及拉、压应力的轴(如锤杆、船用推进器轴等)，因轴整个截面应力分布均匀，心部受力也大，应选用淬透性较高的材料；主要要求刚性好的轴，可选用碳钢或球墨铸铁等材料；要求轴颈处耐磨的轴，常选用中碳钢经表面淬火，将硬度提高到 52 HRC 以上。

3. 轴类零件选材示例

1) 机床主轴

图 9-3 所示为 C6132 卧式车床主轴，该轴工作时受弯曲和扭转应力作用，但承受的应力和冲击力不大，运转较平稳，工作条件较好。锥孔、外圆锥面，工作时与顶尖、卡盘有相对摩擦；花键部位与齿轮有相对滑动，故要求这些部位有较高的硬度与耐磨性。该主轴在滚动轴承中运转，轴颈处硬度要求 220～250 HBS。根据上述工作条件分析，本主轴选用 45 钢制造，整体调

质，硬度为220～250 HBS；锥孔和外圆锥面局部淬火，硬度为45～50 HRC；花键部位高频感应淬火，硬度为48～53 HRC。该主轴加工工艺过程如下：

下料→锻造→正火→粗加工→调质→半精加工（花键除外）→局部淬火、回火（锥孔、外锥面）→粗磨（外圆、外锥面、锥孔）→铣花键→花键处高频感应淬火、回火→精磨（外圆、外锥面、锥孔）

45钢虽然淬透性不如合金调质钢，但具有锻造性能和切削加工性能好、价廉等特点。而且主轴工作时最大应力处于表层，结构形状较简单，调质、淬火时一般不会出现开裂。

因轴较长，且锥孔与外圆锥面对两轴颈的同轴度要求较高，为减少淬火变形，故锥部淬火与花键淬火分开进行。

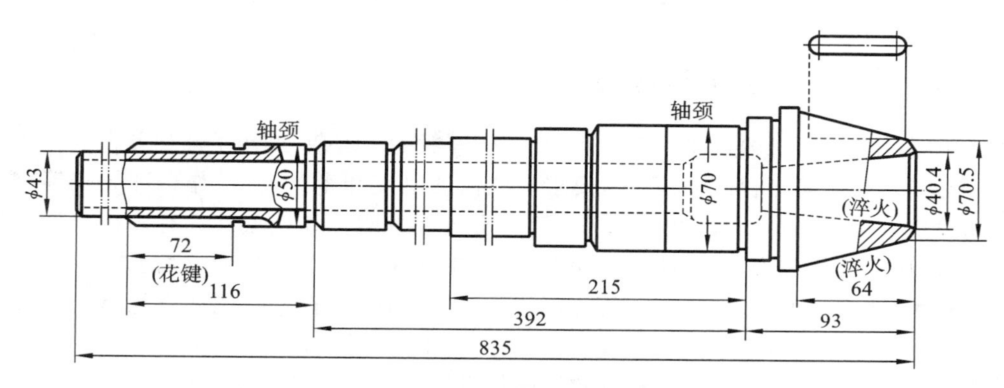

图 9-3 C6132卧式车床主轴简图

2）内燃机曲轴

曲轴是内燃机中形状复杂而又重要的零件之一，其作用是在工作中将活塞连杆的往复运动变为旋转运动。气缸中气体爆发压力作用在活塞上，使曲轴承受冲击、扭转、剪切、拉压、弯曲等复杂交变应力。因曲轴形状很不规则，故应力分布不均匀；曲轴颈与轴承发生滑动摩擦。曲轴主要失效形式是疲劳断裂和轴颈磨损。根据曲轴的失效形式，制造曲轴的材料必须具有高的强度，一定的韧性，足够的弯曲、扭转疲劳强度和刚度，轴颈表面应有高的硬度和耐磨性。

曲轴分锻钢曲轴和铸造曲轴两种。锻钢曲轴材料主要有中碳钢和中碳的合金钢，如35钢、40钢、45钢、35Mn2钢、40Cr钢、35CrMo钢等。铸造曲轴材料主要有铸钢（如ZG230-450）、球墨铸铁（如QT600-3、QT700-2）、珠光体可锻铸铁（如KTZ450-06、KTZ550-04）以及合金铸铁等。目前，高速、大功率内燃机曲轴，常用合金调质钢制造，中、小型内燃机曲轴，常用球墨铸铁或45钢制造。

图9-4所示为175 A型农用柴油机曲轴。该柴油机为单缸四冲程，转速为2200～2600 r/min，功率为4.4kW（6马力）。因功率不大，故曲轴承受的弯曲、扭转应力和冲击力等不大。由于在滑动轴承中工作，故要求轴颈处硬度和耐磨性较高。其性能要求是$\sigma_b \geqslant 750$ MPa，整体硬度为240～260 HBS，轴颈表面硬度≥625 HV，$\delta \geqslant 2\%$，$A_K \geqslant 12$ J。根据上述要求，选用QT600-3球墨铸铁作为曲轴材料，其加工工艺过程如下：

浇注→高温正火→高温回火→切削加工→轴颈气体渗氮

高温正火（950 ℃）是为了增加基体组织中珠光体的数量并细化珠光体，提高强度、硬度和耐磨性。高温回火（560 ℃）是为了消除正火造成的应力。轴颈气体渗氮（570 ℃）是为保证不改变组织及加工精度前提下，提高轴颈表面硬度和耐磨性。也可采用对轴颈进行表面淬火来提高其耐磨性。为了提高曲轴的疲劳强度，可对其进行喷丸处理和滚压加工。

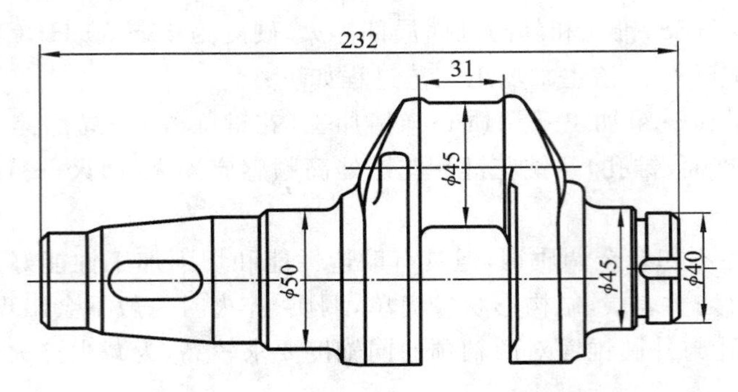

图 9-4　175A 型农用柴油机曲轴简图

9.3.3　箱座类零件的选材

箱座类零件是机械中的重要零件之一，其结构一般都较复杂，工作条件相差很大。主轴箱、变速箱、进给箱、阀体等，通常受力不大，要求有较高的刚度和密封性；工作台和导轨等，要求有较高的耐磨性；以承压为主的机身、底座等，要求有较好的刚性和减振性。有些机身、支架往往同时承受拉、压和弯曲应力，甚至还承受冲击力，故要求有较好的综合力学性能。

受力较大，要求强度、韧性高，甚至在高压、高温下工作的箱座件，例如汽轮机机壳等，应采用铸钢制造。铸钢件应进行完全退火或正火，以消除粗晶组织和铸造应力。

受力较大，但形状简单，生产数量少的箱座件，可采用钢板焊接而成。

受力不大，且主要承受静载荷，不受冲击的箱座件，可选用灰铸铁，如在工作中与其他零件有相对运动，且有摩擦、磨损产生，则应选用珠光体基体灰铸铁。铸铁件一般应进行去应力退火。

受力不大，要求自重轻或要求导热好的箱座件，可选用铸造铝合金。铝合金件应根据成分不同，进行退火或固溶热处理、时效处理。

受力小，要求自重轻，工作条件好的箱座件，可选用工程塑料。

练习与思考

一、选择题

1. 对大部分的机器零件和工程构件，材料的使用性能主要是指(　　)。

A. 物理性能　　B. 化学性能　　C. 力学性能　　D. 热学性能

2. 机床主轴一般选用(　　)材料。

A. 45　　B. Q235　　C. HT200　　D. 20CrMnTi

3. 材料断裂前发生明显的宏观塑性变形的断裂叫作(　　)。

A. 脆性断裂　　B. 韧性断裂　　C. 疲劳断裂　　D. 快速断裂

4. 零件材料选择从使用性角度考虑的是(　　)。

A. 切削加工　　B. 价格　　C. 负载　　D. 以上均不是

二、简答题

1. 什么是零件的失效？失效形式主要有哪些？

2. 常用齿轮材料的性能有哪些要求？

3. 欲做下列零件：小弹簧、手锯条、齿轮、螺钉，试为其各选一材料(待选材料：Q195、45、65Mn、T10、T8)。

附　　录

附录 A　压痕直径与布氏硬度对照表（GB/T 231.4—2009）

硬质合金球直径 D/mm				试验力-球直径平方的比率 $0.102\times F/D^2$/(N/mm^2)					
				30	15	10	5	2.5	1
				试验力 F					
10				29.42 kN	14.71 kN	9.807 kN	4.903 kN	2.452 kN	980.7 kN
	5			7.355 kN	—	2.452 kN	1.226 kN	612.9 N	245.2 N
		2.5		1.839 kN	—	612.9 N	306.5 N	153.2 N	61.29 N
			1	294.2 N	—	98.07 N	49.03 N	24.52 N	9.807 N
压痕的平均直径 d/mm				布氏硬度 HBW					
2.40	1.200	0.6000	0.240	653	327	218	109	54.5	21.8
2.41	1.205	0.6024	0.241	648	324	216	108	54.0	21.6
2.42	1.210	0.6050	0.242	643	321	214	107	53.5	21.4
2.43	1.215	0.6075	0.243	637	319	212	106	53.1	21.2
2.44	1.220	0.6100	0.244	632	316	211	105	52.7	21.1
2.45	1.225	0.6125	0.245	627	313	209	104	52.2	20.9
2.46	1.230	0.6150	0.246	621	311	207	104	51.8	20.7
2.47	1.235	0.6175	0.247	616	308	205	103	51.4	20.5
2.48	1.240	0.6200	0.248	611	306	204	102	50.9	20.4
2.49	1.245	0.6225	0.249	606	303	202	101	50.5	20.2
2.50	1.250	0.6250	0.250	601	301	200	100	50.1	20.0
2.51	1.255	0.6275	0.251	597	298	199	99.4	49.7	19.9
2.52	1.260	0.6300	0.252	592	296	197	98.6	49.3	19.7
2.53	1.265	0.6325	0.253	587	294	196	97.8	48.9	19.6
2.54	1.270	0.6350	0.254	582	291	194	97.1	48.5	19.4
2.55	1.275	0.6375	0.255	578	289	193	96.3	48.1	19.3
2.56	1.280	0.6400	0.256	573	287	191	95.5	47.8	19.1
2.57	1.285	0.6425	0.257	569	284	190	94.8	47.4	19.0
2.58	1.290	0.6450	0.258	564	282	188	94.0	47.0	18.8
2.59	1.295	0.6475	0.259	560	280	187	93.3	46.6	18.7
2.60	1.300	0.6500	0.260	555	278	185	92.6	46.3	18.5

续表

硬质合金球直径 D/mm				试验力-球直径平方的比率 0.102×F/D^2/(N/mm²)					
				30	15	10	5	2.5	1
				试验力 F					
10				29.42 kN	14.71 kN	9.807 kN	4.903 kN	2.452 kN	980.7 kN
	5			7.355 kN	—	2.452 kN	1.226 kN	612.9 N	245.2 N
		2.5		1.839 kN	—	612.9 N	306.5 N	153.2 N	61.29 N
			1	294.2 N	—	98.07 N	49.03 N	24.52 N	9.807 N
压痕的平均直径 d/mm				布氏硬度 HBW					
2.61	1.305	0.6525	0.261	551	276	184	91.8	45.9	18.4
2.62	1.310	0.6550	0.262	547	273	182	91.1	45.6	18.2
2.63	1.315	0.6575	0.263	543	271	181	90.4	45.2	18.1
2.64	1.320	0.6600	0.264	538	269	179	89.7	44.9	17.9
2.65	1.325	0.6625	0.265	534	267	178	89.0	44.5	17.8
2.66	1.330	0.6650	0.266	530	265	177	88.4	44.2	17.7
2.67	1.335	0.6675	0.267	526	263	175	87.7	43.8	17.5
2.68	1.340	0.6700	0.268	522	261	174	87.0	43.5	17.4
2.69	1.345	0.6725	0.269	518	259	173	86.4	43.2	17.3
2.70	1.350	0.6750	0.270	514	257	171	85.7	42.9	17.1
2.71	1.355	0.6775	0.271	510	255	170	85.1	42.5	17.0
2.72	1.360	0.6800	0.272	507	253	169	84.4	42.2	16.9
2.73	1.365	0.6825	0.273	503	251	168	83.8	41.9	16.8
2.74	1.370	0.6850	0.274	499	250	166	83.2	41.6	16.6
2.75	1.375	0.6875	0.275	495	248	165	82.6	41.3	16.5
2.76	1.380	0.6900	0.276	492	246	164	81.9	41.0	16.4
2.77	1.385	0.6925	0.277	488	244	163	81.3	40.7	16.3
2.78	1.390	0.6950	0.278	485	242	162	80.8	40.4	16.2
2.79	1.395	0.6975	0.279	481	240	160	80.2	40.1	16.0
2.80	1.400	0.7000	0.280	477	239	159	79.6	39.8	15.9
2.81	1.405	0.7025	0.281	474	237	158	79.0	39.5	15.8
2.82	1.410	0.7050	0.282	471	235	157	78.4	39.2	15.7
2.83	1.415	0.7075	0.283	467	234	156	77.9	38.9	15.6
2.84	1.420	0.7100	0.284	464	232	155	77.3	38.7	15.5
2.85	1.425	0.7125	0.285	461	230	154	76.8	38.4	15.4
2.86	1.430	0.7150	0.286	457	229	152	76.2	38.1	15.2

续表

硬质合金球直径 D/mm				试验力-球直径平方的比率 $0.102\times F/D^2$/(N/mm²)					
				30	15	10	5	2.5	1
				试验力 F					
10				29.42 kN	14.71 kN	9.807 kN	4.903 kN	2.452 kN	980.7 kN
	5			7.355 kN	—	2.452 kN	1.226 kN	612.9 N	245.2 N
		2.5		1.839 kN	—	612.9 N	306.5 N	153.2 N	61.29 N
			1	294.2 N	—	98.07 N	49.03 N	24.52 N	9.807 N
压痕的平均直径 d/mm				布氏硬度 HBW					
2.87	1.435	0.7175	0.287	454	227	151	75.7	37.8	15.1
2.88	1.440	0.7200	0.288	451	225	150	75.1	37.6	15.0
2.89	1.445	0.7225	0.289	448	224	149	74.6	37.3	14.9
2.90	1.450	0.7250	0.290	444	222	148	74.1	37.0	14.8
2.91	1.455	0.7275	0.291	441	221	147	73.6	36.8	14.7
2.92	1.460	0.7300	0.292	438	219	146	73.0	36.5	14.6
2.93	1.465	0.7325	0.293	435	218	145	72.5	36.3	14.5
2.94	1.470	0.7350	0.294	432	216	144	72.0	36.0	14.4
2.95	1.475	0.7375	0.295	429	215	143	71.5	35.8	14.3
2.96	1.480	0.7400	0.296	426	213	142	71.0	35.5	14.2
2.97	1.485	0.7425	0.297	423	212	141	70.5	35.3	14.1
2.98	1.490	0.7450	0.298	420	210	140	70.1	35.0	14.0
2.99	1.495	0.7475	0.299	417	209	139	69.6	34.8	13.9
3.00	1.500	0.7500	0.300	415	207	138	69.1	34.6	13.8
3.01	1.505	0.7525	0.301	412	206	137	68.6	34.3	13.7
3.02	1.510	0.7550	0.302	409	205	136	68.2	34.1	13.6
3.03	1.515	0.7575	0.303	406	203	135	67.7	33.9	13.5
3.04	1.520	0.7600	0.304	404	202	135	67.3	33.6	13.5
3.05	1.525	0.7625	0.305	401	200	134	66.8	33.4	13.4
3.06	1.530	0.7650	0.306	398	199	133	66.4	33.2	13.3
3.07	1.535	0.7675	0.307	395	198	132	65.9	33.0	13.2
3.08	1.540	0.7700	0.308	393	196	131	65.5	32.7	13.1
3.09	1.545	0.7725	0.309	370	195	130	65.0	32.5	13.0
3.10	1.550	0.7750	0.310	388	194	129	64.6	32.3	12.9
3.11	1.555	0.7775	0.311	385	193	128	64.2	32.1	12.8
3.12	1.560	0.7800	0.312	383	191	128	63.8	31.9	12.8

续表

硬质合金球直径 D/mm				试验力-球直径平方的比率 $0.102\times F/D^2$/(N/mm²)					
				30	15	10	5	2.5	1
				试验力 F					
10				29.42 kN	14.71 kN	9.807 kN	4.903 kN	2.452 kN	980.7 kN
	5			7.355 kN	—	2.452 kN	1.226 kN	612.9 N	245.2 N
		2.5		1.839 kN	—	612.9 N	306.5 N	153.2 N	61.29 N
			1	294.2 N	—	98.07 N	49.03 N	24.52 N	9.807 N
压痕的平均直径 d/mm				布氏硬度 HBW					
3.13	1.565	0.7825	0.313	380	190	127	63.3	31.7	12.7
3.14	1.570	0.7870	0.314	378	189	126	62.9	31.5	12.6
3.15	1.575	0.7875	0.315	375	188	125	62.5	31.3	12.5
3.16	1.580	0.7900	0.316	373	186	124	62.1	31.1	12.4
3.17	1.585	0.7925	0.317	370	185	123	61.7	30.9	12.3
3.18	1.590	0.7950	0.318	386	184	123	61.3	30.7	12.3
3.19	1.595	0.7975	0.319	366	183	122	60.9	30.5	12.2
3.20	1.600	0.8000	0.320	363	182	121	60.5	30.3	12.1
3.21	1.605	0.8025	0.321	361	180	120	60.1	30.1	12.0
3.22	1.610	0.8050	0.322	359	179	120	59.8	29.9	12.0
3.23	1.615	0.8075	0.323	356	178	119	59.4	29.7	11.9
3.24	1.620	0.8100	0.324	354	177	118	59.0	29.5	11.8
3.25	1.625	0.8125	0.325	352	176	117	58.6	29.3	11.7
3.26	1.630	0.8150	0.326	350	175	117	58.3	29.1	11.7
3.27	1.635	0.8175	0.327	347	174	116	57.9	29.0	11.6
3.28	1.640	0.8200	0.328	345	173	115	57.5	28.8	11.5
3.29	1.645	0.8225	0.329	343	172	114	57.2	28.6	11.4
3.30	1.650	0.8250	0.330	341	170	114	56.8	28.4	11.4
3.31	1.655	0.8275	0.331	339	169	113	56.5	28.2	11.3
3.32	1.660	0.8300	0.332	337	168	112	56.1	28.1	11.2
3.33	1.665	0.8325	0.333	335	167	112	55.8	27.9	11.2
3.34	1.670	0.8350	0.334	333	166	111	55.4	27.7	11.1
3.35	1.675	0.8375	0.335	331	165	110	55.1	27.5	11.0
3.36	1.680	0.8400	0.336	329	164	110	54.8	27.4	11.0
3.37	1.685	0.8425	0.337	326	163	109	54.4	27.2	10.9
3.38	1.690	0.8450	0.338	325	162	108	54.1	27.0	10.8

续表

硬质合金球直径 D/mm				试验力-球直径平方的比率 $0.102\times F/D^2$/(N/mm²)					
				30	15	10	5	2.5	1
				试验力 F					
10				29.42 kN	14.71 kN	9.807 kN	4.903 kN	2.452 kN	980.7 kN
	5			7.355 kN	—	2.452 kN	1.226 kN	612.9 N	245.2 N
		2.5		1.839 kN	—	612.9 N	306.5 N	153.2 N	61.29 N
			1	294.2 N	—	98.07 N	49.03 N	24.52 N	9.807 N
压痕的平均直径 d/mm				布氏硬度 HBW					
3.39	1.695	0.8475	0.339	323	161	108	53.8	26.9	10.8
3.40	1.700	0.8500	0.340	321	160	107	53.4	26.7	10.7
3.41	1.705	0.8525	0.341	319	159	106	53.1	26.6	10.6
3.42	1.710	0.8550	0.342	317	158	106	52.8	26.4	10.6
3.43	1.715	0.8575	0.343	315	157	105	52.5	26.2	10.5
3.44	1.720	0.8600	0.344	313	156	104	52.2	26.1	10.4
3.45	1.725	0.8625	0.345	311	156	104	51.8	25.9	10.4
3.46	1.730	0.8650	0.346	309	155	103	51.5	25.8	10.3
3.47	1.735	0.8675	0.347	307	154	102	51.2	25.6	10.2
3.48	1.740	0.8700	0.348	306	153	102	50.9	25.5	10.2
3.49	1.745	0.8725	0.349	304	152	101	50.6	25.3	10.1
3.50	1.750	0.8750	0.350	302	151	101	50.3	25.2	10.1
3.51	1.755	0.8775	0.351	300	150	100	50.0	25.0	10.0
3.52	1.760	0.8800	0.352	298	149	99.5	49.7	24.9	9.95
3.53	1.765	0.8825	0.353	297	148	98.9	49.4	24.7	9.89
3.54	1.770	0.8850	0.354	295	147	98.3	49.2	24.6	9.83
3.55	1.775	0.8875	0.355	293	147	97.7	48.9	24.4	9.77
3.56	1.780	0.8900	0.356	292	146	97.2	48.6	24.3	9.72
3.57	1.785	0.8925	0.357	290	145	96.6	48.3	24.2	9.66
3.58	1.790	0.8950	0.358	288	144	96.1	48.0	24.0	9.61
3.59	1.795	0.8975	0.359	286	143	95.5	47.7	23.9	9.55
3.60	1.800	0.9000	0.360	285	142	95.0	47.5	23.7	9.50
3.61	1.805	0.9025	0.361	283	142	94.4	47.2	23.6	9.44
3.62	1.810	0.9050	0.362	282	141	93.9	46.9	23.5	9.39
3.63	1.815	0.9075	0.363	280	140	93.3	46.7	23.3	9.33
3.64	1.820	0.9100	0.364	278	139	92.8	46.4	23.2	9.28

续表

硬质合金球直径 D/mm				试验力-球直径平方的比率 $0.102\times F/D^2$/(N/mm²)					
				30	15	10	5	2.5	1
				试验力 F					
10				29.42 kN	14.71 kN	9.807 kN	4.903 kN	2.452 kN	980.7 kN
	5			7.355 kN	—	2.452 kN	1.226 kN	612.9 N	245.2 N
		2.5		1.839 kN	—	612.9 N	306.5 N	153.2 N	61.29 N
			1	294.2 N	—	98.07 N	49.03 N	24.52 N	9.807 N
压痕的平均直径 d/mm				布氏硬度 HBW					
3.65	1.825	0.9125	0.365	277	138	92.3	46.1	23.1	9.23
3.66	1.830	0.9150	0.366	275	138	91.8	45.9	22.9	9.18
3.67	1.835	0.9175	0.367	274	137	91.2	45.6	22.8	9.12
3.68	1.840	0.9200	0.368	272	136	90.7	45.4	22.7	9.07
3.69	1.845	0.9225	0.369	271	135	90.2	45.1	22.6	9.02
3.70	1.850	0.9250	0.370	269	135	89.7	44.9	22.4	8.97
3.71	1.855	0.9275	0.371	268	134	89.2	44.6	22.3	8.92
3.72	1.860	0.9300	0.372	266	133	88.7	44.4	22.2	8.87
3.73	1.865	0.9325	0.373	265	132	88.2	44.1	22.1	8.82
3.74	1.870	0.9350	0.374	263	132	87.7	43.9	21.9	8.77
3.75	1.875	0.9375	0.375	262	131	87.2	43.6	21.8	8.72
3.76	1.880	0.9400	0.376	260	130	86.8	43.4	21.7	8.68
3.77	1.885	0.9425	0.377	259	129	86.3	43.1	21.6	8.63
3.78	1.890	0.9450	0.378	257	129	85.8	42.9	21.5	8.58
3.79	1.895	0.9475	0.379	256	128	85.3	42.7	21.3	8.53
3.80	1.900	0.9500	0.380	255	127	84.9	42.4	21.2	8.49
3.81	1.905	0.9525	0.381	253	127	84.4	42.2	21.1	8.44
3.82	1.910	0.9550	0.382	252	126	83.9	42.0	21.0	8.39
3.83	1.915	0.9575	0.383	250	125	83.5	41.7	20.9	8.35
3.84	1.920	0.9600	0.384	249	125	83.0	41.5	20.8	8.30
3.85	1.925	0.9625	0.385	248	124	82.6	41.3	20.6	8.26
3.86	1.930	0.9650	0.386	246	123	82.1	41.1	20.5	8.21
3.87	1.935	0.9675	0.387	245	123	81.7	40.9	20.4	8.17
3.88	1.940	0.9700	0.388	244	122	81.3	40.6	20.3	8.13
3.89	1.945	0.9725	0.389	242	121	80.8	40.4	20.2	8.08
3.90	1.950	0.9750	0.390	241	121	80.4	40.2	20.1	8.04

续表

硬质合金球直径 D/mm				试验力-球直径平方的比率 $0.102\times F/D^2$/(N/mm²)					
				30	15	10	5	2.5	1
				试验力 F					
10				29.42 kN	14.71 kN	9.807 kN	4.903 kN	2.452 kN	980.7 kN
	5			7.355 kN	—	2.452 kN	1.226 kN	612.9 N	245.2 N
		2.5		1.839 kN	—	612.9 N	306.5 N	153.2 N	61.29 N
			1	294.2 N	—	98.07 N	49.03 N	24.52 N	9.807 N
压痕的平均直径 d/mm				布氏硬度 HBW					
3.91	1.955	0.9775	0.391	240	120	80.0	40.0	20.0	8.00
3.92	1.960	0.9800	0.392	239	119	79.5	39.8	19.9	7.95
3.93	1.965	0.9825	0.393	237	119	79.1	39.6	19.8	7.91
3.94	1.970	0.9850	0.394	236	118	78.7	39.4	19.7	7.87
3.95	1.975	0.9875	0.395	235	117	78.3	39.1	19.6	7.83
3.96	1.980	0.9900	0.396	234	117	77.9	38.9	19.5	7.79
3.97	1.985	0.9925	0.397	232	116	77.5	38.7	19.4	7.75
3.98	1.990	0.9950	0.398	231	116	77.1	38.5	19.3	7.71
3.99	1.995	0.9975	0.399	230	115	76.7	38.3	19.2	7.67
4.00	2.000	1.0000	0.400	229	114	76.3	38.1	19.1	7.63
4.01	2.005	1.0025	0.401	228	114	75.9	37.9	19.0	7.59
4.02	2.010	1.0050	0.402	226	113	75.5	37.7	18.9	7.55
4.03	2.015	1.0075	0.403	225	113	75.1	37.5	18.8	7.51
4.04	2.020	1.0100	0.404	224	112	74.7	37.3	18.7	7.47
4.05	2.025	1.0125	0.405	223	111	74.3	37.1	18.6	7.43
4.06	2.030	1.0150	0.406	222	111	73.9	37.0	18.5	7.39
4.07	2.035	1.0175	0.407	221	110	73.5	36.8	18.4	7.35
4.08	2.040	1.0200	0.408	219	110	73.2	36.6	18.3	7.32
4.09	2.045	1.0225	0.409	218	109	72.8	36.4	18.2	7.28
4.10	2.050	1.0250	0.410	217	109	72.4	36.2	18.1	7.24
4.11	2.055	1.0275	0.411	216	108	72.0	36.0	18.0	7.20
4.12	2.060	1.0300	0.412	215	108	71.7	35.8	17.9	7.17
4.13	2.065	1.0325	0.413	214	107	71.3	35.7	17.8	7.13
4.14	2.070	1.0350	0.414	213	106	71.0	35.5	17.7	7.10
4.15	2.075	1.0375	0.415	212	106	70.6	35.3	17.6	7.06
4.16	2.080	1.0400	0.416	211	105	70.2	35.1	17.6	7.02

续表

硬质合金球直径 D/mm				试验力-球直径平方的比率 $0.102\times F/D^2/(\mathrm{N/mm^2})$					
				30	15	10	5	2.5	1
				试验力 F					
10				29.42 kN	14.71 kN	9.807 kN	4.903 kN	2.452 kN	980.7 kN
	5			7.355 kN	—	2.452 kN	1.226 kN	612.9 N	245.2 N
		2.5		1.839 kN	—	612.9 N	306.5 N	153.2 N	61.29 N
			1	294.2 N	—	98.07 N	49.03 N	24.52 N	9.807 N
压痕的平均直径 d/mm				布氏硬度 HBW					
4.17	2.085	1.0425	0.417	210	105	69.9	34.9	17.5	6.99
4.18	2.090	1.0450	0.418	209	104	69.5	34.8	17.4	6.95
4.19	2.095	1.0475	0.419	208	104	69.2	34.6	17.3	6.92
4.20	2.100	1.0500	0.420	207	103	68.8	34.4	17.2	6.88
4.21	2.105	1.0525	0.421	205	103	68.5	34.2	17.1	6.85
4.22	2.110	1.0550	0.422	204	102	68.2	34.1	17.0	6.82
4.23	2.115	1.0575	0.423	203	102	67.8	33.9	17.0	6.78
4.24	2.120	1.0600	0.424	202	101	67.5	33.7	16.9	6.75
4.25	2.125	1.0625	0.425	201	101	67.1	33.6	16.8	6.71
4.26	2.130	1.0650	0.426	200	100	66.8	33.4	16.7	6.68
4.27	2.135	1.0675	0.427	199	99.7	66.5	33.2	16.6	6.65
4.28	2.140	1.0700	0.428	198	99.2	66.2	33.1	16.5	6.62
4.29	2.145	1.0725	0.429	198	98.8	65.8	32.9	16.5	6.58
4.30	2.150	1.0750	0.430	197	98.3	65.5	32.8	16.4	6.55
4.31	2.155	1.0775	0.431	196	97.8	65.2	32.6	16.3	6.52
4.32	2.160	1.0800	0.432	195	97.3	64.9	32.4	16.2	6.49
4.33	2.165	1.0825	0.433	194	96.8	64.6	32.3	16.1	6.46
4.34	2.170	1.0850	0.434	193	96.4	64.2	32.1	16.1	6.42
4.35	2.175	1.0875	0.435	192	95.9	63.9	32.0	16.0	6.39
4.36	2.180	1.0900	0.436	191	95.4	63.6	31.8	15.9	6.36
4.37	2.185	1.0925	0.437	190	95.0	63.3	31.7	15.8	6.33
4.38	2.190	1.0950	0.438	189	94.5	63.0	31.5	15.8	6.30
4.39	2.195	1.0975	0.439	188	94.1	62.7	31.4	15.7	6.27
4.40	2.200	1.1000	0.440	187	93.6	62.4	31.2	15.6	6.24
4.41	2.205	1.1025	0.441	186	93.2	62.1	31.1	15.5	6.21
4.42	2.210	1.1050	0.442	185	92.7	61.8	30.9	15.5	6.18

续表

硬质合金球直径 D/mm				试验力-球直径平方的比率 $0.102\times F/D^2/(\mathrm{N/mm^2})$					
				30	15	10	5	2.5	1
				试验力 F					
10				29.42 kN	14.71 kN	9.807 kN	4.903 kN	2.452 kN	980.7 kN
	5			7.355 kN	—	2.452 kN	1.226 kN	612.9 N	245.2 N
		2.5		1.839 kN	—	612.9 N	306.5 N	153.2 N	61.29 N
			1	294.2 N	—	98.07 N	49.03 N	24.52 N	9.807 N
压痕的平均直径 d/mm				布氏硬度 HBW					
4.43	2.215	1.1075	0.443	185	92.3	61.5	30.8	15.4	6.15
4.44	2.220	1.1100	0.444	184	91.8	61.2	30.6	15.3	6.12
4.45	2.225	1.1125	0.445	183	91.4	60.9	30.5	15.2	6.09
4.46	2.230	1.1150	0.446	182	91.0	60.6	30.3	15.2	6.06
4.47	2.235	1.1175	0.447	171	90.5	60.4	30.2	15.1	6.04
4.48	2.240	1.1200	0.448	180	90.1	60.1	30.0	15.0	6.01
4.49	2.245	1.1225	0.449	179	89.7	59.8	29.9	14.9	5.98
4.50	2.250	1.1250	0.450	179	89.3	59.5	29.8	14.9	5.95
4.51	2.255	1.1275	0.451	178	88.9	59.2	29.6	14.8	5.92
4.52	2.260	1.1300	0.452	177	88.4	59.0	29.5	14.7	5.90
4.53	2.265	1.1325	0.453	176	88.0	58.7	29.3	14.7	5.87
4.54	2.270	1.1350	0.454	175	87.6	58.4	29.2	14.6	5.84
4.55	2.275	1.1375	0.455	174	87.2	58.1	29.1	14.5	5.81
4.56	2.280	1.1400	0.456	174	86.8	57.9	28.9	14.5	5.79
4.57	2.285	1.1425	0.457	173	86.4	57.6	28.8	14.4	5.76
4.58	2.290	1.1450	0.458	172	86.0	57.3	28.7	14.3	5.73
4.59	2.295	1.1475	0.459	171	85.6	57.1	28.5	14.3	5.71
4.60	2.300	1.1500	0.460	170	85.2	56.8	28.4	14.2	5.68
4.61	2.305	1.1525	0.461	170	84.8	56.5	28.3	14.1	5.65
4.62	2.310	1.1550	0.462	169	84.4	56.3	28.1	14.1	5.63
4.63	2.315	1.1575	0.463	168	84.0	56.0	28.0	14.0	5.60
4.64	2.320	1.1600	0.464	167	83.6	55.8	27.9	13.9	5.58
4.65	2.325	1.1625	0.465	167	83.3	55.5	27.8	13.9	5.55
4.66	2.330	1.1650	0.466	166	82.9	55.3	27.6	13.8	5.53
4.67	2.335	1.1675	0.467	165	82.5	55.0	27.5	13.8	5.50
4.68	2.340	1.1700	0.468	164	82.1	54.8	27.4	13.7	5.48

续表

硬质合金球直径 D/mm				试验力-球直径平方的比率 $0.102\times F/D^2$/(N/mm^2)					
				30	15	10	5	2.5	1
				试验力 F					
10				29.42 kN	14.71 kN	9.807 kN	4.903 kN	2.452 kN	980.7 kN
	5			7.355 kN	—	2.452 kN	1.226 kN	612.9 N	245.2 N
		2.5		1.839 kN	—	612.9 N	306.5 N	153.2 N	61.29 N
			1	294.2 N	—	98.07 N	49.03 N	24.52 N	9.807 N
压痕的平均直径 d/mm				布氏硬度 HBW					
4.69	2.345	1.1725	0.469	164	81.8	54.5	27.3	13.6	5.45
4.70	2.350	1.1750	0.470	163	81.4	54.3	27.1	13.6	5.43
4.71	2.355	1.1775	0.471	162	81.0	54.0	27.0	13.5	5.40
4.72	2.360	1.1800	0.472	161	80.7	53.8	26.9	13.4	5.38
4.73	2.365	1.1825	0.473	161	80.3	53.5	26.8	13.4	5.35
4.74	2.370	1.1850	0.474	160	79.9	53.3	26.6	13.3	5.33
4.75	2.375	1.1875	0.475	159	79.6	53.0	26.5	13.3	5.30
4.76	2.380	1.1900	0.476	158	79.2	52.8	26.4	13.2	5.28
4.77	2.385	1.1925	0.477	158	78.9	52.6	26.3	13.1	5.26
4.78	2.390	1.1950	0.478	157	78.5	52.3	26.2	13.1	5.23
4.79	2.395	1.1975	0.479	156	78.2	52.1	26.1	13.0	5.21
4.80	2.400	1.2000	0.480	156	77.8	51.9	25.9	13.0	5.19
4.81	2.405	1.2025	0.481	155	77.5	51.6	25.8	12.9	5.16
4.82	2.410	1.2050	0.482	154	77.1	51.4	25.7	12.9	5.14
4.83	2.415	1.2075	0.483	154	76.8	51.2	25.6	12.8	5.12
4.84	2.420	1.2100	0.484	153	76.4	51.0	25.5	12.7	5.10
4.85	2.425	1.2125	0.485	152	76.1	50.7	25.4	12.7	5.07
4.86	2.430	1.2150	0.486	152	75.8	50.5	25.3	12.6	5.05
4.87	2.435	1.2175	0.487	151	75.4	50.3	25.1	12.6	5.03
4.88	2.440	1.2200	0.488	150	75.1	50.1	25.0	12.5	5.01
4.89	2.445	1.2225	0.489	150	74.8	49.8	24.9	12.5	4.98
4.90	2.450	1.2250	0.490	149	74.4	49.6	24.8	12.4	4.96
4.91	2.455	1.2275	0.491	148	74.1	49.4	24.7	12.4	4.94
4.92	2.460	1.2300	0.492	148	73.8	49.2	24.6	12.3	4.92
4.93	2.465	1.2325	0.493	147	73.5	49.0	24.5	12.2	4.90
4.94	2.470	1.2350	0.494	146	73.2	48.8	24.4	12.2	4.88

续表

硬质合金球直径 D/mm				试验力-球直径平方的比率 $0.102\times F/D^2$/(N/mm²)					
				30	15	10	5	2.5	1
				试验力 F					
10				29.42 kN	14.71 kN	9.807 kN	4.903 kN	2.452 kN	980.7 kN
	5			7.355 kN	—	2.452 kN	1.226 kN	612.9 N	245.2 N
		2.5		1.839 kN	—	612.9 N	306.5 N	153.2 N	61.29 N
			1	294.2 N	—	98.07 N	49.03 N	24.52 N	9.807 N
压痕的平均直径 d/mm				布氏硬度 HBW					
4.95	2.475	1.2375	0.495	146	72.8	48.6	24.3	12.1	4.86
4.96	2.480	1.2400	0.496	145	72.5	48.3	24.2	12.1	4.83
4.97	2.485	1.2425	0.497	144	72.2	48.1	24.1	12.0	4.81
4.98	2.490	1.2450	0.498	144	71.9	47.9	24.0	12.0	4.79
4.99	2.495	1.2475	0.499	143	71.6	47.7	23.9	11.9	4.77
5.00	2.500	1.2500	0.500	143	71.3	47.5	23.8	11.9	4.75
5.01	2.505	1.2525	0.501	142	71.0	47.3	23.7	11.8	4.73
5.02	2.510	1.2550	0.502	141	70.7	47.1	23.6	11.8	4.71
5.03	2.515	1.2575	0.503	141	70.4	46.9	23.5	11.7	4.69
5.04	2.520	1.2600	0.504	140	70.1	46.7	23.4	11.7	4.67
5.05	2.525	1.2625	0.505	140	69.8	46.5	23.3	11.6	4.65
5.06	2.530	1.2650	0.506	139	69.5	46.3	23.2	11.6	4.63
5.07	2.535	1.2675	0.507	138	69.2	46.1	23.1	11.5	4.61
5.08	2.540	1.2700	0.508	138	68.9	45.9	23.0	11.5	4.59
5.09	2.545	1.2725	0.509	137	68.6	45.7	22.9	11.4	4.57
5.10	2.550	1.2750	0.510	137	68.3	45.5	22.8	11.4	4.55
5.11	2.555	1.2775	0.511	136	68.0	45.3	22.7	11.3	4.51
5.12	2.560	1.2800	0.512	135	67.7	45.1	22.6	11.3	4.51
5.13	2.565	1.2825	0.513	135	67.4	45.0	22.5	11.2	4.50
5.14	2.570	1.2850	0.514	134	67.1	44.8	22.4	11.2	4.48
5.15	2.575	1.2875	0.515	134	66.9	44.6	22.3	11.1	4.46
5.16	2.580	1.2900	0.516	133	66.6	44.4	22.2	11.1	4.44
5.17	2.585	1.2925	0.517	133	66.3	44.2	22.1	11.1	4.42
5.18	2.590	1.2950	0.518	132	66.0	44.0	22.0	11.0	4.40
5.19	2.595	1.2975	0.519	132	65.8	43.8	21.9	11.0	4.39
5.20	2.600	1.3000	0.520	131	65.5	43.7	21.8	10.9	4.37

续表

硬质合金球直径 D/mm				试验力-球直径平方的比率 $0.102\times F/D^2$/(N/mm²)					
				30	15	10	5	2.5	1
				试验力 F					
10				29.42 kN	14.71 kN	9.807 kN	4.903 kN	2.452 kN	980.7 kN
	5			7.355 kN	—	2.452 kN	1.226 kN	612.9 N	245.2 N
		2.5		1.839 kN	—	612.9 N	306.5 N	153.2 N	61.29 N
			1	294.2 N	—	98.07 N	49.03 N	24.52 N	9.807 N
压痕的平均直径 d/mm				布氏硬度 HBW					
5.21	2.605	1.3025	0.521	130	65.2	43.5	21.7	10.9	4.35
5.22	2.610	1.3050	0.522	130	64.9	43.3	21.6	10.8	4.33
5.23	2.615	1.3075	0.523	129	64.7	43.1	21.6	10.8	4.31
5.24	2.620	1.3100	0.524	129	64.4	42.9	21.5	10.7	4.29
5.25	2.625	1.3125	0.525	128	64.1	42.8	21.4	10.7	4.28
5.26	2.630	1.3150	0.526	128	63.9	42.6	21.3	10.6	4.26
5.27	2.635	1.3175	0.527	127	63.6	42.4	21.2	10.6	4.24
5.28	2.640	1.3200	0.528	127	63.3	42.2	21.1	10.6	4.22
5.29	2.645	1.3225	0.529	126	63.1	42.1	21.0	10.5	4.21
5.30	2.650	1.3250	0.530	126	62.8	41.9	20.9	10.5	4.19
5.31	2.655	1.3275	0.531	125	62.6	41.7	20.9	10.4	4.17
5.32	2.660	1.3300	0.532	125	62.3	41.5	20.8	10.4	4.15
5.33	2.665	1.3325	0.533	124	62.1	41.4	20.7	10.3	4.14
5.34	2.670	1.3350	0.534	124	61.8	41.2	20.6	10.3	4.12
5.35	2.675	1.3375	0.535	123	61.5	41.0	20.5	10.3	4.10
5.36	2.680	1.3400	0.536	123	61.3	40.9	20.4	10.2	4.09
5.37	2.685	1.3425	0.537	122	61.0	40.7	20.3	10.2	4.07
5.38	2.690	1.3450	0.538	122	60.8	40.5	20.3	10.1	4.05
5.39	2.695	1.3475	0.539	121	60.6	40.4	20.2	10.1	4.04
5.40	2.700	1.3500	0.540	121	60.3	40.2	20.1	10.1	4.02
5.41	2.705	1.3525	0.541	120	60.1	40.0	20.0	10.0	4.00
5.42	2.710	1.3550	0.542	120	59.8	39.9	19.9	9.97	3.99
5.43	2.715	1.3575	0.543	119	59.6	39.7	19.9	9.93	3.97
5.44	2.720	1.3600	0.544	118	59.3	39.6	19.8	9.89	3.96
5.45	2.725	1.3625	0.545	118	59.1	39.4	19.7	9.85	3.94
5.46	2.730	1.3650	0.546	118	58.9	39.2	19.6	9.81	3.92

续表

硬质合金球直径 D/mm				试验力-球直径平方的比率 $0.102\times F/D^2$/(N/mm²)					
				30	15	10	5	2.5	1
				试验力 F					
10				29.42 kN	14.71 kN	9.807 kN	4.903 kN	2.452 kN	980.7 kN
	5			7.355 kN	—	2.452 kN	1.226 kN	612.9 N	245.2 N
		2.5		1.839 kN	—	612.9 N	306.5 N	153.2 N	61.29 N
			1	294.2 N	—	98.07 N	49.03 N	24.52 N	9.807 N
压痕的平均直径 d/mm				布氏硬度 HBW					
5.47	2.735	1.3675	0.547	117	58.6	39.1	19.5	9.77	3.91
5.48	2.740	1.3700	0.548	117	58.4	38.9	19.5	9.73	3.89
5.49	2.745	1.3725	0.549	116	58.2	38.8	19.4	9.69	3.88
5.50	2.750	1.3750	0.550	116	57.9	38.6	19.3	9.66	3.86
5.51	2.755	1.3775	0.551	115	57.7	38.5	19.2	9.62	3.85
5.52	2.760	1.3800	0.552	115	57.5	38.3	19.2	9.58	3.83
5.53	2.765	1.3825	0.553	114	57.2	38.2	19.1	9.54	3.82
5.54	2.770	1.3850	0.554	114	57.0	38.0	19.0	9.50	3.80
5.55	2.775	1.3875	0.555	114	56.8	37.9	18.9	9.47	3.79
5.56	2.780	1.3900	0.556	113	56.6	37.7	18.9	9.43	3.77
5.57	2.785	1.3925	0.557	113	56.3	37.6	18.8	9.39	3.76
5.58	2.790	1.3950	0.558	112	56.1	37.4	18.7	9.35	3.74
5.59	2.795	1.3975	0.559	112	55.9	37.3	18.6	9.32	3.73
5.60	2.800	1.4000	0.560	111	55.7	37.1	18.6	9.28	3.71
5.61	2.805	1.4025	0.561	111	55.5	37.0	18.5	9.24	3.70
5.62	2.810	1.4050	0.562	110	55.2	36.8	18.4	9.21	3.68
5.63	2.815	1.4075	0.563	110	55.0	36.7	18.3	9.17	3.67
5.64	2.820	1.4100	0.564	110	54.8	36.5	18.3	9.14	3.65
5.65	2.825	1.4125	0.565	109	54.6	36.4	18.2	9.10	3.64
5.66	2.830	1.4150	0.566	109	54.4	36.3	18.1	9.06	3.63
5.67	2.835	1.4175	0.567	108	54.2	36.1	18.1	9.03	3.61
5.68	2.840	1.4200	0.568	108	54.0	36.0	18.0	8.99	3.60
5.69	2.845	1.4225	0.569	107	53.7	35.8	17.9	8.96	3.58
5.70	2.850	1.4250	0.570	107	53.5	35.7	17.8	8.92	3.57
5.71	2.855	1.4275	0.571	107	53.3	35.6	17.8	8.89	3.56
5.72	2.860	1.4300	0.572	106	53.1	35.4	17.7	8.85	3.54
5.73	2.865	1.4325	0.573	106	52.9	35.3	17.6	8.82	3.53

续表

硬质合金球直径 D/mm				试验力-球直径平方的比率 $0.102\times F/D^2$/(N/mm²)					
				30	15	10	5	2.5	1
				试验力 F					
10				29.42 kN	14.71 kN	9.807 kN	4.903 kN	2.452 kN	980.7 kN
	5			7.355 kN	—	2.452 kN	1.226 kN	612.9 N	245.2 N
		2.5		1.839 kN	—	612.9 N	306.5 N	153.2 N	61.29 N
			1	294.2 N	—	98.07 N	49.03 N	24.52 N	9.807 N
压痕的平均直径 d/mm				布氏硬度 HBW					
5.74	2.870	1.4350	0.574	105	52.7	35.1	17.6	8.79	3.51
5.75	2.875	1.4375	0.575	105	52.5	35.0	17.5	8.75	3.50
5.76	2.880	1.4400	0.576	105	52.3	34.9	17.4	8.72	3.49
5.77	2.885	1.4425	0.577	104	52.1	34.7	17.4	8.68	3.47
5.78	2.890	1.4450	0.578	104	51.9	34.6	17.3	8.65	3.46
5.79	2.895	1.4475	0.579	103	51.7	34.5	17.2	8.62	3.45
5.80	2.900	1.4500	0.580	103	51.5	34.3	17.2	8.59	3.43
5.81	2.905	1.4525	0.581	103	51.3	34.2	17.1	8.55	3.42
5.82	2.910	1.4550	0.582	102	51.1	34.1	17.0	8.52	3.41
5.83	2.915	1.4575	0.583	102	50.9	33.9	17.0	8.49	3.39
5.84	2.920	1.4600	0.584	101	50.7	33.8	16.9	8.45	3.38
5.85	2.925	1.4625	0.585	101	50.5	33.7	16.8	8.42	3.37
5.86	2.930	1.4650	0.586	101	50.3	33.6	16.8	8.39	3.36
5.87	2.935	1.4675	0.587	100	50.2	33.4	16.7	8.36	3.34
5.88	2.940	1.4700	0.588	99.9	50.0	33.3	16.7	8.33	3.33
5.89	2.945	1.4725	0.589	99.5	49.8	33.2	16.6	8.30	3.32
5.90	2.950	1.4750	0.590	99.2	49.6	33.1	16.5	8.26	3.31
5.91	2.955	1.4775	0.591	98.8	49.4	32.9	16.5	8.23	3.29
5.92	2.960	1.4800	0.592	98.4	49.2	32.8	16.4	8.20	3.28
5.93	2.965	1.4825	0.593	98.0	49.0	32.7	16.3	8.17	3.27
5.94	2.970	1.4850	0.594	97.7	48.8	32.6	16.3	8.14	3.26
5.95	2.975	1.4875	0.595	97.3	48.7	32.4	16.2	8.11	3.24
5.96	2.980	1.4900	0.596	96.9	48.5	32.3	16.2	8.08	3.23
5.97	2.985	1.4925	0.597	96.6	48.3	32.2	16.1	8.05	3.22
5.98	2.990	1.4950	0.598	96.2	48.1	32.1	16.0	8.02	3.21
5.99	2.995	1.4975	0.599	95.9	47.9	32.0	16.0	7.99	3.20
6.00	3.000	1.5000	0.600	95.5	47.7	31.8	15.9	7.96	3.18

附录 B　黑色金属硬度及强度换算值
（GB/T 1172—1999）

本标准适用于碳钢、合金钢等钢种的硬度与强度的换算，附表 B-1 所列各钢系的换算值适用于含碳量由低到高的钢种；附表 B-2 主要适用于低碳钢。

附表 B-1　碳钢及合金钢硬度与强度换算值

硬度							
洛氏		表面洛氏			维氏	布氏($F/D^2=30$)	
HRC	HRA	HR15 N	HR30 N	HR45 N	HV	HBS	HBW
20.0	60.2	68.8	40.7	19.2	226	225	
20.5	60.4	69.0	41.2	19.8	228	227	
21.0	60.7	69.3	41.7	20.4	230	229	
21.5	61.0	69.5	42.2	21.0	233	232	
22.0	61.2	69.8	42.6	21.5	235	234	
22.5	61.5	70.0	43.1	22.1	238	237	
23.0	61.7	70.3	43.6	22.7	241	240	
23.5	62.0	70.6	44.0	23.3	244	242	
24.0	62.2	70.8	44.5	23.9	247	245	
24.5	62.5	71.1	45.0	24.5	250	248	
25.0	62.8	71.4	45.5	25.1	253	251	
25.5	63.0	71.6	45.9	25.7	256	254	
26.0	63.3	71.9	46.4	26.3	259	257	
26.5	63.5	72.2	46.9	26.9	262	260	
27.0	63.8	72.4	47.3	27.5	266	263	
27.5	64.0	72.7	47.8	28.1	269	266	
28.0	64.3	73.0	48.3	28.7	273	269	
28.5	64.6	73.3	48.7	29.3	276	273	
29.0	64.8	73.5	49.2	29.9	280	276	
29.5	55.1	73.8	49.7	30.5	284	280	
30.0	65.3	74.1	50.2	31.1	288	283	
30.5	65.6	74.4	50.6	31.7	292	287	
31.0	65.8	74.7	51.1	32.3	296	291	
31.5	66.1	74.9	51.6	32.9	300	294	
32.0	66.4	75.2	52.0	33.5	304	298	
32.5	66.6	75.5	52.5	34.1	308	302	
33.0	66.9	75.8	53.0	34.7	313	306	
33.5	67.1	76.1	53.4	35.3	317	310	
34.0	67.4	76.4	53.9	35.9	321	314	
34.5	67.7	76.7	54.4	36.5	326	318	
35.0	67.9	77.0	54.8	37.0	331	323	
35.5	68.2	77.2	55.3	37.6	335	327	
36.0	68.4	77.5	55.8	38.2	340	332	
36.5	68.7	77.8	56.2	38.8	345	336	
37.0	69.0	78.1	56.7	39.4	350	341	

续表

抗拉强度 σ_b/(N/mm^2)								
碳钢	铬钢	铬钒钢	铬镍钢	铬钼钢	铬镍钼钢	铬锰硅钢	超高强度钢	不锈钢
774	742	736	782	747		781		740
784	751	744	787	753		788		749
793	760	753	792	760		794		758
803	769	761	797	767		801		767
813	779	770	803	774		809		777
823	788	779	809	781		816		786
833	798	788	815	789		824		796
843	808	797	822	797		832		806
854	818	807	829	805		840		816
864	828	816	836	813		848		826
875	838	826	843	822		856		837
886	848	837	851	831	850	865		847
897	859	847	859	840	859	874		858
908	870	858	867	850	869	883		868
919	880	869	876	860	879	893		879
930	891	880	885	870	890	902		890
942	902	892	894	880	901	912		901
954	914	903	904	891	912	922		913
965	925	915	914	902	923	933		924
977	937	928	924	913	935	943		936
989	948	940	935	924	947	954		947
1002	960	953	946	936	959	965		959
1014	972	966	957	948	972	977		971
1027	984	980	969	961	985	989		983
1039	996	993	981	974	999	1001		996
1052	1009	1007	994	987	1012	1013		1008
1065	1022	1022	1007	1001	1027	1026		1021
1078	1034	1036	1020	1015	1041	1039		1034
1092	1048	1051	1034	1029	1056	1052		1047
1105	1061	1067	1048	1043	1071	1066		1060
1119	1074	1082	1063	1058	1087	1079		1074
1133	1088	1098	1078	1074	1103	1094		1087
1147	1102	1114	1093	1090	1119	1108		1101
1162	1116	1131	1109	1106	1136	1123		1116
1177	1131	1148	1125	1122	1153	1139		1130

续表

硬度							
洛氏		表面洛氏			维氏	布氏($F/D^2=30$)	
HRC	HRA	HR15 N	HR30 N	HR45 N	HV	HBS	HBW
37.5	69.2	78.4	57.2	40.0	355	345	
38.0	69.5	78.7	57.6	40.6	360	350	
38.5	69.7	79.0	58.1	41.2	365	355	
39.0	70.0	79.3	58.6	41.8	371	360	
39.5	70.3	79.6	59.0	42.4	376	365	
40.0	70.5	79.9	59.5	43.0	381	370	370
40.5	70.8	80.2	60.0	43.6	387	375	375
41.0	71.1	80.5	60.4	44.2	393	380	381
41.5	71.3	80.8	60.9	44.8	398	385	386
42.0	71.6	81.1	61.3	45.4	404	391	392
42.5	71.8	81.4	61.8	45.9	410	396	397
43.0	72.1	81.7	62.3	46.5	416	401	403
43.5	72.4	82.0	62.7	47.1	422	407	409
44.0	72.6	82.3	63.2	47.7	428	413	415
44.5	72.9	82.6	63.6	48.3	435	418	422
45.0	73.2	82.9	64.1	48.9	441	424	428
45.5	73.4	83.2	64.6	49.5	448	430	435
46.0	73.7	83.5	65.0	50.1	454	436	441
46.5	73.9	83.7	65.5	50.7	461	442	448
47.0	74.2	84.0	65.9	51.2	468	449	455
47.5	74.5	84.3	66.4	51.8	475		463
48.0	74.7	84.6	66.8	52.4	482		470
48.5	75.0	84.9	67.3	53.0	489		478
49.0	75.3	85.2	67.7	53.6	497		486
49.5	75.5	85.5	68.2	54.2	504		494
50.0	75.8	85.7	68.6	54.7	512		502
50.5	76.1	86.0	69.1	55.3	520		510
51.0	76.3	86.3	69.5	55.9	527		518
51.5	76.6	86.6	70.0	56.5	535		527
52.0	76.9	86.8	70.4	57.1	544		535
52.5	77.1	87.1	70.9	57.6	552		544
53.0	77.4	87.4	71.3	58.2	561		552
53.5	77.7	87.6	71.8	58.8	569		561
54.0	77.9	87.9	72.2	59.4	578		569
54.5	78.2	88.1	72.6	59.9	587		577

续表

抗拉强度 $\sigma_b/(N/mm^2)$								
碳钢	铬钢	铬钒钢	铬镍钢	铬钼钢	铬镍钼钢	铬锰硅钢	超高强度钢	不锈钢
1192	1146	1165	1142	1139	1171	1155		1145
1207	1161	1183	1159	1157	1189	1171		1161
1222	1176	1201	1177	1174	1207	1187	1170	1176
1238	1192	1219	1195	1192	1226	1204	1195	1193
1254	1208	1238	1214	1211	1245	1222	1219	1209
1271	1225	1257	1233	1230	1265	1240	1243	1226
1288	1242	1276	1252	1249	1285	1258	1267	1244
1305	1260	1296	1273	1269	1306	1277	1290	1262
1322	1278	1317	1293	1289	1327	1296	1313	1280
1340	1296	1337	1314	1310	1348	1316	1336	1299
1359	1315	1358	1336	1331	1370	1336	1359	1319
1378	1335	1380	1358	1353	1392	1357	1381	1339
1397	1355	1401	1380	1375	1415	1378	1404	1361
1417	1376	1424	1404	1397	1439	1400	1427	1383
1438	1398	1446	1427	1420	1462	1422	1450	1405
1459	1420	1469	1451	1444	1487	1445	1473	1429
1481	1444	1493	1476	1468	1512	1469	1496	1453
1503	1468	1517	1502	1492	1537	1493	1520	1479
1526	1493	1541	1527	1517	1536	1517	1544	1505
1550	1519	1566	1554	1542	1589	1543	1569	1533
1575	1546	1591	1581	1568	1616	1569	1594	1562
1600	1574	1617	1608	1595	1643	1595	1620	1592
1626	1603	1643	1636	1622	1671	1623	1646	1623
1653	1633	1670	1665	1649	1699	1651	1674	1655
1681	1665	1697	1695	1677	1728	1679	1702	1689
1710	1698	1724	1724	1706	1758	1709	1731	1725
	1732	1752	1755	1735	1788	1739	1761	
	1768	1780	1786	1764	1819	1770	1792	
	1806	1809	1818	1794	1850	1801	1824	
	1845	1839	1850	1825	1881	1834	1857	
		1869	1883	1856	1914	1867	1892	
		1899	1917	1888	1947	1901	1929	
		1930	1951			1936	1966	
		1961	1986			1971	2006	
		1993	2022			2008	2047	

续表

硬度							
洛氏		表面洛氏			维氏	布氏($F/D^2=30$)	
HRC	HRA	HR15 N	HR30 N	HR45 N	HV	HBS	HBW
55.0	78.5	88.4	73.1	60.5	596		585
55.5	78.7	88.6	73.5	61.1	606		593
56.0	79.0	88.9	73.9	61.7	615		601
56.5	79.3	89.1	74.4	62.2	625		608
57.0	79.5	89.4	74.8	62.8	635		616
57.5	79.8	89.6	75.2	63.4	645		622
58.0	80.1	89.8	75.6	63.9	655		628
58.5	80.3	90.0	76.1	64.5	666		634
59.0	80.6	90.2	76.5	65.1	676		639
59.5	80.9	90.4	76.9	65.6	687		643
60.0	81.2	90.6	77.3	66.2	698		647
60.5	81.4	90.8	77.7	66.8	710		650
61.0	81.7	91.0	78.1	67.3	721		
61.5	82.0	91.2	78.6	67.9	733		
62.0	82.2	91.4	79.0	68.4	745		
62.5	82.5	91.5	79.4	69.0	757		
63.0	82.8	91.7	79.8	69.5	770		
63.5	83.1	91.8	80.2	70.1	782		
64.0	83.3	91.9	80.6	70.6	795		
64.5	83.6	92.1	81.0	71.2	809		
65.0	83.9	92.2	81.3	71.7	822		
65.5	84.1				836		
66.0	84.4				850		
66.5	84.7				865		
67.0	85.0				879		
67.5	85.2				894		
68.0	85.5				909		

续表

抗拉强度 σ_b/(N/mm^2)								
碳钢	铬钢	铬钒钢	铬镍钢	铬钼钢	铬镍钼钢	铬锰硅钢	超高强度钢	不锈钢
		2026	2058			2045	2090	
							2135	
							2181	
							2230	
							2281	
							2334	
							2390	
							2448	
							2509	
							2572	
							2639	

附表 B-2　碳钢硬度与强度换算值

硬度							抗拉强度 $\sigma_b/(N/mm^2)$
洛氏	表面洛氏			维氏	布氏		
HRB	HR15T	HR30T	HR45T	HV	HBS $F/D^2=10$	HBS $F/D^2=30$	
60.0	80.4	56.1	30.4	105	102		375
60.5	80.5	56.4	30.9	105	102		377
61.0	80.7	56.7	31.4	106	103		379
61.5	80.8	57.1	31.9	107	103		381
62.0	80.9	57.4	32.4	108	104		382
62.5	81.1	57.7	32.9	108	104		384
63.0	81.2	58.0	33.5	109	105		386
63.5	81.4	58.3	34.0	110	105		388
64.0	81.5	58.7	34.5	110	106		390
64.5	81.6	59.0	35.0	111	106		393
65.0	81.8	59.3	35.5	112	107		395
65.5	81.9	59.6	36.1	113	107		397
66.0	82.1	59.9	36.6	114	108		399
66.5	82.2	60.3	37.1	115	108		402
67.0	82.3	60.6	37.6	115	109		404
67.5	82.5	60.9	38.1	116	110		407
68.0	82.6	61.2	38.6	117	110		409
68.5	82.7	61.5	39.2	118	111		412
69.0	82.9	61.9	39.7	119	112		415
69.5	83.0	62.2	40.2	120	112		418
70.0	83.2	62.5	40.7	121	113		421
70.5	83.3	62.8	41.2	122	114		424
71.0	83.4	63.1	41.7	123	115		427
71.5	83.6	63.5	42.3	124	115		430
72.0	83.7	63.8	42.8	125	116		433
72.5	83.9	64.1	43.3	126	117		437
73.0	84.0	64.4	43.8	128	118		440
73.5	84.1	64.7	44.3	129	119		444
74.0	84.3	65.1	44.8	130	120		447
74.5	84.4	65.4	45.4	131	121		451
75.0	84.5	65.7	45.9	132	122		455
75.5	84.7	66.0	46.4	134	123		459
76.0	84.8	66.3	46.9	135	124		463

续表

硬度							抗拉强度 $\sigma_b/(N/mm^2)$
洛氏	表面洛氏			维氏	布氏		
					HBS		
HRB	HR15T	HR30T	HR45T	HV	$F/D^2=10$	$F/D^2=30$	
76.5	85.0	66.6	47.4	136	125		467
77.0	85.1	67.0	47.9	138	126		471
77.5	85.2	67.3	48.5	139	127		475
78.0	85.4	67.6	49.0	140	128		480
78.5	85.5	67.9	49.5	142	129		484
79.0	85.7	68.2	50.0	143	130		489
79.5	85.8	68.6	50.5	145	132		493
80.0	85.9	68.9	51.0	146	133		489
80.5	86.1	69.2	51.6	148	134		503
81.0	86.2	69.5	52.1	149	136		508
81.5	86.3	69.8	52.6	151	137		513
82.0	86.5	70.2	53.1	152	138		518
82.5	86.6	70.5	53.6	154	140		523
83.0	86.8	70.8	54.1	156		152	529
83.5	86.9	71.1	54.7	157		154	534
84.0	87.0	71.4	55.2	159		155	540
84.5	87.2	71.8	55.7	161		156	546
85.0	87.3	72.1	56.2	163		158	551
85.5	87.5	72.4	56.7	165		159	557
86.0	87.6	72.7	57.2	166		161	563
86.5	87.7	73.0	57.8	168		163	570
87.0	87.9	73.4	58.3	170		164	576
87.5	88.0	73.7	58.8	172		166	582
88.0	88.1	74.0	59.3	174		168	589
88.5	88.3	74.3	59.8	176		170	596
89.0	88.4	74.6	60.3	178		172	603
89.5	88.6	75.0	60.9	180		174	609
90.0	88.7	75.3	61.4	183		176	617
90.5	88.8	75.6	61.9	185		178	624
91.0	89.0	75.9	62.4	187		180	631
91.5	89.1	76.2	62.9	189		182	639
92.0	89.3	76.6	63.4	191		184	646

续表

硬度							抗拉强度 σ_b/(N/mm²)
洛氏	表面洛氏			维氏	布氏		
					HBS		
HRB	HR15T	HR30T	HR45T	HV	$F/D^2=10$	$F/D^2=30$	
92.5	89.4	76.9	64.0	194		187	654
93.0	89.5	77.2	64.5	196		189	662
93.5	89.7	77.5	65.0	199		192	670
94.0	89.8	77.8	65.5	201		195	678
94.5	89.9	78.2	66.0	203		197	686
95.0	90.1	78.5	66.5	206		200	695
95.5	90.2	78.8	67.1	208		203	703
96.0	90.4	79.1	67.6	211		206	712
96.5	90.5	79.4	68.1	214		209	721
97.0	90.6	79.8	68.6	216		212	730
97.5	90.8	80.1	69.1	219		215	739
98.0	90.9	80.4	69.6	222		218	749
98.5	91.1	80.7	70.2	225		222	758
99.0	91.2	81.0	70.7	227		226	768
99.5	91.3	81.4	71.2	230		229	778
100.0	91.5	81.7	71.7	233		232	788

附录C　钢铁及合金牌号统一数字代号体系（GB/T 17616—2013）

本标准适用于钢铁及合金产品牌号编制统一数字代号。凡列入国家标准和行业标准的钢铁及合金产品应同时列入产品牌号和统一数字代号，相互对照，两种表示方法均有效。

1. 总则

（1）统一数字代号由固定的6位符号组成，左边第一位用大写的拉丁字母作前缀（一般不使用“I”和“O”），后接5位阿拉伯数字。

（2）每一个统一数字代号只适用于一个产品牌号；反之，每一个产品牌号只对应于一个统一数字代号。当产品牌号取消后，一般情况下，原对应的统一数字代号不再分配给另一个产品牌号。

统一数字代号的结构型式如下：

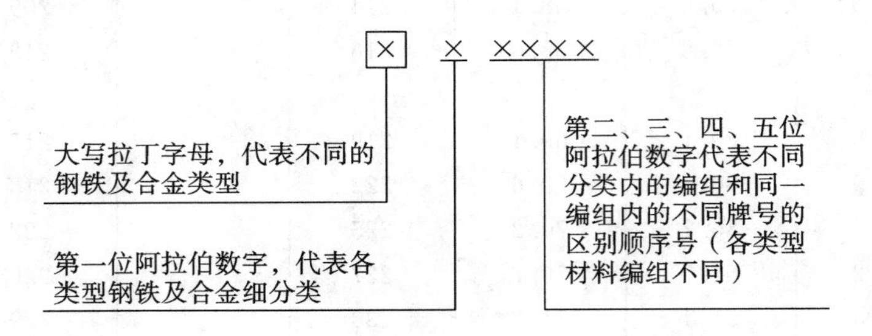

2. 分类和统一数字分类

各类型钢铁及合金的细分类和主要编组及其产品牌号统一数字代号，见附表C-1～附表C-7。

附表C-1　钢铁及合金的类型与统一数字代号

钢铁及合金的类型	英文名称	前缀字母	统一数字代号
合金结构钢	Alloy structural steel	A	A×××××
轴承钢	Bcaring steel	B	B×××××
铸铁、铸钢及铸造合金	Cast iron, cast steel and cast alloy	C	C×××××
电工用钢和纯铁	Electrical steel and iron	E	E×××××
铁合金和生铁	Ferro alloy and pig iron	F	F×××××
高温合金和耐蚀合金	Heat resisting and corrosion resisting alloy	H	H×××××
精密合金及其他特殊物理性能材料	Precision alloy and other special physical character materials	J	J×××××
低合金钢	Low alloy steel	L	L×××××
杂类材料	Miscellaneous materials	M	M×××××
粉末及粉末材料	Powders and powder materials	P	P×××××
快淬金属及合金	Quick quench matels and alloys	Q	Q×××××
不锈、耐蚀和耐热钢	Stainless, corrosion resisting and heat resisting steel	S	S×××××

续表

钢铁及合金的类型	英文名称	前缀字母	统一数字代号
工具钢	Tool steel	T	T×××××
非合金钢	Unalloy steel	U	U×××××
焊接用钢及合金	Steel and alloy for welding	W	W×××××

附表 C-2　合金结构钢细分类与统一数字代号

统一数字代号	合金结构钢(包含合金弹簧钢)细分类
A0××××	Mn(X)、MnMo(X)系钢
A1××××	SiMn(X)、SiMnMo(X)系钢
A2××××	Cr(X)、CrSi(X)、CrMn(X)、CrV(X)、CrMnSi(X)系钢
A3××××	CrMo(X)、CrMoV(X)系钢
A4××××	CrNi(X)系钢
A5××××	CrNiMo(X)、CrNiW(X)系钢
A6××××	Ni(X)、NiMo(X)、NiCoMo(X)、Mo(X)、MoWV(X)系钢
A7××××	B(X)、MnB(X)、SiMnB(X)系钢
A8××××	(暂空)
A9××××	其他合金结构钢

附表 C-3　轴承钢细分类与统一数字代号

统一数字代号	轴承钢细分类
B0××××	高碳铬轴承钢
B1××××	渗碳轴承钢
B2××××	高温、不锈轴承钢
B3××××	无磁轴承钢
B4××××	石墨轴承钢
B5××××	(暂空)
B6××××	(暂空)
B7××××	(暂空)
B8××××	(暂空)
B9××××	(暂空)

附表 C-4　低合金钢细分类与统一数字代号

统一数字代号	低合金钢细分类(焊接用低合金钢、低合金铸钢除外)
L0××××	低合金一般结构钢(表示强度特性值的钢)
L1××××	低合金专用结构钢(表示强度特性值的钢)
L2××××	低合金专用结构钢(表示成分特性值的钢)
L3××××	低合金钢筋钢(表示强度特性值的钢)
L4××××	低合金钢筋钢(表示成分特性值的钢)

续表

统一数字代号	低合金钢细分类(焊接用低合金钢、低合金铸钢除外)
L5××××	低合金耐候钢
L6××××	低合金铁道专用钢
L7××××	(暂空)
L8××××	(暂空)
L9××××	其他低合金钢

附表 C-5　粉末及粉末材料细分类与统一数字代号

统一数字代号	粉末及粉末材料细分类
P0××××	粉末冶金结构材料(包括粉末烧结铁及铁基合金、粉末烧结非合金结构钢、粉末烧结合金结构钢等)
P1××××	粉末冶金摩擦材料和减摩材料(包括铁基摩擦材料、铁基减摩材料等)
P2××××	粉末冶金多孔材料(包括铁及铁基合金多孔材料、不锈钢多孔材料)
P3××××	粉末冶金工具材料(包括粉末冶金工具钢等)
P4××××	(暂空)
P5××××	粉末冶金耐蚀材料和耐热材料(包括粉末冶金不锈、耐蚀和耐热钢、粉末冶金高温合金和耐蚀合金等)
P6××××	(暂空)
P7××××	粉末冶金磁性材料(包括软磁铁氧体材料、永磁铁氧体材料、特殊磁性铁氧体材料、粉末冶金软磁合金、粉末冶金铝镍钴永磁合金、粉末冶金稀土钴永磁合金、粉末冶金钕铁硼永磁合金等)
P8××××	(暂空)
P9××××	铁、锰等金属粉末(包括粉末冶金用还原铁粉、电焊条用还原铁粉、穿甲弹用铁粉、穿甲弹用锰粉等)

附表 C-6　不锈、耐蚀和耐热钢细分类与统一数字代号

统一数字代号	不锈、耐蚀和耐热钢细分类
S0××××	(暂空)
S1××××	铁素体型钢
S2××××	奥氏体、铁素体型钢
S3××××	奥氏体型钢
S4××××	马氏体型钢
S5××××	沉淀硬化型钢
S6××××	(暂空)
S7××××	(暂空)
S8××××	(暂空)
S9××××	(暂空)

附表 C-7　工具钢细分类与统一数字代号

统一数字代号	工具钢细分类
T0××××	非合金工具钢(包括一般非合金工具钢,含锰非合金工具钢)
T1××××	非合金工具钢(包括非合金塑料模具钢,非合金钎具钢等)
T2××××	合金工具钢(包括冷作、热作模具钢,合金塑料模具钢,无磁模具钢等)
T3××××	合金工具钢(包括量具刃具钢)
T4××××	合金工具钢(包括耐冲击工具钢、合金钎具钢等)
T5××××	高速工具钢(包括 W 系高速工具钢)
T6××××	高速工具钢(包括 W-Mo 系高速工具钢)
T7××××	高速工具钢(包括含 Co 高速工具钢)
T8××××	(暂空)
T9××××	(暂空)

附录 D　金属热处理工艺分类及代号
(GB/T 12603—2005)

本标准适用于机械制造行业中计算机辅助工艺管理和工艺设计,本标准规定的代码不适用于在图样上标注。

工　　艺	代号	工　　艺	代号	工　　艺	代号
热处理	500	形变淬火	513-Af	离子渗碳	531-08
整体热处理	510	气冷淬火	513-G	碳氮共渗	532
可控气氛热处理	500-01	淬火及冷处理	513-C	渗氮	533
真空热处理	500-02	可控气氛加热淬火	513-01	气体渗氮	533-01
盐浴热处理	500-03	真空加热淬火	513-02	液体渗氮	533-03
感应热处理	500-04	盐浴加热淬火	513-03	离子渗氮	533-08
火焰热处理	500-05	感应加热淬火	513-04	流态床渗氮	533-10
激光热处理	500-06	流态床加热淬火	513-10	氮碳共渗	534
电子束热处理	500-07	盐浴加热分级淬火	513-10M	渗其他非金属	535
离子轰击热处理	500-08	盐浴加热盐浴分级淬火	513-10H+M	渗硼	535(B)
流态床热处理	500-10	淬火和回火	514	气体渗硼	535-01(B)
退火	511	调质	515	液体渗硼	535-03(B)
去应力退火	511-St	稳定化处理	516	离子渗硼	535-08(B)
均匀化退火	511-H	固溶处理,水韧化处理	517	固体渗硼	535-09(B)
再结晶退火	511-R	固溶处理+时效	518	渗硅	535(Si)
石墨化退火	511-G	表面热处理	520	渗硫	535(S)
脱氧处理	511-D	表面淬火和回火	521	渗金属	536
球化退火	511-Sp	感应淬火和回火	521-04	渗铝	536(Al)

续表

工　艺	代号	工　艺	代号	工　艺	代号
等温退火	511-I	火焰淬火和回火	521-05	渗铬	536(Cr)
完全退火	511-F	激光淬火和回火	521-06	渗锌	536(Zn)
不完全退火	511-P	电子束淬火和回火	521-07	渗钒	536(V)
正火	512	电接触淬火和回火	521-11	多元共渗	537
淬火	513	物理气相沉积	522	硫氮共渗	537(S-N)
空冷淬火	513-A	化学气相沉积	523	氧氮共渗	537(O-N)
油冷淬火	513-O	等离子体增强化学气相沉积	524	铬硼共渗	537(Cr-B)
水冷淬火	513-W	离子注入	525	钒硼共渗	537(V-B)
盐水淬火	513-B	化学热处理	530	铬硅共渗	537(Cr-Si)
有机水溶液淬火	513-Po	渗碳	531	铬铝共渗	537(Cr-Al)
盐浴淬火	513-H	可控气氛渗碳	531-01	硫氮碳共渗	537(S-N-C)
加压淬火	513-Pr	真空渗碳	531-02	氧氮碳共渗	537(O-N-C)
双介质淬火	513-I	盐浴渗碳	531-03	铬铝硅共渗	537(Cr-Al-Si)
分级淬火	513-M	固体渗碳	531-09		
等温淬火	513-At	流态床渗碳	531-10		

参考文献 CANKAOWENXIAN

[1] 余承辉. 金属工艺基础[M]. 合肥:中国科学技术大学出版社,2016.

[2] 高美兰,白树全. 工程材料与热加工基础[M]. 北京:机械工业出版社,2015.

[3] 何宝芹,喻枫. 工程材料及热处理[M]. 武汉:华中科技大学出版社,2012.

[4] 黄祥. 工程材料与材料成形工艺[M]. 北京:北京理工大学出版社,2009.

[5] 余嗣元,余承辉. 金属工艺学[M]. 合肥:合肥工业大学出版社,2006.

[6] 于钧,王宏启. 机械工程材料[M]. 北京:冶金工业出版社,2008.

[7] 江西省技工学校教学研究室. 金属材料与热处理[M]. 合肥:安徽科学技术出版社,2007.

[8] 彭宝成. 新编机械工程材料[M]. 北京:冶金工业出版社,2008.

[9] 庞国星. 工程材料与成形技术基础[M]. 北京:机械工业出版社,2006.

[10] 梁耀能. 工程材料及加工工程[M]. 北京:机械工业出版社,2004.

[11] 许德珠. 机械工程材料[M]. 2 版. 北京:高等教育出版社,2002.

[12] 左铁镛. 新型材料[M]. 北京:化学工业出版社,2002.

[13] 吕广庶,张运明. 工程材料及成形技术基础[M]. 北京:高等教育出版社,2001.

[14] 王英杰. 金属工艺学实验与课程设计[M]. 北京:高等教育出版社,2001.

[15] 单辉祖. 材料力学教程[M]. 北京:国防工业出版社,1997.

[16] 李景波. 金属工艺学(热加工)[M]. 北京:机械工业出版社,1996.

[17] 司乃均,许德珠. 热加工工艺基础[M]. 北京:高等教育出版社,1992.

[18] 邓文英. 金属工艺学:上册[M]. 3 版. 北京:高等教育出版社,1991.